U0185706

教育部高等学校电子信息类专业教学指导委员会规划教材
高等学校电子信息类专业系列教材·微课视频版

Principle and Interface Technology of Microcontroller

Framework,Instruction,C51,RTX-51,Simulation and Embedded Application with Proteus and Keil

单片机原理及接口技术

架构、指令、C51、RTX-51、Proteus和Keil仿真及嵌入式应用

孙一林　彭波　编著

Sun Yilin　Peng Bo

清华大学出版社

北京

内容简介

本书通过虚拟仿真技术实现由51单片机组成的嵌入式系统的学习，并掌握此类嵌入式系统硬、软件的设计、开发技能，主要阐述了51单片机的硬件结构(CPU、MEM)和指令系统、C51语言、输入/输出接口、适用于51单片机的操作系统OS(RTX51)，以及应用于该类嵌入式系统中的基础器件等的工作原理和机制，借助Proteus和Keil等仿真工具(软件)实现该类嵌入式系统的模拟仿真实际应用。

本书可作为高等院校嵌入式系统相关专业的教材，也可作为由51单片机组成的嵌入式系统的研发与应用的参考书。

图书在版编目(CIP)数据

单片机原理及接口技术：架构、指令、C51、RTX-51、Proteus和Keil仿真及嵌入式应用/孙一林，彭波编著. —北京：清华大学出版社，2020.5 (2022.3重印)

高等学校电子信息类专业系列教材·微课视频版

ISBN 978-7-302-55065-5

Ⅰ. ①单… Ⅱ. ①孙… ②彭… Ⅲ. ①单片微型计算机—基础理论—高等学校—教材 ②单片微型计算机—接口技术—高等学校—教材 Ⅳ. ①TP368.1

中国版本图书馆CIP数据核字(2020)第039402号

责任编辑：刘 星 李 晔
封面设计：刘 键
责任校对：李建庄
责任印制：丛怀宇

出版发行：清华大学出版社
网　　址：http://www.tup.com.cn，http://www.wqbook.com
地　　址：北京清华大学学研大厦A座　　**邮　　编**：100084
社 总 机：010-83470000　　**邮　　购**：010-62786544
投稿与读者服务：010-62776969，c-service@tup.tsinghua.edu.cn
质量反馈：010-62772015，zhiliang@tup.tsinghua.edu.cn
课件下载：http://www.tup.com.cn，010-83470236
印 装 者：涿州市京南印刷厂
经　　销：全国新华书店
开　　本：186mm×240mm　　**印　　张**：17.25　　**字　　数**：385千字
版　　次：2020年7月第1版　　**印　　次**：2022年3月第2次印刷
印　　数：1501～2000
定　　价：49.00元

产品编号：084416-01

前言

PREFACE

单片机是将中央处理器(CPU)、随机存取存储器(RAM)、只读存储器(ROM)、多种I/O接口集成于一块芯片上的集成电路,该电路可以构成应用于各领域的微型计算机系统,例如,用于工业控制、智能接口、仪器仪表等各个领域,其主要功能是辅助应用于各领域的各种设备的智能工作,应用于各设备中的微型计算机系统也称为嵌入式系统。

Intel 51单片机是Intel公司设计和生产的、至今还应用于各领域的经典单片机,同时它也是学习设计嵌入式系统的入门级单片机,本书以51单片机为基础学习嵌入式系统的设计,并通过Proteus、Keil等工具实现虚拟仿真实验,由仿真实验验证和理解单片机硬件设计、软件控制等原理与技术,使读者掌握嵌入式系统硬、软件的设计技能。

虚拟仿真实验(不依赖任何形式的嵌入式硬件设备,只在微型计算机上实现)非常适合初次接触嵌入式系统设计的学生搭建系统,调试和运行系统,具有强大的交互性能、灵活的参数设置,可以快速得到结果,并通过结果分析系统设计的合理性、正确性。另外,在虚拟仿真实验的过程中将会逐步提高分析和解决问题的能力,达到学习的目的。本书中的所有示例和实例都在Proteus、Keil中通过虚拟仿真实验得到了正确性的验证。

本书提供以下相关配套资源:

- 工程文件、PPT课件、教学大纲等资料,请扫描下方二维码下载或者到清华大学出版社官方网站本书页面下载。

配套资源

- 微课视频,请扫描书中相应位置二维码观看。

注意:请先刮开封四的刮刮卡,扫描刮开的二维码进行注册,之后再扫描书中的二维码,获取相关资料。

本书由北京师范大学孙一林副研究员、中国农业大学彭波教授编写，书中难免存在错误或不妥之处，敬请谅解，如读者有问题需要与作者讨论，请发送电子邮件至 workemail6@163.com。

编　者

2020 年 4 月

目录
CONTENTS

第 1 章　51 单片机的核心硬件系统 …… 1

1.1　51 单片机 …… 1
1.2　51 单片机 CPU …… 2
1.2.1　CPU 中的寄存器 …… 3
1.2.2　CPU 中的运算器 …… 4
1.2.3　CPU 中控制器 …… 4
1.3　51 单片机存储器结构 …… 8
1.3.1　51 单片机系统存储空间分配 …… 8
1.3.2　随机存储器 …… 8
1.3.3　只读存储器 …… 11
1.3.4　51 单片机系统的存储空间名称 …… 12
1.4　51 单片机外部信号线定义 …… 13
1.5　51 单片机应用系统 …… 16
1.5.1　最小工作系统 …… 16
1.5.2　扩展应用系统 …… 18

第 2 章　电子系统硬件电路的设计 …… 22

2.1　电子线路硬件设计综述 …… 22
2.1.1　电路系统硬件设计原则 …… 22
2.1.2　硬件设计注意事项 …… 22
2.1.3　Proteus 简介 …… 23
2.1.4　使用 Proteus 设计电子产品流程 …… 24
2.2　硬件原理图设计 ISIS …… 24
2.2.1　ISIS 的主要功能 …… 24
2.2.2　硬件电路设计与模拟仿真 …… 31
2.3　印制电路板设计 ARES …… 34
2.3.1　元器件的封装 …… 34

2.3.2 印制电路板自动设计 ARES …… 38

第 3 章 51 单片机指令系统 …… 43

3.1 51 单片机 CPU 指令系统概述 …… 43
3.1.1 指令的格式 …… 43
3.1.2 指令操作码助记符以及操作数表示符号 …… 43
3.1.3 寻址方式 …… 44
3.2 数据传送类指令 …… 45
3.2.1 数据传送指令 …… 46
3.2.2 数据传送指令详解 …… 47
3.3 算术运算类指令 …… 51
3.3.1 算术运算指令 …… 51
3.3.2 算术运算指令详解 …… 52
3.4 逻辑运算类指令 …… 57
3.4.1 逻辑运算指令 …… 57
3.4.2 逻辑运算指令详解 …… 58
3.5 控制转移类指令 …… 62
3.5.1 控制转移指令 …… 62
3.5.2 控制转移指令详解 …… 63
3.6 位操作、位控制转移类指令 …… 68
3.6.1 位操作、位控制转移指令 …… 68
3.6.2 位操作、位控制转移指令详解 …… 69
3.7 伪指令 …… 72
3.7.1 常用伪指令 …… 72
3.7.2 伪指令详解 …… 73
3.8 指令程序 …… 74
3.8.1 指令源代码程序格式 …… 75
3.8.2 指令源代码程序设计 …… 75
3.8.3 源代码程序的编译 …… 76
3.8.4 源代码程序设计示例 …… 77

第 4 章 C51 语言程序设计 …… 80

4.1 C51 语言编程概述 …… 80
4.1.1 C51 程序设计特点 …… 80
4.1.2 C51 编程规范 …… 80
4.1.3 C51 程序编译环境 …… 81

4.2 C51 语言的标识符和关键字 …… 81
4.2.1 C51 标识符 …… 81
4.2.2 C51 关键字 …… 82
4.3 C51 数据类型 …… 85
4.3.1 C51 基础数据类型值域空间(范围) …… 85
4.3.2 C51 声明常量 …… 85
4.3.3 C51 定义变量 …… 86
4.3.4 C51 扩展数据类型 …… 86
4.4 C51 运算符和表达式 …… 88
4.4.1 C51 运算符 …… 88
4.4.2 C51 表达式 …… 89
4.5 C51 程序流控制语句 …… 90
4.5.1 分支结构语句 …… 90
4.5.2 循环结构语句 …… 92
4.5.3 辅助流控制语句 …… 93
4.6 C51 函数 …… 95
4.6.1 普通函数 …… 95
4.6.2 main()函数 …… 95
4.6.3 中断函数 …… 96
4.6.4 C51 函数库 …… 97
4.7 C51 语言与汇编语言混合编程 …… 98
4.7.1 C51 函数嵌入汇编指令 …… 98
4.7.2 汇编程序作为外部函数被引用 …… 98
4.7.3 51 单片机混合编程示例 …… 99

第 5 章 嵌入式系统软件开发与调试 …… 100

5.1 Keil 开发环境简介 …… 100
5.1.1 Keil 开发环境主要功能 …… 100
5.1.2 Keil 开发应用程序流程 …… 100
5.1.3 Keil 开发环境界面 …… 101
5.2 在 Keil 环境中开发应用程序 …… 101
5.2.1 在 Keil 环境中创建工程项目 …… 101
5.2.2 在 Keil 环境中编译工程项目 …… 103
5.3 在 Keil 环境中调试运行 …… 106
5.3.1 Keil 环境调试前的设置 …… 106
5.3.2 Keil 环境调试主界面 …… 106

5.3.3 Keil 环境调试操作 …… 107
5.3.4 Keil 环境调试窗口 …… 108
5.3.5 Keil 调试环境中设置断点 …… 111
5.3.6 Keil 调试环境中可编程接口设备 …… 111

第 6 章 嵌入式系统的模拟仿真 …… 113

6.1 嵌入式系统在 Proteus 环境中模拟仿真 …… 113
6.1.1 在 Proteus 中模拟仿真前的准备工作 …… 113
6.1.2 启动并操作 Proteus 模拟仿真 …… 115
6.1.3 Proteus 模拟仿真调试窗口 …… 117
6.2 嵌入式系统在 Proteus 与 Keil 联合环境中模拟仿真 …… 119
6.2.1 设置 Proteus 远程控制模拟仿真 …… 119
6.2.2 配置 Keil 软件开发环境 …… 120
6.2.3 设置并启动 Keil 环境远程调试 …… 120
6.2.4 打开 Keil 环境远程调试观察窗口 …… 122

第 7 章 51 单片机并口应用 …… 123

7.1 并口接口的工作原理 …… 123
7.1.1 P0 可编程输入/输出接口 …… 123
7.1.2 P1 可编程输入/输出接口 …… 127
7.1.3 P2 可编程输入/输出接口 …… 128
7.1.4 P3 可编程输入/输出接口 …… 128
7.1.5 并口可编程寄存器的编址 …… 130
7.2 并口接口应用设计 …… 130
7.2.1 单一端口输出方波信号 …… 130
7.2.2 交通灯控制应用设计 …… 131
7.2.3 跑马灯控制应用设计 …… 134
7.2.4 简单键盘输入应用设计 …… 134
7.2.5 八段数码管 LED 显示设计 …… 137

第 8 章 51 单片机中断应用 …… 142

8.1 中断接口的工作原理 …… 142
8.1.1 51 单片机中断管理流程 …… 142
8.1.2 51 单片机的中断源 …… 143
8.1.3 可编程中断接口的结构 …… 143
8.1.4 中断接口可操作寄存器的定义 …… 144

8.1.5 中断接口可编程寄存器的编址…… 148
8.1.6 CPU 响应中断请求 …… 148
8.1.7 中断服务程序框架…… 151
8.2 中断接口应用设计 …… 152
8.2.1 外部中断系统硬件设计…… 152
8.2.2 外部中断服务程序设计…… 153
8.2.3 外部中断应用实例…… 157

第 9 章 51 单片机定时器/计数器应用 …… 161

9.1 定时器 T/计数器 C 接口的工作原理 …… 161
9.1.1 定时器 T/计数器 C 逻辑电路 …… 161
9.1.2 定时器 T/计数器 C 接口可操作寄存器的定义 …… 162
9.1.3 定时器 T/计数器 C 接口可编程寄存器的编址 …… 166
9.1.4 计数器的 4 种工作模式…… 166
9.1.5 CPU 对定时器 T/计数器 C 接口的管理…… 170
9.2 定时器 T/计数器 C 接口应用设计 …… 170
9.2.1 计数器应用设计…… 171
9.2.2 定时器应用设计…… 175

第 10 章 51 单片机串口应用 …… 185

10.1 串行通信接口的工作原理 …… 185
10.1.1 可编程串行通信接口逻辑电路 …… 185
10.1.2 串行通信接口可操作寄存器的定义 …… 186
10.1.3 串行通信接口可编程寄存器的编址 …… 188
10.1.4 串行通信接口的 4 种工作模式 …… 188
10.1.5 CPU 对串行通信接口的管理…… 193
10.2 串行通信接口应用设计 …… 195
10.2.1 串行通信硬件设计 …… 195
10.2.2 串行通信程序设计 …… 198
10.3 建立串行通信虚拟仿真桥 …… 203

第 11 章 适用于嵌入式系统中的操作系统 …… 206

11.1 51 单片机多任务管理机制…… 206
11.1.1 单片机 CPU 顺序循环执行任务 …… 206
11.1.2 单片机 CPU 按时间片切换执行任务 …… 207
11.1.3 紧急任务的实时性处理 …… 208
11.2 汇编语言实现 51 单片机多任务管理…… 209

11.2.1 CPU 顺序循环执行多任务模式的管理 …… 209
11.2.2 CPU 按时间片执行多任务模式的管理 …… 210
11.3 C51 语言实现 51 单片机多任务管理 …… 213
11.3.1 C51 语言按时间片调度管理多任务示例 …… 213
11.3.2 C51 语言按时间片调度管理多任务程序解析 …… 216
11.4 RTX-51 多任务实时操作系统 …… 218
11.4.1 RTX-51 简介 …… 219
11.4.2 在 Keil 和 Proteus 环境使用 RTX-51 的设置 …… 219
11.4.3 RTX-51 中的主要函数 …… 221
11.4.4 使用 RTX-51 编写应用程序规则 …… 224
11.4.5 多任务在 RTX-51 系统中的解析 …… 226

第 12 章 嵌入式系统中经典应用电路 …… 229

12.1 矩阵键盘 …… 229
12.2 LCD 显示 …… 231
12.2.1 LCD1602 液晶显示屏简介 …… 232
12.2.2 LCD1602 显示屏的连接与控制 …… 234
12.3 EEPROM 数据存储器 …… 237
12.3.1 24C02 存储器与 I^2C 总线简介 …… 237
12.3.2 24C02 存储器的连接与管理 …… 239
12.4 数/模转换 …… 243
12.4.1 D/A 转换器原理简介 …… 243
12.4.2 A/D、D/A 转换芯片 PCF8591 …… 243
12.4.3 D/A 电路连接与管理 …… 247
12.5 模/数转换 …… 249
12.5.1 A/D 转换器原理简介 …… 249
12.5.2 A/D 电路连接与管理 …… 250
12.5.3 传感器简介 …… 252

第 13 章 51 单片机实体电路实现虚拟仿真系统 …… 254

13.1 死机监控电路 …… 254
13.2 借助 USB 通道实现 RS-232 通信 …… 255
13.3 使用 ISP 技术组装嵌入式系统 …… 257
13.3.1 ISP 技术实现过程 …… 257
13.3.2 实现 ISP 的硬件条件 …… 258
13.3.3 实现 ISP 的操作流程 …… 259
13.4 IAP 技术应用 …… 260

第1章

51 单片机的核心硬件系统

51 单片机是采用冯·诺依曼体系结构、复杂指令集的计算机系统，其硬件由核心器件(CPU、RAM、ROM)和对外接口(I/O)电路组成。本章介绍 51 单片机核心硬件电路及其应用。

视频讲解

1.1 51 单片机

51 单片机是由 CPU(中央处理器)、RAM(随机存储器)、ROM(只读存储器)核心硬件以及并口、中断、定时器/计数器、串口等可编程接口组成的，如图 1-1 所示，CPU、RAM、ROM 和 I/O(输入/输出)接口电路全部集成在一块芯片中，在提供时钟脉冲信号 XTAL 和复位信号 RESET 后该芯片将构成一个微型计算机系统，因此，51 单片机也被称为单片计算机，或称为微控制器(Micro Controller Unit，MCU)，它主要嵌入在电子类系统或产品中作为核心控制部件被应用，典型的、常用 51 单片机的型号，RAM 和 ROM 的类型、容量等参数如表 1-1 所示。

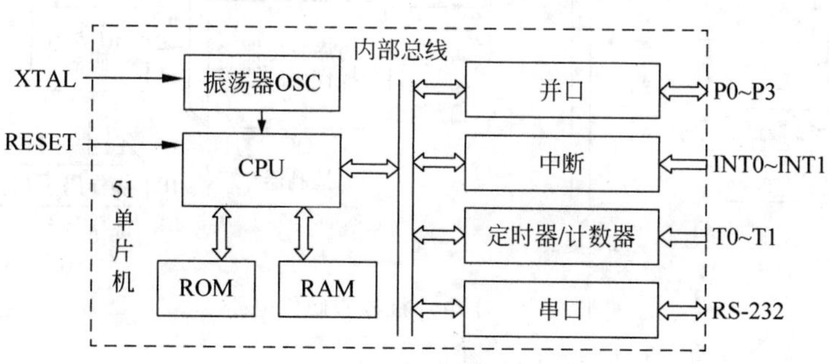

图 1-1　51 单片机内部结构

表 1-1　典型的 51 单片机

型　　号	RAM 容量/B	ROM 容量/KB	ROM 类型	工作频率/MHz
80x51	128	4	EPROM	1.2～12
87x51	128	4	E^2PROM	1.2～24
89x51	128～2K	8～64	Flash	1.2～24

51 单片机的核心硬件电路 CPU(寄存器＋运算器＋控制器)和 MEM(存储器：RAM＋ROM)框图如图 1-2 所示，通过内部总线连接 CPU 中的主要器件和存储器。存储器存放两类数据：一类数据是由 CPU 控制器解析的，称为“指令”的数据；另一类数据是用于计算等操作的数据。控制器针对存储器存放的指令依次进行“取指令→执行指令”的循环操作，控制器中的指令译码器根据指令码输出 $T_1, T_2, \cdots, T_n$ 等控制信号，完成各项指令指定的控制操作，实现各种功能。

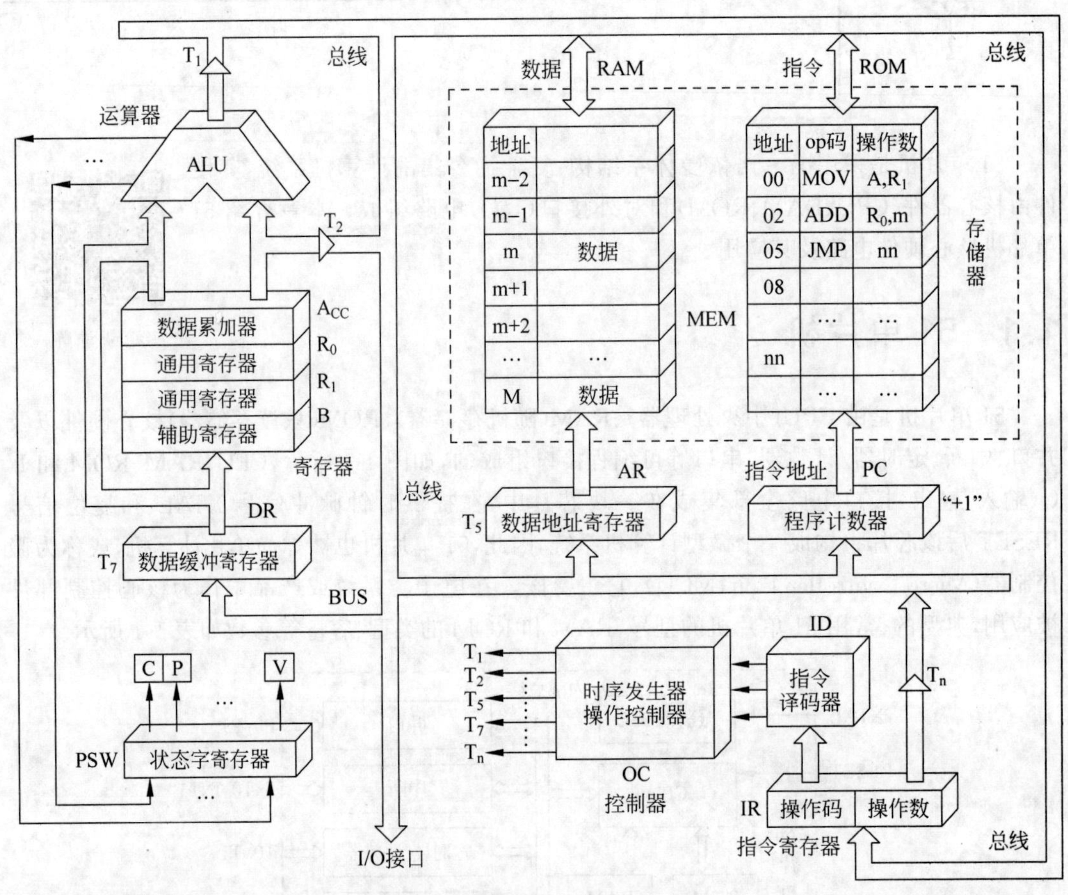

图 1-2　51 单片机核心硬件电路

1.2　51 单片机 CPU

51 单片机 CPU 电路由寄存器、运算器、控制器组成，通过芯片内部总线以及控制信号实现各器件之间的数据传输，是一个 8 位的微型计算机 CPU。

1.2.1　CPU 中的寄存器

51 单片机 CPU 中主要寄存器有累加器 ACC、辅助寄存器 B、程序状态字寄存器 PSW、数据指针寄存器 DPTR、工作(通用)寄存器 R_0～R_7 等。

1. 累加器 ACC

累加器 ACC(又称为 A 寄存器)是 8 位专用寄存器,常用于配合 CPU 中的运算器工作,几乎参与所有运算的操作,例如,在运算操作时,累加器 ACC 存放操作数,或存放运算结果以及中间运算结果等。

2. 辅助寄存器 B

B 寄存器为一个 8 位辅助寄存器,主要辅助(配合)运算器实现乘、除运算,当实现乘法运算时,B 寄存器存放乘数,乘法操作结束后,乘积高 8 位存放于 B 寄存器中;当实现除法运算时,B 寄存器存放除数,除法操作结束后,余数存放于 B 寄存器中。另外,B 寄存器可作为一般数据寄存器使用。

3. 程序状态字寄存器 PSW

程序状态字寄存器 PSW 为 8 位寄存器,用于寄存程序运行时的状态信息,有些状态位是根据指令执行结果由硬件自动设置的,有些状态位可以由指令设置,PSW 寄存器各状态信息位的定义如图 1-3 所示。

CY	AC	F0	RS1	RS0	OV	F1	P

图 1-3　PSW 寄存器各位定义

(1) CY 进位标志位,用于存放算术加、减运算的进位或借位标志,运算指令都会影响到该位,CY 进位标志位还会参与位传输、位运算、位移位等操作。

(2) AC 辅助进位标志位,当加、减运算的低 4 位向高 4 位有进位或借位时,AC 用于存放算术运算(4 位)的进位或借位标志。

(3) F0 和 F1 为用户使用的标志位,由指令设置。

(4) RS1、RS0 为寄存器组选择位,由指令设置,用于设定通用寄存器的组号。

(5) OV 溢出标志位,当进行有符号数加、减运算时,累加器 ACC 所能表示的有符号数范围是-128～+127,运算结果超出该范围则 OV=1,即产生溢出,结果不正确,OV=0 时表示无溢出产生,运算正确;当进行乘法运算时,OV=1 表示乘积超过 255,乘积分别在 B 和 A 寄存器中,OV=0 则表示乘积只在 A 寄存器中;当进行除法运算时,OV=1 表示除数为 0,除法不能进行。

(6) P 奇偶标志位,表示累加器 ACC 中逻辑 1 的个数的奇偶性。当指令(ACC 为目的寄存器的)执行完毕后,累加器 ACC 中的数据是奇数个 1,则 P=1,否则 P=0。

4. 数据指针寄存器 DPTR

数据指针寄存器(Data Pointer,DPTR)是一个 16 位寄存器,它是 51 单片机中的一个可编程操作的16位寄存器，即可以按照16位寄存器使用，同时也可以按照两个8位寄存器分开使用，两个8位寄存器为DPH(DPTR高8位字节)和DPL(DPTR低8位字节)。由于51单片机CPU对ROM和外部数据存储器RAM的寻址范围是64K，因此，16位的DPTR寄存器通常在访问ROM和外部RAM时作为地址指针被应用。

5. 工作寄存器 R_n

由于51单片机CPU电路中的寄存器数量比较少，寄存器数量的多少直接影响到CPU的工作效率以及指令操作的灵活性，为此，在51单片机中将芯片内部的随机存储器RAM开辟出一小部分存储单元作为配合CPU工作的寄存器使用，这些寄存器被命名为工作(通用)寄存器，其编号为 R_n，n=0，1，2，3，4，5，6，7，共8个寄存器，它们都是8位的寄存器，占用其芯片内部RAM物理地址为0～31(1FH)处的32个存储单元，因为工作寄存器只定义了8个，所以，R_n(n=0～7)占用RAM中哪8个存储单元由程序状态字PSW中的RS1、RS0位值确定，并可以根据应用程序的需要随时改变8个工作寄存器(R_0～R_7)的物理地址。8个存储单元表示 R_0～R_7，由于有32个存储单元，因此，共有4组 R_0～R_7，并通过设置PSW寄存器中的RS1、RS0位值决定 R_0～R_7 占用RAM中的物理地址，其关系如表1-2所示，而51单片机CPU在某一时刻只使用4组中的一组 R_0～R_7。

表1-2 RS0、RS1位值和 R_0～R_7 占用RAM物理地址关系表

RS1	RS0	Rn寄存器组号	RAM物理地址范围
0	0	0组寄存器 R_0～R_7	00H～07H
0	1	1组寄存器 R_0～R_7	08H～0FH
1	0	2组寄存器 R_0～R_7	10H～17H
1	1	3组寄存器 R_0～R_7	18H～1FH

51单片机使用工作寄存器 R_n 后增加了CPU的通用寄存器数量，提高了CPU的工作效率，并通过工作寄存器 R_n 增加了CPU指令的寻址方式，提高了应用指令编写程序的灵活性，尤其是有多组工作寄存器 R_n，方便了多任务应用程序的编写。

1.2.2 CPU中的运算器

51单片机CPU中的运算器被称为算术、逻辑运算单元(Arithmetic and Logic Unit，ALU)，它是数据加工处理部件。运算器由8位全加器和其他逻辑电路组成，其功能是完成各种算术和逻辑运算，典型操作包括对8位整数数据进行定点算术加、减、乘、除运算和逻辑与、或、非、异或等运算，以及循环移位、位操作等，其运算框图如图1-4所示。

运算器是一个执行部件，它由控制器发出的控制信号(命令f)指挥其工作，在运算的过程中需要累加器ACC、寄存器B和程序状态字寄存器PSW配合完成各种运算操作。

1.2.3 CPU中控制器

51单片机CPU中的控制器是控制和指挥单片机中的各个部件按照先后顺序协调工作

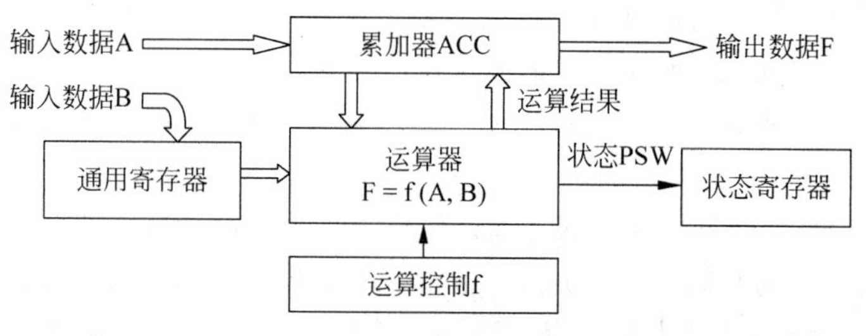

图 1-4　CPU 运算器 ALU

的指挥中心，其最重要的功能是从指令存储器中取出指令、分析指令、对指令进行译码，然后根据指令意图指挥单片机中各个部件完成各种操作，控制器部件主要包括指令寄存器、指令译码器、时钟发生器、定时控制器以及程序计数器 PC、堆栈指针寄存器 SP 等。

1. 指令的执行

51 单片机 CPU 控制器执行指令的主要步骤如图 1-5 所示。

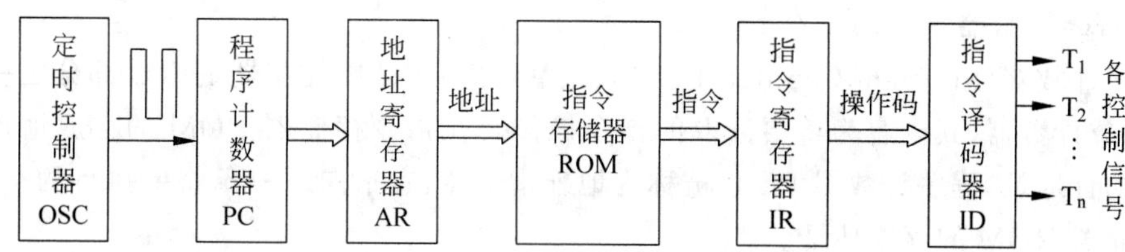

图 1-5　指令执行的主要步骤

程序计数器 PC 的输出数值（传送到内部地址寄存器 AR 中）作为指令存储器的选择地址，选中的指令存储器所输出的数据通过指令译码器译码后产生各种控制信号，例如，产生控制寄存器的数据读/写、控制运算器的运算、控制 RAM 数据的读/写等信号，在 CPU 控制器中，指令寄存器 IR 和指令译码器 ID 是没有地址编号的，因此，它们是不可通过指令访问的。

2. 定时控制器

51 单片机 CPU 中的定时控制器产生 4 个定时时序，分别为节拍周期（振荡脉冲周期）、状态周期（时钟周期）、机器周期、指令周期，它们之间的时序关系如图 1-6 所示。

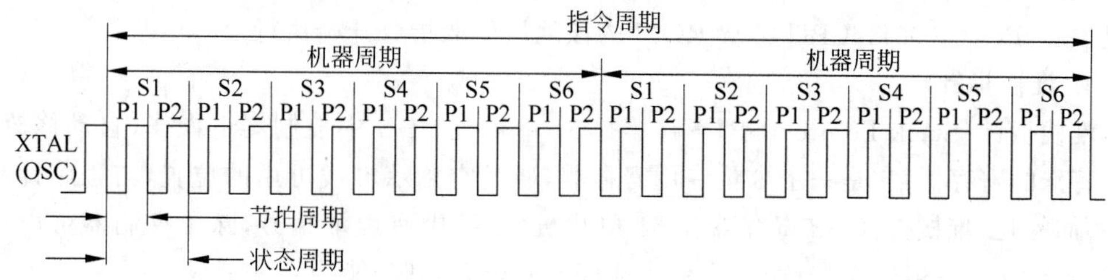

图 1-6　定时控制器产生的固定脉冲

(1) 节拍周期 P 是振荡器(OSC)产生的振荡脉冲信号周期,它是由外部提供的时钟脉冲信号(XTAL),或者是 51 单片机内部振荡器产生的。

(2) 状态周期 S 是节拍脉冲信号经过二分频电路产生的,因此它包括 P1、P2 两个节拍周期,状态周期 S 的时间长度是固定的。

(3) 机器周期是由固定的 6 个状态周期组成,依次为 S1~S6,它是 51 单片机 CPU 完成一项基础操作所需要的时间,CPU 执行一条指令的步骤可以划分若干个阶段,例如,取指令阶段、控制运算器运算阶段(执行指令)等,每一个阶段完成一项基础操作,51 单片机 CPU 是采用固定机器周期的定时控制方式控制指令的执行的。

(4) 指令周期是执行一条指令所需要的时间,CPU 根据指令的不同,51 单片机指令周期的长度是不一样的,指令周期可包含 1~4 个机器周期。

51 单片机 CPU 是按照指令周期依次逐条执行指令存储器 ROM 中存储的指令的,定时控制电路在规定的时刻发出指令操作所需的全部控制信号,可使 CPU 中的各部分协调工作,完成指令所规定的操作。

3. 程序计数器

程序计数器(Program Counter,PC)是 51 单片机 CPU 中控制器的组成部分之一,它是一个 16 位计数器,其内容为将要读取的指令操作码在指令存储器 ROM 的存放地址,即指令存放的首地址,程序计数器 PC 也被称为地址指示器,它指向下一条将要执行的指令操作码在存储器 ROM 的存放地址。

在 CPU 执行当前指令时,程序计数器 PC 的内容是由控制器控制自动加 1 操作的,1 表示一条指令,为了实现指令的顺序执行,程序计数器 PC 的内容总是要求指向下一条指令的操作码存放的地址处,由于 51 单片机指令存储单元是按字节排列的,因此,控制器需要根据指令字节的长短来修改程序计数器 PC 的值,使得程序计数器 PC 的内容指向将要执行的指令操作码在 ROM 的存放地址,例如,当前执行的指令占 3B,程序计数器 PC 的内容将加 3(字节),指向下一条指令的操作码存放地址。

程序计数器 PC 内容的改变可以改变指令执行的次序,即改变程序执行的路线(流程),由于程序计数器 PC 在 51 单片机 CPU 中没有地址编号,因此,它是不可寻址的,所以它的内容不能由一般寄存器读/写指令来修改,但是可以通过转移、子程序调用、子程序返回等指令修改其内容,中断响应也修改其内容,从而实现程序分支(转移)执行,51 单片机系统在系统复位后,PC=0000H,CPU 将从 ROM 的该地址处取指令开始执行。

4. 堆栈指针

堆栈指针(Stack Pointer,SP)寄存器是 51 单片机 CPU 中控制器可操作(自动修改)的一个特殊的寄存器,它是一个 8 位专用寄存器,通过它指示堆栈可用的位置,与程序计数器 PC 不同的是,堆栈指针 SP 寄存器在 51 单片机 CPU 中有地址编号,除了控制器可以修改其内容外,通过一般寄存器读/写指令也能修改其内容,其功能为管理堆栈。

在计算机系统中,堆栈是在内存储器 RAM 中开辟的一个特定的连续存储区域,用于临时存放数据或返回地址等信息,其结构如图 1-7 所示。

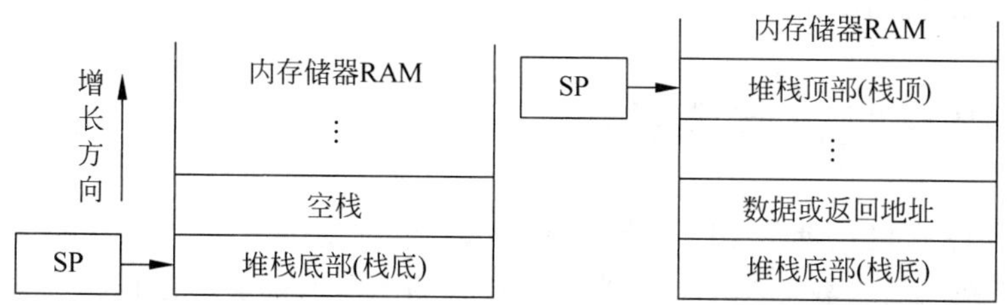

图 1-7 计算机系统中的堆栈结构

堆栈由一块连续的 RAM 组成,堆栈的一端是固定的(RAM 地址是固定的),称为栈底;另一端是浮动的,称为栈顶。堆栈指针寄存器 SP 用于指向堆栈的顶部(栈顶),即指向目前堆栈空闲、可存放数据的位置,因此,SP 的内容就是堆栈栈顶的存储单元地址,当堆栈指针 SP 指向栈底时,说明该堆栈目前没有存放数据,为空堆栈。

数据写入堆栈称为入栈,数据从堆栈中读出称为出栈,数据存放到堆栈的原则是"后进先出"(Last In First Out,LIFO),先入栈的数据存放在栈的底部,因此后出栈;而后入栈的数据存放在栈的顶部,因此先出栈。

堆栈即可以向上增长(SP 正增长,向存储器高地址方向增长),也可以向下增长(SP 负增长,向存储器低地址方向增长),51 单片机系统采用的是堆栈向上增长模式。当存入堆栈一个字节数据时,数据入栈,栈顶自动向 RAM 地址增加方向浮动,SP 加 1;当从堆栈中取出一个字节数据时,数据出栈,栈顶自动向 RAM 地址减小方向浮动,SP 减 1。堆栈的大小可根据需要做动态调整。

堆栈的使用有两种方式:一种是自动使用方式,当 CPU 执行子程序调用指令或响应中断时,返回地址(断点)自动入栈,子程序或中断响应返回时,返回地址自动出栈;另一种是指令使用方式,在指令系统中有专用的堆栈操作指令,实现入栈和出栈的操作。

51 单片机系统堆栈指针 SP 的增加或减小是由 CPU 中的控制器自动实现的,当 CPU 执行到调用子程序指令或响应中断请求时,首先需要将返回地址临时存放在堆栈中,返回地址为程序计数器 PC 的内容,即下一条将要执行的指令操作码在存储器 ROM 的存放地址,堆栈指针 SP 自动增加(SP 加 2,返回地址是 16 位),当从子程序或中断响应返回时,返回地址出栈,并由控制器自动送回到程序计数器 PC 中,SP 自动减小,由于子程序的调用或响应中断需要使用堆栈保存返回地址,因此,子程序或中断的嵌套级数受控于堆栈的大小。另外,当 CPU 执行向堆栈存储字节数据指令时,数据入栈,SP 自动加 1;相反,CPU 执行数据出栈指令时,SP 自动减 1。

51 单片机系统的堆栈占用芯片内部 RAM 中的一部分,由于 51 单片机内部 RAM 是由静态随机存储器组成的,因此,数据的入栈和出栈操作速度快,但堆栈容量有限,由于堆栈占用了内部 RAM,使得 RAM 可用空间减小,51 单片机系统在系统复位后,SP=07H,因此,堆栈底部在内部 RAM 的 07H 地址处,随着数据的入栈,SP 自动增长。另外,通过对一般寄存器读/写操作的指令可修改堆栈指针 SP 的内容,修改 SP 操作的含义为重新设置堆栈区域，重新指定堆栈的底部。

1.3 51单片机存储器结构

存储器是计算机的重要组成部分，典型51单片机系统的存储器最大寻址范围为64KB。RAM采用的是静态随机存储器，ROM采用的是Flash或E^2PROM等只读存储器。

1.3.1 51单片机系统存储空间分配

51单片机系统的存储器在物理结构上有4个存储空间，芯片内部和外部的指令存储器ROM以及芯片内部和外部数据存储器RAM，51单片机的CPU共有16位地址选择信号A_0～A_{15}，因此，其可寻址存储空间为64KB(0000H～FFFFH)，并将4个存储空间划分为3个在逻辑上相互独立的存储空间：一为芯片内部和外部统一编址的64KB指令存储器ROM存储空间，通过硬件控制信号选择芯片内部和外部的ROM；二为芯片外部的64KB数据存储器RAM存储空间，该系统没有设计动态存储器刷新电路，因此，外部数据存储器需要选择静态RAM；三为芯片内部128B(00H～7FH)的静态数据存储器RAM存储空间，如图1-8所示。

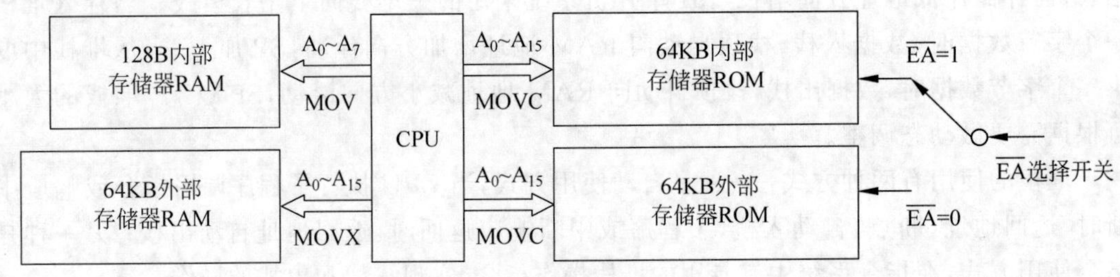

图1-8 51单片机存储器分布

51单片机CPU访问不同的存储器逻辑空间时使用不同的指令，访问芯片内和外部指令存储器ROM的寻址空间为64KB，具体是访问芯片内部还是外部ROM则由芯片外部$\overline{EA}$信号线决定；访问芯片外部数据存储器RAM的寻址空间也为64KB；但访问芯片内部数据存储器RAM的寻址空间只有256B，为其分配的地址信号线为A_0～A_7，地址范围为00H～7FH是真正的数据存储器RAM，而地址范围为80H～FFH则被分配做其他用途。

1.3.2 随机存储器

51单片机系统内部随机存储器(RAM)的地址空间被分为两部分：一部分为数据存储器空间，寻址范围为00H～7FH；另一部分为特殊功能寄存器编号空间，寻址范围为80H～FFH。无论是数据存储器还是特殊功能寄存器，其访问操作都是等同的，并且是51单片机系统中操作最灵活的地址空间。

1. 数据存储器区

51 单片机系统内部真正的数据存储器 RAM 只有 128B，按照用途被划分了 3 个区域：工作寄存器区、位寻址区、数据区，并有两套编址方案，如图 1-9 所示。

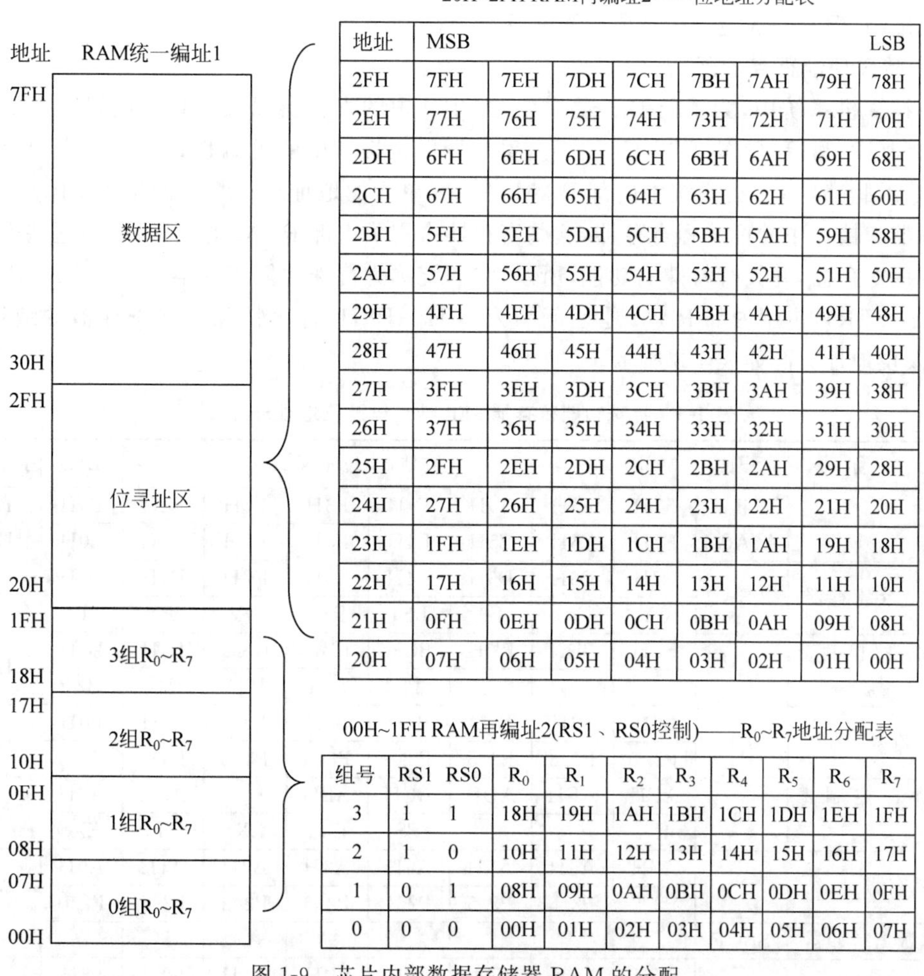

20H~2FH RAM再编址2——位地址分配表

地址	MSB							LSB
2FH	7FH	7EH	7DH	7CH	7BH	7AH	79H	78H
2EH	77H	76H	75H	74H	73H	72H	71H	70H
2DH	6FH	6EH	6DH	6CH	6BH	6AH	69H	68H
2CH	67H	66H	65H	64H	63H	62H	61H	60H
2BH	5FH	5EH	5DH	5CH	5BH	5AH	59H	58H
2AH	57H	56H	55H	54H	53H	52H	51H	50H
29H	4FH	4EH	4DH	4CH	4BH	4AH	49H	48H
28H	47H	46H	45H	44H	43H	42H	41H	40H
27H	3FH	3EH	3DH	3CH	3BH	3AH	39H	38H
26H	37H	36H	35H	34H	33H	32H	31H	30H
25H	2FH	2EH	2DH	2CH	2BH	2AH	29H	28H
24H	27H	26H	25H	24H	23H	22H	21H	20H
23H	1FH	1EH	1DH	1CH	1BH	1AH	19H	18H
22H	17H	16H	15H	14H	13H	12H	11H	10H
21H	0FH	0EH	0DH	0CH	0BH	0AH	09H	08H
20H	07H	06H	05H	04H	03H	02H	01H	00H

00H~1FH RAM再编址2(RS1、RS0控制)——R_0~R_7地址分配表

组号	RS1	RS0	R_0	R_1	R_2	R_3	R_4	R_5	R_6	R_7
3	1	1	18H	19H	1AH	1BH	1CH	1DH	1EH	1FH
2	1	0	10H	11H	12H	13H	14H	15H	16H	17H
1	0	1	08H	09H	0AH	0BH	0CH	0DH	0EH	0FH
0	0	0	00H	01H	02H	03H	04H	05H	06H	07H

图 1-9　芯片内部数据存储器 RAM 的分配

(1) 工作寄存器区按 RAM 统一编址 1 占用空间为 00H～1FH，但由受控于程序状态字寄存器 PSW 中的 RS1、RS0 位按“页”方式再重新编址，分为 4“页”，每“页”有一组工作寄存器 R_0～R_7，共 4 组工作寄存器，每组 8 个寄存单元(8 位)，各组都以 R_0～R_7 作寄存单元编号，工作寄存器常用于存放操作数及中间结果等，因此，也被称为通用寄存器。另外，工作寄存器还可当寻址操作中的间址寄存器使用，CPU 在任一时刻只能用其中的一组工作寄存器，CPU 正在使用的工作寄存器组被称为当前工作寄存器组，具体使用哪组由 PSW 中的 RS1、RS0 位的状态组合来决定。

(2) 位寻址区占用了内部 RAM 的 20H～2FH 单元，该存储区域即可作为一般 RAM

单元使用，进行字节操作，同时使用位操作指令也可以对单元中的每一位进行位操作，其再编址的位寻址区共有 16 个 RAM 单元，共 128 位，位存储单元地址范围为 00H～7FH。

(3) 数据区为一般 RAM 区，按 RAM 统一编址 1，其单元地址范围为 30H～7FH，当除去有两套编址方案的工作寄存器区和位寻址区后，数据区只有 80B 存储单元，其使用没有规定或限制，但在一般应用中通常将堆栈区域开辟在该数据区中。

2. 特殊功能寄存器区

在计算机系统中，为了能够通过指令对 CPU 中的寄存器以及接口中的可编程寄存器进行访问(读、写等)操作，要求 CPU 中的寄存器以及接口中的可编程寄存器都需要有编号(地址)，因此，51 单片机系统中内部 RAM 高 128 单元的地址编号都分配给了 CPU 中的所有寄存器和接口中的可编程寄存器，这些寄存器占用了内部 RAM 地址编号，因这些寄存器都是专用寄存器，并具有特殊的功能，所以，它们统称为特殊功能寄存器(Special Functional Register，SFR)，占用内部 RAM 地址范围为 80H～FFH，各个特殊功能寄存器的地址(编号)以及位地址分配如表 1-3 所示。

表 1-3 特殊功能寄存器 SFR 地址以及位地址分配表

名 称	SFR	MSB			位地址/位定义				LSB	字节地址
寄存器	B	F7H	F6H	F5H	F4H	F3H	F2H	F1H	F0H	F0H
累加器	A、ACC	E7H	E6H	E5H	E4H	E3H	E2H	E1H	E0H	E0H
程序状态字寄存器	PSW	D7H	D6H	D5H	D4H	D3H	D2H	D1H	D0H	D0H
		CY	AC	F0	RS1	RS0	OV	F1	P	
中断优先级控制寄存器	IP	BFH	BEH	BDH	BCH	BBH	BAH	B9H	B8H	B8H
					PS	PT1	PX1	PT0	PX0	
P3 口锁存器	P3	B7H	B6H	B5H	B4H	B3H	B2H	B1H	B0H	B0H
		P3.7	P3.6	P3.5	P3.4	P3.3	P3.2	P3.1	P3.0	
中断允许控制寄存器	IE	AFH	AEH	ADH	ACH	ABH	AAH	A9H	A8H	A8H
		EA			ES	ET1	EX1	ET0	EX0	
P2 口锁存器	P2	A7H	A6H	A5H	A4H	A3H	A2H	A1H	A0H	A0H
		P2.7	P2.6	P2.5	P2.4	P2.3	P2.2	P2.1	P2.0	
串行口数据缓冲器	SBUF									(99H)
串行口控制寄存器	SCON	9FH	9EH	9DH	9CH	9BH	9AH	99H	98H	98H
		SM0	SM1	SM2	REN	TB8	RB8	TI	RI	
P1 口锁存器	P1	97H	96H	95H	94H	93H	92H	91H	90H	90H
		P1.7	P1.6	P1.5	P1.4	P1.3	P1.2	P1.1	P1.0	
定时器/计数器 1(高字节)	TH1									(8DH)
定时器/计数器 0(高字节)	TH0									(8CH)
定时器/计数器 1(低字节)	TL1									(8BH)

续表

名　称	SFR	MSB	位地址/位定义						LSB	字节地址
定时器/计数器0（低字节）	TL0									(8AH)
定时器/计数器模式控制寄存器	TMOD	GATE	C/T	M1	M0	GATE	C/T	M1	M0	(89H)
定时器/计数器控制寄存器	TCON	8FH	8EH	8DH	8CH	8BH	8AH	89H	88H	88H
		TF1	TR1	TF0	TR0	IE1	IT1	IE0	IT0	
电源控制寄存器	PCON	SMOD				GF1	GF0	PD	IDL	(87H)
数据指针寄存器（高字节）	DPH									(83H)
数据指针寄存器（低字节）	DPL									(82H)
堆栈指针寄存器	SP									(81H)
P0口锁存器	P0	87H	86H	85H	84H	83H	82H	81H	80H	80H
		P0.7	P0.6	P0.5	P0.4	P0.3	P0.2	P0.1	P0.0	

在51单片机系统中，可以通过字节操作指令和位操作指令访问表1-3中所列的特殊功能寄存器。访问时只能使用直接寻址方式，可以使用物理地址编号，也可以使用寄存器符号或位符号。例如，访问地址E0H或A或ACC符号是一样的，都是对累加器的操作；通过位操作指令访问D7H或CY符号是一样的，都是对进位位的操作。

在51单片机系统中有些寄存器是不可以通过指令进行访问操作的，例如，程序计数器PC、指令寄存器IR等，虽然它们在物理结构上是独立的寄存器体，但因为没有为它们分配地址编号，因此，它们是不可寻址的寄存器。

51单片机系统有21个可字节寻址的特殊功能寄存器，其中还有一些(11个)寄存器同时可以进行位寻址操作的，特殊功能寄存器的字节地址能够被8整除的寄存器都具有位寻址功能，表1-3中字节地址不带括号的寄存器都是可进行位寻址操作的寄存器，带括号的寄存器是不可以位寻址操作的。

表1-3中的特殊功能寄存器是不连续地分布在内部RAM高128地址单元中，在该区域内虽然还有许多空闲地址，但在这些地址处并没有任何物理器件，因此，空闲的地址是不可访问的，它们是不可用地址。另外，51单片机的一些升级产品在空闲地址处安排了一些扩充的特殊功能寄存器，增强了产品的功能。

1.3.3　只读存储器

51单片机系统的只读存储器(ROM)是用来存放编写好的程序和固定数据(不变的数据，表格常数等)的，程序(有序指令的集合)是以指令(机器代码)的形式存放在ROM中的，CPU用程序计数器PC作为地址指针读取ROM中的指令并按照指令的内容完成各种操作，在ROM中存放的数据则可通过程序计数器PC或数据指针寄存器DPTR作为地址指针将其读出，由于 PC 和 DPTR 是 16 位的寄存器，因此，由 PC 或 DPTR 作为地址指针其可寻址的地址空间为 64KB，地址范围是 0000H～FFFFH。

由于程序计数器 PC 总是指向 ROM 区域，要求 51 单片机系统的应用程序只能存放到该区域，其中包括中断服务程序等，因此，该系统的中断向量被设计到该区域，以固定的模式分布在 0000H～002AH 区域内，各中断向量以及程序和数据占用区域如图 1-10 所示。

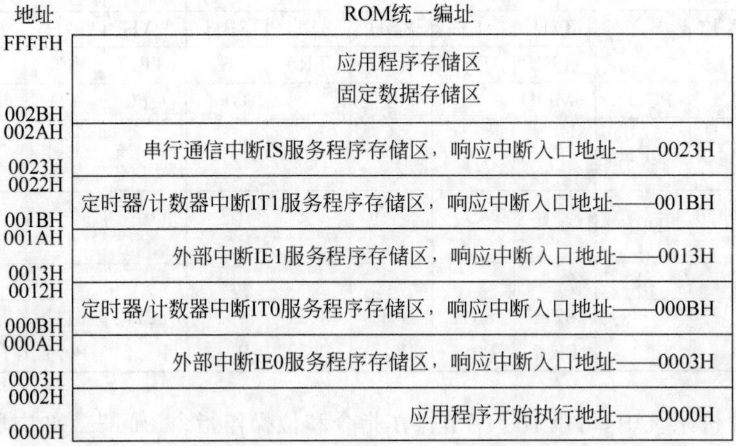

地址	ROM统一编址
FFFFH 002BH	应用程序存储区 固定数据存储区
002AH 0023H	串行通信中断IS服务程序存储区，响应中断入口地址——0023H
0022H 001BH	定时器/计数器中断IT1服务程序存储区，响应中断入口地址——001BH
001AH 0013H	外部中断IE1服务程序存储区，响应中断入口地址——0013H
0012H 000BH	定时器/计数器中断IT0服务程序存储区，响应中断入口地址——000BH
000AH 0003H	外部中断IE0服务程序存储区，响应中断入口地址——0003H
0002H 0000H	应用程序开始执行地址——0000H

图 1-10　51 单片机系统 ROM 固定使用分布图

51 单片机系统复位后，其程序计数器 PC 的初始值为 0000H，即该系统从 ROM 的 0000H 地址单元开始执行指令，当使用 51 单片机组成的应用系统需要使用中断功能时，其应用程序就不能占用中断向量区域，通常的处理是在 ROM 的 0000H～0002H 地址区域内存放一条转移指令，跳过中断向量区域，即当系统复位后从 ROM 的 0000H 地址处开始执行转移指令，跳转到非中断向量区域去执行应用程序，使得中断向量区域可以安排中断服务程序代码。

51 单片机系统的 CPU 可以访问芯片内部和外部 ROM，该系统无论芯片内部或外部的 ROM 都是统一编址的，具体是访问芯片内部还是外部 ROM 则由芯片外部 $\overline{EA}$ 信号线决定，当 $\overline{EA}=1$ 时为访问芯片内部的 ROM，当 $\overline{EA}=0$ 时为访问芯片外部的 ROM，当由 51 单片机组成的应用系统需要具有两套控制程序时，则可通过 $\overline{EA}$ 信号选择不同的控制程序。

目前，51 单片机内部 ROM 器件类型采用的是 E^2PROM 和 Flash 存储器，E^2PROM 存储器需要专用的写入设备将数据（机器代码）写入到内部 ROM 中，Flash 存储器使用 ISP（In System Programming）技术通过 51 单片机的串口将数据写入内部 ROM 中。

1.3.4　51 单片机系统的存储空间名称

51 单片机系统的物理存储器可分为程序存储区 ROM、外部数据存储区 RAM、芯片内部数据存储区 RAM 以及芯片内部位数据存储区几部分，其最大存储空间、寻址范围、访问指令、各存储区统一名称如表 1-4 所示。

表 1-4 51 单片机系统物理存储空间表

物理存储区	最大空间	寻址范围	访问指令	统一名称
程序存储区	64KB	0～0FFFFH	MOVC	CODE
外部数据存储区	64KB	0～0FFFFH	MOVX	XDATA
片内直接寻址数据存储区	128B	0～7FH	MOV	DATA
片内间接寻址数据存储区	256B	0～0FFH	MOV	IDATA
片内位数据存储区	128b	0～7FH	MOV	BIT

1.4 51 单片机外部信号线定义

典型 51 单片机的所有基础功能电路都集成在一块芯片内，主要包括 CPU、128B RAM、4～64KB ROM、4 个并口、5 个中断接口（中断源：2 个外中断、2 个定时器/计数器中断、1 个串口通信中断）、2 个定时器/计数器、1 个串口，该芯片与外部的电气连接信号（接口信号、总线信号、控制信号等）线如图 1-11 所示。

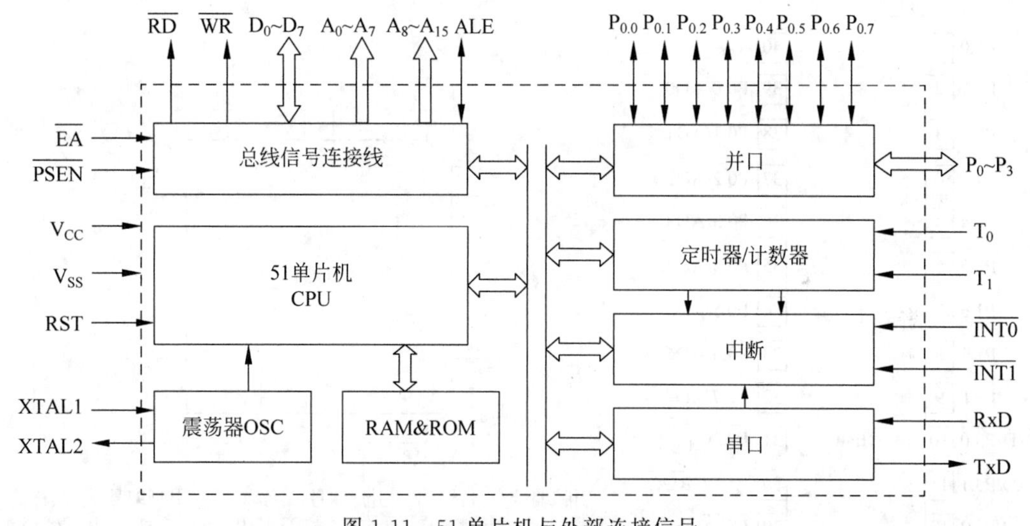

图 1-11 51 单片机与外部连接信号

51 单片机系统与外部器件的连接以及与外部器件交换信息是通过如图 1-11 所示的信号线实现的，信号线的归类和名称以及功能如表 1-5 所示。

表 1-5 信号线的归类和名称以及功能表

信号属性	信号名称	信号功能
接口信号	P_0～P_3	4 个 8 位并口，32 位输入/输出信号线
	$\overline{INT0}$、$\overline{INT1}$	2 个外中断信号输入线
	T_0、T_1	2 个外计数脉冲信号输入线
	RxD、TxD	2 个 RS-232 串行数据通信线

续表

信号属性	信号名称	信号功能
总线信号	$D_0 \sim D_7$	8 位双向数据信号线
	$A_0 \sim A_{15}$	16 位地址输出信号线
	$\overline{RD}$、$\overline{WR}$	数据读、写控制输出信号线
	ALE	外部存储器低 8 位 $A_0 \sim A_7$ 地址锁存控制信号线
	$\overline{EA}$	使用内部或外部存储器 ROM 选择信号线
	$\overline{PSEN}$	外部存储器 ROM 读数据选通信号线
控制信号	RST	51 单片机系统复位信号线
	XTAL1、XTAL2	51 单片机系统时钟脉冲信号线
	V_{CC}、V_{SS}	51 单片机系统电源和地信号线

51 单片机芯片外形封装（电气连接线排列，实现芯片内部与外部电路的连接）有 DIP40、PLCC44、LQFP44 等多种形式（国际上共同采用的标准芯片封装形式），典型的 DIP40 和 PLCC44 外形、封装以及电气连接线排列如图 1-12 所示。

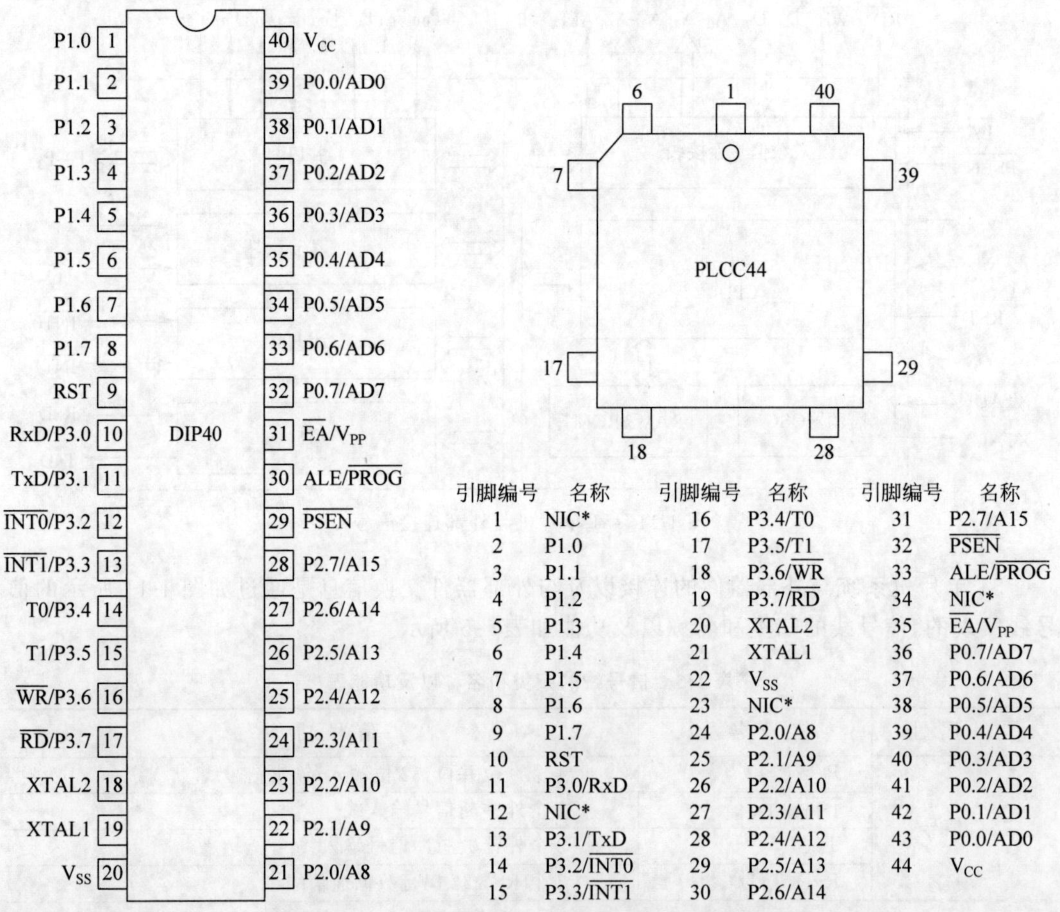

图 1-12　51 单片机外形、封装以及外部引脚排列图

51 单片机芯片与外部器件、电路的连接是通过其芯片的电气连接信号线(称为芯片引脚或信号引脚)实现的，由于其芯片的电气连接信号线 DIP40 外形封装的只有 40 条线、PLCC44 和 LQFP44 外形封装的也只有 44 条线，因此，除 P1 并口和少数信号线外，其他的信号线都是复用的(两个或两个以上的信号共同使用同一条电气连接线)，即有两种类型的信号通过一条信号线对外实现连接，51 单片机信号线复用以及说明如表 1-6 所示。

表 1-6　51 单片机芯片外部信号线说明表

信号名称	引脚号		信号类型	信号说明
	DIP40	PLCC44		
P0.0～P0.7	39～32	43～36	输入/输出	8 位双向并口信号线，另外，该并口信号线与低 8 位地址总线以及双向 8 位数据总线复用，访问外部存储器时，作为低 8 位地址选择信号线，同时还作为双向 8 位数据信号线被使用
(A0～A7)	39～32	43～36	输出	地址 A 复用对应关系：P0.0＝A0～P0.7＝A7
(D0～D7)	39～32	43～36	输入/输出	数据 D 复用对应关系：P0.0＝D0～P0.7＝D7
(AD0～AD7)	39～32	43～36	输入/输出	地址 A 和数据 D 复合表示：P0.0＝AD0～P0.7＝AD7
P1.0～P1.7	1～8	2～9	输入/输出	8 位双向并口信号线
P2.0～P2.7	21～28	24～31	输入/输出	8 位双向并口信号线，另外，该并口信号线与高 8 位地址总线复用，访问外部存储器时，作为高 8 位地址选择信号线
(A8～A15)	21～28	24～31	输出	地址 A 复用对应关系：P2.0＝A8～P2.7＝A15
P3.0～P3.7	10～17	11,13～19	输入/输出	8 位双向并口信号线，另外，该并口与其他接口信号线以及总线读/写信号线复用
P3.0	10	11	输入	RS-232 串口输入 RxD 信号线
P3.1	11	13	输出	RS-232 串口输出 TxD 信号线
P3.2	12	14	输入	外部中断 $\overline{INT0}$ 输入信号线
P3.3	13	15	输入	外部中断 $\overline{INT1}$ 输入信号线
P3.4	14	16	输入	定时器/计数器 0 的外部计数脉冲 T0 输入信号线
P3.5	15	17	输入	定时器/计数器 1 的外部计数脉冲 T1 输入信号线
P3.6	16	18	输出	外部数据存储器 RAM 写选通信号线 $\overline{WR}$
P3.7	17	19	输出	外部数据存储器 RAM 读选通信号线 $\overline{RD}$
ALE	30	33	输出	外部存储器低 8 位 A0～A7 地址锁存控制信号线，另外，为内部 ROM 提供编程脉冲
$\overline{EA}$	31	35	输入	内部或外部存储器 ROM 选择信号线，另外，从外部提供内部 E^2PROM 编程使用的高电压
$\overline{PSEN}$	29	32	输入/输出	外部存储器 ROM 读数据选通信号线
RST	9	10	输入	复位信号线：RST 为 2 个机器周期的高电平逻辑状态时，51 单片机内部器件进入复位状态
XTAL1	19	21	输入	晶振 1：反相振荡放大器输入、内部时钟发生电路输入线

续表

信号名称	引脚号		信号类型	信号说明
	DIP40	PLCC44		
XTAL2	18	20	输出	晶振2：反相振荡放大器输出线
V_{CC}	40	44	输入	电源信号线，提供正常工作电压
V_{SS}	20	22	输入	地信号线
NIC		1,12,23,34		无连接

1.5 51单片机应用系统

51单片机芯片连接一些外部器件就可组成一个微计算机应用系统，使51单片机正常工作的、不可缺少的基础外部器件有晶体振荡器和复位电路，在此基础上可通过总线或接口连接更多的外部器件实现扩展51单片机应用系统的功能。

1.5.1 最小工作系统

由51单片机芯片和晶体振荡器以及复位电路可以组成一个51单片机最小的工作系统，各部分器件的电路以及与51单片机芯片的连接如图1-13所示。

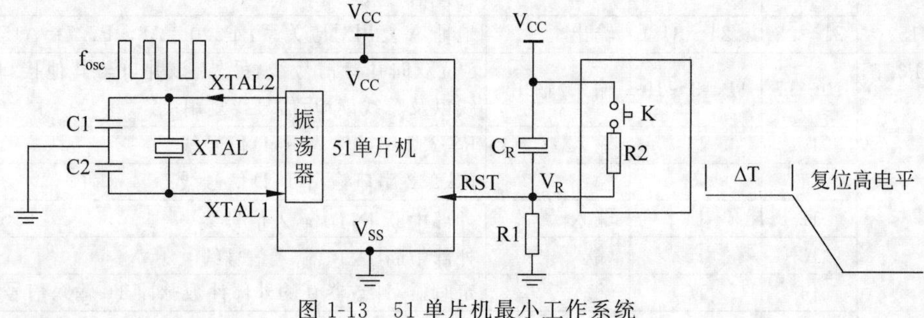

图1-13 51单片机最小工作系统

1. 晶体振荡电路

51单片机芯片内部有一个反相放大器，通过XTAL1和XTAL2连接线与晶体振荡器XTAL、电容器C1和C2连接构成振荡器，为51单片机系统提供工作时钟频率，该振荡器产生节拍脉冲(f_{osc})，晶体振荡器XTAL的振荡频率范围为1～40MHz，典型振荡频率有6MHz、12MHz、24MHz等。电容器C1和C2的取值范围为10～30pF，对振荡频率起到微调作用。

2. 复位电路

复位电路为51单片机芯片提供复位RST信号，由电阻R1和(电解)电容C_R组成上电复位电路，由于51单片机芯片要求RST为2个机器周期(12个节拍周期)的高电平逻辑状态时其内部器件进入复位状态，因此，通过R1和C_R组成的延时电路需要在51单片机芯片的 RST 信号线上维持大于 12 个节拍周期($1/f_{osc}$)的高电平逻辑状态,持续时间长度为 $\Delta T > 12/f_{osc}$,即 $V_R \approx V_{CC}$ 的状态要保持大于 12 个节拍周期,由阻容延时电路可知当电容两端充电到最大电压的 60%时,其充电时间为该电路的时间常数,时间常数是电路的阻值与容值的乘积,如图 1-13 所示复位电路的时间常数为 $R1 \times C_R$,对于复位电路需要满足 $R1 \times C_R > \Delta T > 12/f_{osc}$。

节拍脉冲($f_{osc}=1\sim40MHz$)的周期一般在微秒(μs)数量级,当 R1 取值大于 1kΩ,C_R 取值大于 1μF 时,复位电路的时间常数在毫秒 ms 数量级,因此,R1 和 C_R 的取值范围为

R1>1kΩ　　　　　　典型取值:2kΩ

C_R>1μF　　　　　　典型取值:22μF(为电解型电容)

当 R1 和 C_R 的取值范围控制在使其阻容延时时间长度为毫秒数量级时,该复位电路则可以满足 $R1 \times C_R > \Delta T > 12/f_{osc}$ 复位条件,毫秒级的延时时间长度既满足了 51 单片机芯片的复位要求,又不至于单片机系统等待太长的时间才启动。

51 单片机系统在工作期间需要通过外部控制强制进入复位状态时,可在复位电路中增加一个开关 K 和一个电阻 R2,如图 1-13 所示,当开关 K 连通时,起到了强制复位作用,电阻 R1 和 R2 相对复位端 RST 形成一个分压电路,为复位端 RST 提供复位电压,同时 R2 为电容 C_R 形成放电回路,使 C_R 放电,电阻 R2 阻值越小,电容 C_R 放电越快,因此,电阻 R2 的阻值不应该太大,一般是 R1 阻值的十分之一,典型取值范围为 100~200Ω;当 K 断开时,电容 C_R 重新开始充电,R1 和 C_R 阻容复位电路重新工作,实现 51 单片机系统的带电强制复位。

3. 复位后 51 单片机芯片内部寄存器初始值

由 51 单片机芯片组成的单片机系统在上电和强制复位时,该系统处于复位阶段,51 单片机芯片内部各寄存器都将恢复为初始值状态,各寄存器的初始值状态是其芯片设计时就确定下来的,各寄存器的初始值如表 1-7 所示。

表 1-7 各寄存器初始值表

寄存器名称	表示符号	初始值
程序计数器	PC	0000H
程序状态字寄存器	PSW	00H
累加器	ACC	00H
寄存器	B	00H
数据指针寄存器	DPH、DPL	00H
堆栈指针寄存器	SP	07H
并口	P0、P1、P2、P3	0FFH
其他接口寄存器	IP、IE、SBUF、TH1、TH0、TL1、TL0	00H
接口控制寄存器	SCON、TMOD、TCON、PCON	00H

51 单片机系统复位后,PC=0000H,即该系统从只读存储器 ROM 地址为 0000H 处开始执行应用程序指令;PSW=0,指明通用寄存器 R_n 当前使用的组号为第 0 组;SP=07H,指明该系统堆栈栈底在数据存储器 RAM 地址为 07H 处;P0~P3=0FFH,指明该系统对

外接口或总线处于高电平逻辑状态；其他寄存器均为 00H。

另外，由于 51 单片机系统复位后堆栈指针寄存器 SP 的初始值为 07H，因此，在该单片机芯片内部的 RAM 区域中，堆栈使用的 RAM 存储空间与第 1 组～第 3 组通用寄存器 R_n 使用的 RAM 空间是重叠的，当需要使用多组通用寄存器 R_n 时，应将堆栈的存储区域移到 RAM 中的其他地方，例如，设置堆栈指针寄存器 SP 为 60H，则系统堆栈栈底被设置在 RAM 地址为 60H 处，堆栈使用的存储区域将被安排在 RAM 存储器地址为 60H 以上的存储空间，以便避免单片机系统 RAM 存储空间为 08H～1FH 存储区域的重叠使用。

1.5.2 扩展应用系统

51 单片机通过外部总线可以连接外部存储器 RAM 或 ROM 实现系统扩展。外部总线信号有数据总线、地址总线、控制总线，P0 口兼作数据总线 D_0～D_7；同时 P0 口兼作地址总线的低 8 位 A_0～A_7，P2 口兼作地址总线的高 8 位 A_8～A_{15}，由于地址总线有 16 位，因此，51 单片机系统可直接扩展 64KB 的存储器 RAM 或 ROM。控制总线有外部存储器地址锁存控制信号 ALE、外部 RAM 读 $\overline{RD}$、写 $\overline{WR}$ 信号、外部 ROM 读选通信号 $\overline{PSEN}$，外部 ROM 选择信号 $\overline{EA}$。

1. 外部存储器的扩展

51 单片机通过总线扩展连接外部存储器 RAM 电路框图以及与外部存储器 RAM 交换数据时其总线上一个机器周期中的时序逻辑如图 1-14 所示。

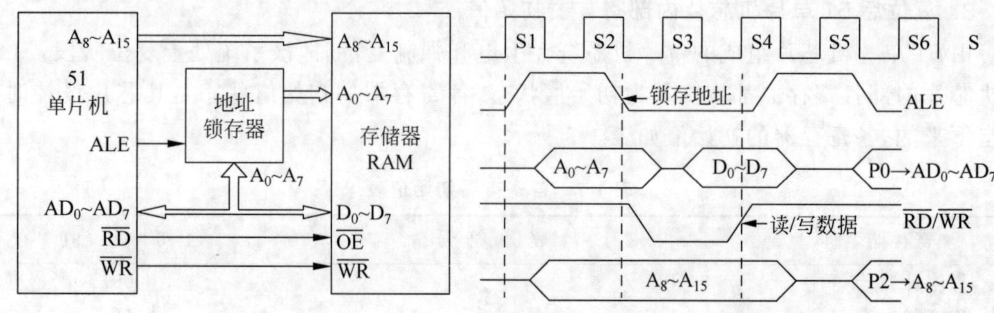

图 1-14　外部存储器 RAM 扩展应用框图以及总线时序图

51 单片机通过总线扩展连接外部存储器 ROM 电路框图以及与外部存储器 ROM 交换数据时其总线上一个机器周期中的时序逻辑如图 1-15 所示。

51 单片机通过总线扩展连接外部器件时，地址总线信号 A_0～A_7 和数据总线信号 D_0～D_7 是分时共用 P0 口（AD_0～AD_7）的，总线 ALE 控制信号是指明地址 A_0～A_7 信号输出时段的，通过 ALE 信号的下降沿可以采集到 P0 口输出的地址 A_0～A_7 信号，因此，在 51 单片机系统外部需要有地址锁存寄存器，以便为外部需要 A_0～A_7 信号的器件保持住地址 A_0～A_7 信号，当 P0 口处在交换数据 D_0～D_7 信号时间区域（时段）内，通过总线读 $\overline{RD}$、写 $\overline{WR}$、外部 ROM 读选通 $\overline{PSEN}$ 等控制信号完成 51 单片机系统 CPU 与外部器件的数据交换。

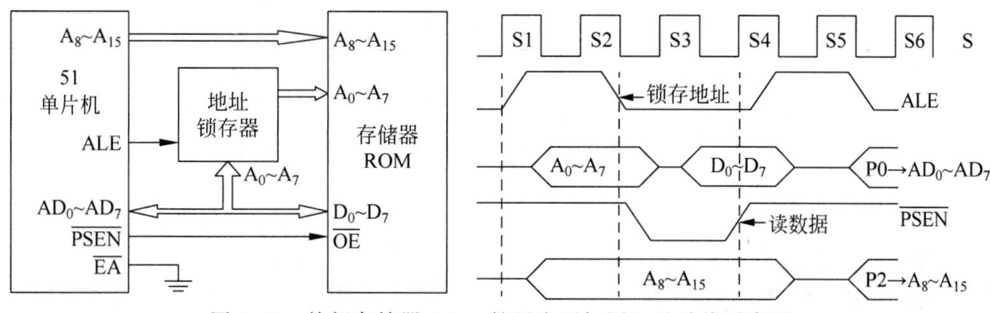

图 1-15　外部存储器 ROM 扩展应用框图以及总线时序图

2. 地址锁存寄存器

地址锁存寄存器一般由 D 触发器构成，典型的地址锁存寄存器有 74LS373 等 8 位数据寄存器，74LS373 逻辑电路如图 1-16 所示。

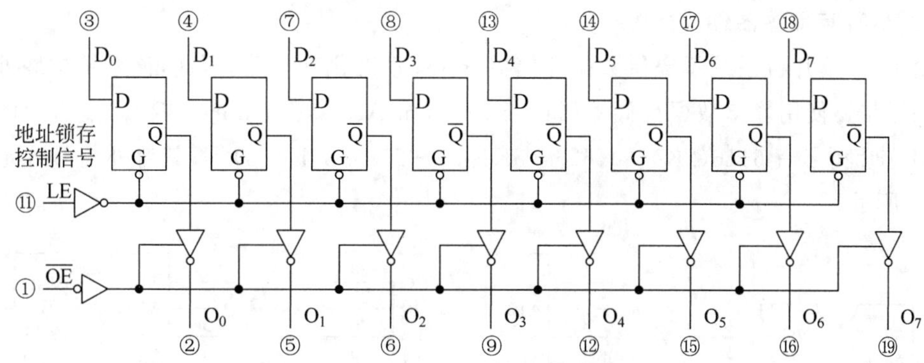

图 1-16　74LS373 地址锁存寄存器逻辑电路图

74LS373 器件外部电气信号连接线如图 1-17 所示，其真值表如表 1-8 所示，在该表中 H 为高电平，L 为低电平，X 为不关心电平的高低，Z 为高阻输出，当 LE 为高电平时，将输入信号 D_n 寄存到 D 触发器中，在 LE 为低电平时，输入信号 D_n 的变化不影响 D 触发器的锁存数据 Q_n，锁存器保持原有状态 Q_n，$\overline{OE}$ 为该器件输出控制，当 $\overline{OE}$ 为低电平时，输出 O_n 等于 74LS373 器件中 D 触发器的状态，$\overline{OE}$ 为高电平时，输出 O_n 为高阻状态。

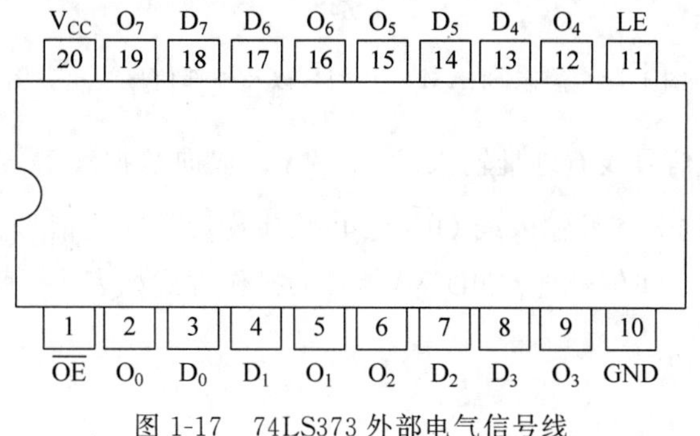

图 1-17　74LS373 外部电气信号线

表 1-8 74LS373 真值表

输入端			输出端	
LE	$\overline{OE}$	D_n	O_n	(n=0～7)
H	L	H	H	
H	L	L	L	
L	L	X	Q_0	
X	X	X	Z	

当 51 单片机总线 ALE 控制信号连接到 74LS373 锁存器的 LE 输入端，地址总线信号 A_0～A_7 连接 74LS373 信号输入端 D_0～D_7 时，则可以通过 74LS373 锁存器实现地址总线信号 A_0～A_7 的锁存。

3. RAM 存储器器件

由于 51 单片机系统不提供数据存储器 RAM 动态刷新电路，因此，该系统扩展外部数据存储器需要使用静态数据存储器(Static Random Access Memory，SRAM)，常用的静态 SRAM 芯片型号有 6116(2K×8)、6264(8K×8)、62256(32K×8)等，其对外信号线定义如图 1-18 所示。

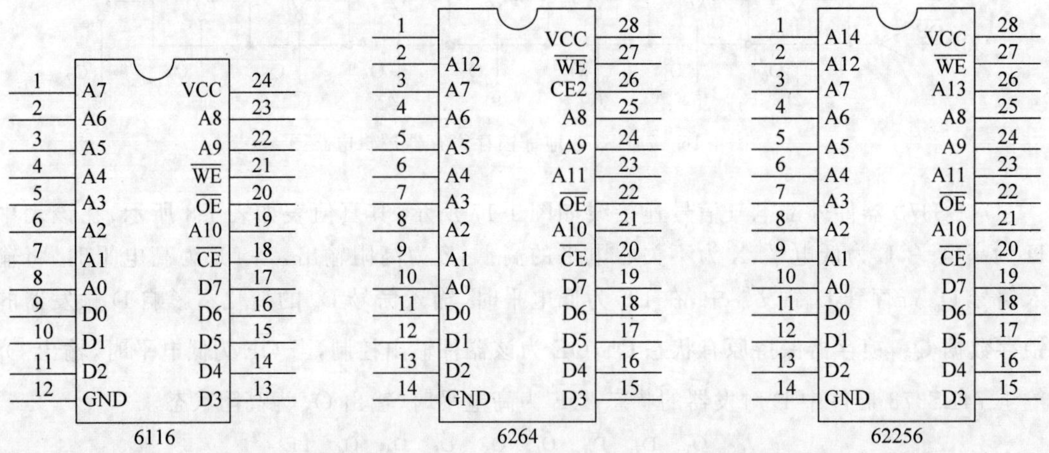

图 1-18 静态 SRAM 芯片型号以及外部信号线定义图

SRAM 芯片对外信号线有地址输入线 A_0～A_{14}、双向数据线 D_0～D_7、选片信号输入线 $\overline{CE}$(低电平有效)、读选通信号输入线 $\overline{OE}$(低电平有效)、写选通信号输入线 $\overline{WE}$(低电平有效)，以及工作电源 V_{CC} 和信号地 GND 等，信号的操作方式如表 1-9 所示。

表 1-9　静态 SRAM 操作方式真值表

$\overline{CE}$	$\overline{OE}$	$\overline{WE}$	操作方式	$D_0 \sim D_7$
H	X	X	未选中芯片	高阻状态
L	H	H	禁止输出	高阻状态
L	L	H	读数据操作	数据输出
L	H	L	写数据操作	数据输入
L	L	L	写数据操作	数据输入

4. 扩展 RAM 存储器

由于 51 单片机内部的 RAM 只有 128B，当使用 51 单片机组成数据采集系统或大批量数据处理系统时，其内部 RAM 就不够用了，需要通过 51 单片机总线扩展外部数据存储器。其扩展外部数据存储器 SRAM 的地址信号由 P0 口（$A_0 \sim A_7$）和 P2 口（$A_8 \sim A_{15}$）提供的，因此，系统的最大寻址范围为 64KB(0000H～FFFFH)，为了便于操作外部数据存储器，51 单片机的 CPU 专门设计了操作外部数据存储器的指令（MOVX），指令的寻址范围为 64KB。

51 单片机通过总线扩展外部数据存储器 SRAM（62256）电路连接图如图 1-19 所示。存储器 62256 的容量为 32KB，在该扩展连接图中 P2.7 作为存储器 SRAM 的选片信号使用，因此，其地址选择范围是 0000H～7FFFH。

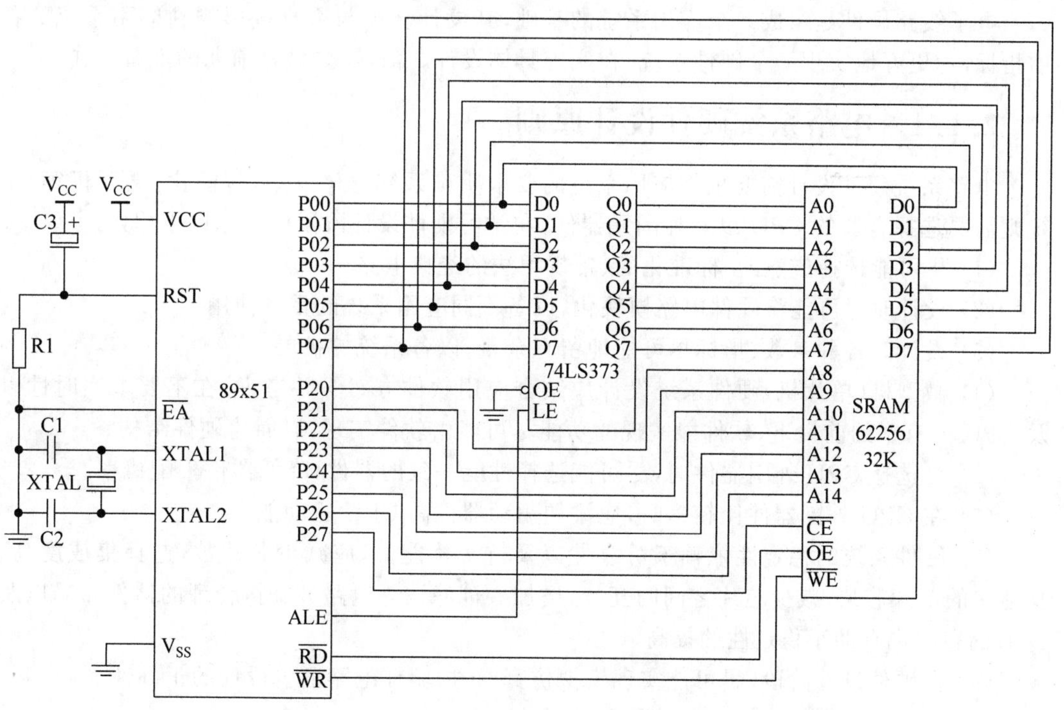

图 1-19　51 单片机连接外部静态数据存储器 SRAM 扩展图

第 2 章

电子系统硬件电路的设计

电子系统硬件电路可以借助硬件设计工具软件实现电子线路硬件系统的设计。Proteus 是一款硬件设计工具软件，它具有硬件原理图绘制、硬件器件的模拟仿真以及 PCB（Printed Circuit Board，印制电路板）的自动生成等功能。本章主要介绍应用 Proteus 设计与仿真电子系统的硬件电路。

2.1 电子线路硬件设计综述

电子线路硬件是组成一个应用系统的基础，其设计合理与否直接影响到应用系统的各项指标，为更好地实现一个硬件系统，在实施具体设计之前，需要做好前期的准备工作。

2.1.1 电路系统硬件设计原则

电路系统硬件设计需要根据应用系统的要求明确系统总体方案，智能化（微型机等）系统则需要选择合适的 CPU 以及外围元器件，在学习硬件设计阶段应遵循以下原则。

(1) 尽可能选择成熟的、标准化的、常规用法的经典电路。

(2) 设计时尽可能将硬件电路模块化，以备不同应用系统的重复使用。

(3) 设计时各种参数、指标尽可能地留有余量，以备系统的扩展。

(4) 微型机（单片机）硬件系统设计应结合应用软件方案一并考虑，在不要求实时性以及 CPU 占有率的前提下，软件能实现的功能尽可能由软件实现，以简化硬件结构。

(5) 在选择 CPU 外围器件时，尽可能选择性能一致的器件，降低器件失配概率。

(6) 在 CPU 外围器件比较多时，应添加驱动器提高 CPU 驱动能力。

(7) 硬件系统的稳定性依赖于可靠性以及抗干扰能力，应减少芯片数，选择集成度高、功能多的单片芯片，减少芯片之间的互扰，增加去耦滤波等电路，同时，合理的器件布局以及 PCB 的布线也有助于稳定性的提高。

(8) 在硬件设计阶段，尽可能实现模拟仿真通过，验证电路逻辑设计的正确性。

2.1.2 硬件设计注意事项

在电子线路硬件功能总体方案确定后，实施具体电路设计的过程中，应着重关注硬件系统的稳定性，使其工作可靠。具体应注意以下事项。

（1）集成电路芯片需要添加去耦滤波电路，电路由一个电容和一个电解电容组成，添加在芯片供电端，如图 2-1 所示，电容和电解电容的容值主要根据集成电路芯片工作频率来确定，大致范围：0.01μF≤电容容值≤0.1μF，1μF≤电解容值≤10μF。在 PCB 器件布局中，去耦滤波电路紧邻集成电路芯片，以阻止集成电路芯片产生的振荡信号通过电源线影响（干扰）系统其他电路。

（2）在使用开关产生控制信号时，开关导通则输出低电平，如果开关导通时系统需要的是高电平，可通过添加反相器实现，如图 2-2 所示，因开关接触的抖动性会产生抖动脉冲，当开关接低电平（地线）时，抖动脉冲的幅度是逐步减小的，对其他电路的影响也是逐步减小的。

（3）当集成电路的输入端不被使用时，或平时悬浮时，应为其添加上拉电阻，使输入端电平稳定在高电平状态，减少输入端被干扰，如图 2-2 所示。

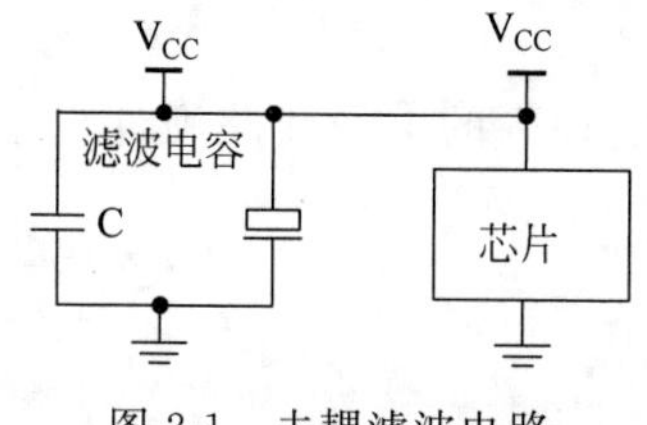

图 2-1　去耦滤波电路

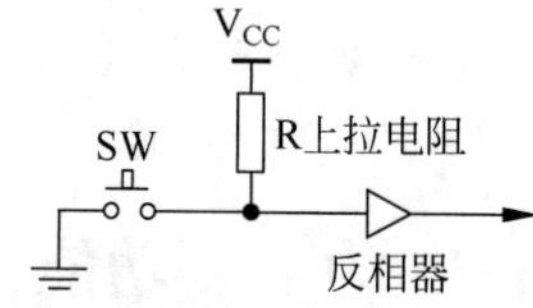

图 2-2　开关信号反向电路（输入端上拉电阻）

（4）针对电流驱动器件，如发光管、蜂鸣器等，应添加限流电阻。

（5）放大小信号（毫、微量级）应选择低噪放大器，外加屏蔽罩以及地线丝网层。

（6）在设计 PCB 时，器件的布局以器件之间的电气连接线以最短为准则，另外，地线的宽度设置要比电气连接线宽，或添加地线丝网层，增强屏蔽效果。

2.1.3　Proteus 简介

Proteus 是英国 Labcenter 公司开发的、支持多种型号微型机、单片机等模拟仿真的、具有丰富的元器件库、可与 Keil 等微型机软件开发环境联合模拟仿真的，并具有 PCB 设计功能的完整电子系统模拟仿真与开发的实用平台。

Proteus 平台主要由两款软件组成：ISIS（Intelligent Schematic Input System）——智能原理图输入系统，是硬件系统设计与模拟仿真的基础平台；ARES（Advanced Routing and Editing Software）——高级 PCB 布线编辑系统。Proteus 主要整体结构体系如表 2-1 所示。

表 2-1　Proteus 主要整体结构体系

Proteus 平台	Proteus VSM（虚拟系统模型）	ISIS 智能原理图输入系统软件
		PROSPICE 混合模型模拟仿真器软件
		微型机 CPU 库
		元器件库和 VSM 动态器件库
	Proteus PCB DESIGN（印制电路板设计）	ISIS 智能原理图输入系统软件
		ARES 高级布线编辑系统软件

2.1.4 使用 Proteus 设计电子产品流程

使用 Proteus 设计电子产品流程如图 2-3 所示，当设计开发的是微型机（单片机、嵌入式系统）电路硬件系统时，需要编写控制系统的程序代码。

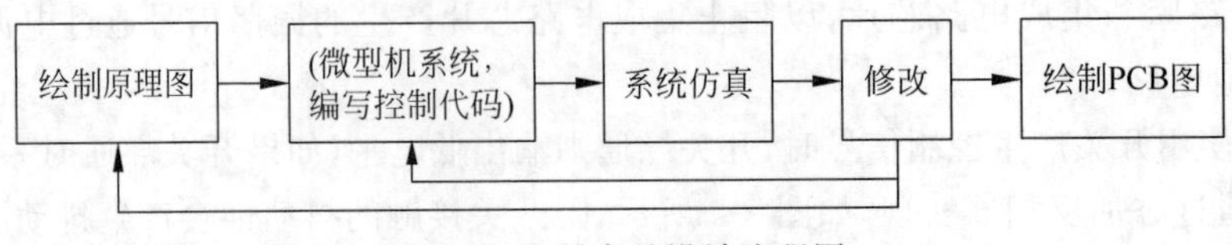

图 2-3 电子产品设计流程图

2.2 硬件原理图设计 ISIS

ISIS 是 Proteus 平台的核心，包括微型机硬件系统在内的电子线路硬件设计与模拟仿真等基本上都可以在 ISIS 中完成。

2.2.1 ISIS 的主要功能

ISIS 具有硬件电路原理图的绘制、硬件电路的模拟仿真、PCB 自动设计的预制操作等功能，并配备了适合电子线路设计的、丰富的元器件库。

1. ISIS 主界面

ISIS 软件启动后，其可视化电子线路硬件设计界面如图 2-4 所示。

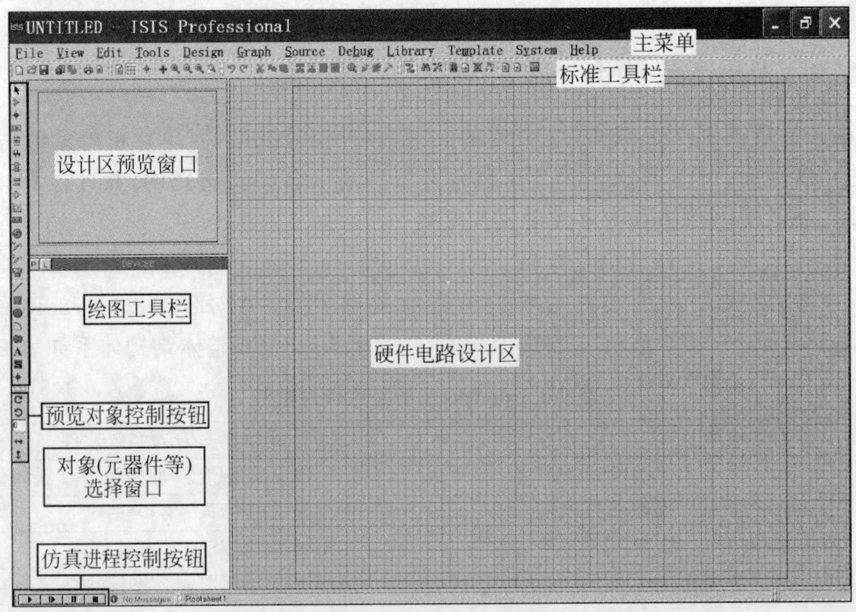

图 2-4 ISIS 主界面图

ISIS 软件主菜单项有 File(文件)、View(视图)、Edit(编辑)、Tools(工具)、Design(设计)、Graph(图形)、Source(源)、Debug(调试)、Library(库)、Template(模板)、System(系统)、Help(帮助),其主要功能都可以从主菜单中引用,但为方便、快捷地实现电路的设计,ISIS 软件提供了常用操作的工具栏。

2. ISIS 元器件库

ISIS 提供的元器件库操作(主菜单→Library→Pick Devices)如图 2-5 所示,通过该操作界面可以选择硬件原理图中使用的元器件,并放置于原理图硬件电路设计区中,ISIS 元器件库包含了硬件电路设计时使用的所有电子元器件,其库中包含的主要元器件库以及名称如表 2-2 所示。

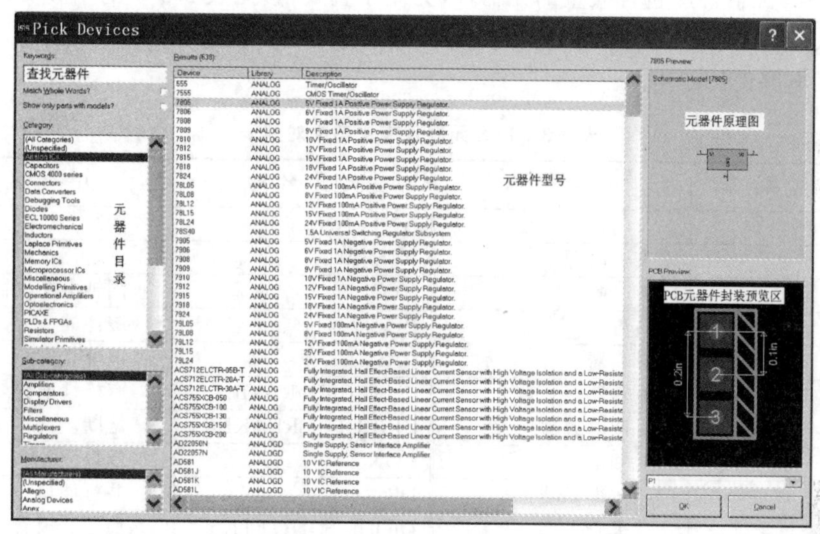

图 2-5　ISIS 元器件库操作界面图

表 2-2　ISIS 主要元器件库名称表

名　称	说　明
Analog ICs	模拟集成电路芯片
Capacitors	电容器集合
CMOS 4000 series	集成电路 4000 系列
Connectors	排座,排插
Data Converters	ADC、DAC(模/数转换器、数/模转换器)
Debugging Tools	调试工具
ECL 10000 Series	发射极耦合 10000 系列逻辑电路
Memory ICs	存储器集成电路
Microprocessor ICs	微处理器集成电路
Miscellaneous	天线、晶振、保险丝等器件
Modelling Primitives	各种仿真器件,只用于模拟仿真,没有 PCB 封装
Optoelectronics	各种发光器件、发光二极管、LED、液晶等

续表

名　称	说　明
PLDs & FPGAs	数字阵列集成电路
Resistors	各种电阻器
Simulator Primitives	各种常用仿真器件
Speakers & Sounders	喇叭
Switches & Relays	开关、继电器、键盘
Transistors	晶体管、三极管、场效应管
TTL 74 series	74 系列数字集成电路

由于 ISIS 元器件库包含大量的元器件，为便于查找，参见表 2-3 中的中英文对照，查找时通过输入所需元器件英文名称，元器件列表框中将列出不同生产厂、不同型号，功能相近的元器件供电路设计使用。

表 2-3　ISIS 元器件库中英文对照表

英文名称	中文名称	英文名称	中文名称
AND	与门	ANTENNA	天线
BATTERY	直流电源	RESPACK	排阻
BELL	铃，钟	BVC	同轴电缆接插件
BRIDEG	整流桥	BUFFER	缓冲器
BUZZER	蜂鸣器	CAP	电容
CAPACITOR	电容器	CAPACITOR POL	有极性电容
CAPVAR	可调电容器	CIRCUIT BREAKER	熔断丝
COAX	同轴电缆	CON	插口
CRYSTAL	晶体振荡器	DB	并行插口
DIODE	二极管	DIODE SCHOTTKY	稳压二极管
DPY_7-SEG,7SEG	7 段 LED 数码管	DPY_7-SEG_DP	带小数点 7 段 LED
ELECTRO	电解电容	FUSE	熔断器
INDUCTOR	电感器	INDUCTOR IRON	带铁芯电感器
INDUCTOR3	可调电感器	JFET N N	沟道场效应管
JFET P P	沟道场效应管	LAMP	灯泡
LAMP NEDN	起辉器	LED	发光二极管
METER	仪表	MICROPHONE	麦克风
MOSFET MOS	MOS 管	MOTOR AC	交流电机
MOTOR SERVO	伺服电机	NAND	与非门
NOR	或非门	NOT	非门
NPN NPN	三极管	NPN-PHOTO	感光三极管
OPAMP	运放	OR	或门
PHOTO	感光二极管	PNP	三极管
NPN DAR NPN	三极管	PNP DAR PNP	三极管
POT	滑线变阻器	PELAY-DPDT	双刀双掷继电器
RES1.2	电阻器	RES3.4	可变电阻器

续表

英文名称	中文名称	英文名称	中文名称
RESISTOR BRIDGE	桥式电阻器	RESPACK	电阻器
SCR	晶闸管	PLUG	插头
PLUG AC FEMALE	三相交流插头	SOCKET	插座
SOURCE CURRENT	电流源	SOURCE VOLTAGE	电压源
SPEAKER	扬声器	SW	开关
SW-DPDY	双刀双掷开关	SW SPST	单刀单掷开关
SW-PB	按钮，开关	THERMISTOR	电热调节器
TRANS1	变压器	TRANS2	可调变压器
TRIAC	三端双向可控硅	TRIODE	三极真空管
VARISTOR	变阻器	ZENER	齐纳二极管

3. ISIS 信号源

ISIS 提供了多种信号激励源，为设计的电子线路提供输入信号，在 ISIS 环境中单击绘图工具栏中的 Generator Mode 图标，在对象选择窗口将列出所有信号激励源，如图 2-6 所示。当需要设置信号激励源参数时，选择激励源属性（在设计区双击激励源图标）实现参数设置，如图 2-7 所示，ISIS 提供的主要信号激励源如表 2-4 所示。

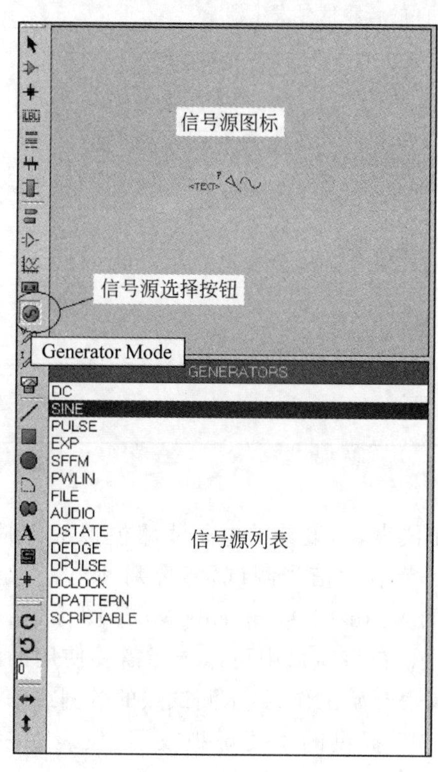

图 2-6　ISIS 信号激励源列表

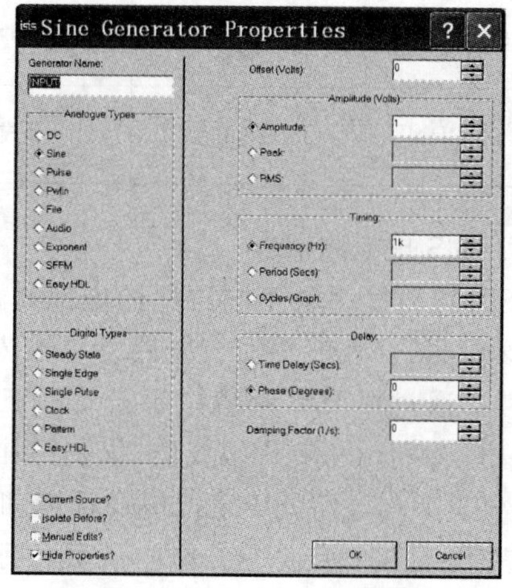

图 2-7　ISIS 信号源属性设置

表 2-4　ISIS 主要信号激励源表

信号源名称	信号源图标	信号源说明
DC		直流信号发生器
SINE		幅值、频率、相位可控的正弦波发生器
PULSE		幅值、周期、上升、下降沿时间可控的模拟脉冲发生器
EXP		指数脉冲发生器
SFFM		单频率调频波信号发生器
PWLIN		任意分段线性脉冲信号发生器
FILE		数据来源于 ASCII 文件的信号发生器
AUDIO		数据来源于 wav 文件的音频信号发生器
DSTATE	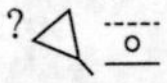	数字单稳态逻辑电平发生器
DEDGE	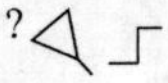	数字单边沿信号源发生器
DPULSE		单周期数字脉冲信号发生器
DCLOCK	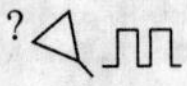	数字时钟信号发生器
DPATTERN		数字模式信号发生器

4. ISIS 虚拟测试仪

ISIS 提供了多种不同用途的虚拟测试仪器和仪表，当设计的电子线路模拟工作时，这些虚拟仪器、仪表能够完成电路各个输入、输出等节点的信号测试，实现判断电路工作的正确性。通过在 ISIS 环境中单击绘图工具栏中的 Virtual Instruments Mode 图标，在对象选择窗口将列出所有虚拟仪器、仪表，如图 2-8 所示，在该窗口中可以选择需要使用的测试仪器、仪表。当电路处于模拟仿真时，虚拟仪器、仪表开始工作，显示测试点的数据或信号波形等信息，图 2-9 所示为工作中的数字示波器，ISIS 提供的主要虚拟仪器、仪表如表 2-5 所示。

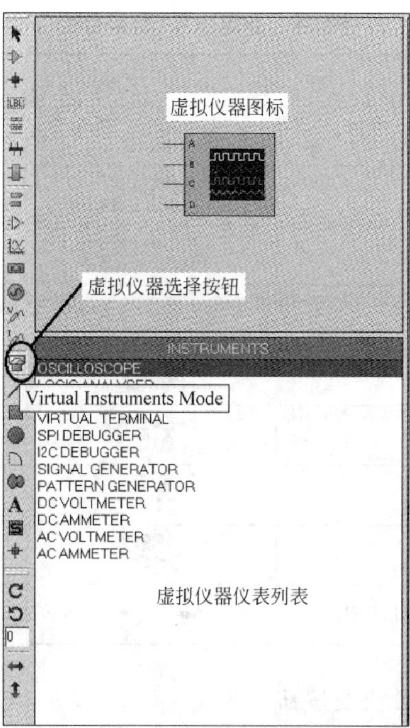

图 2-8　ISIS 虚拟仪器仪表

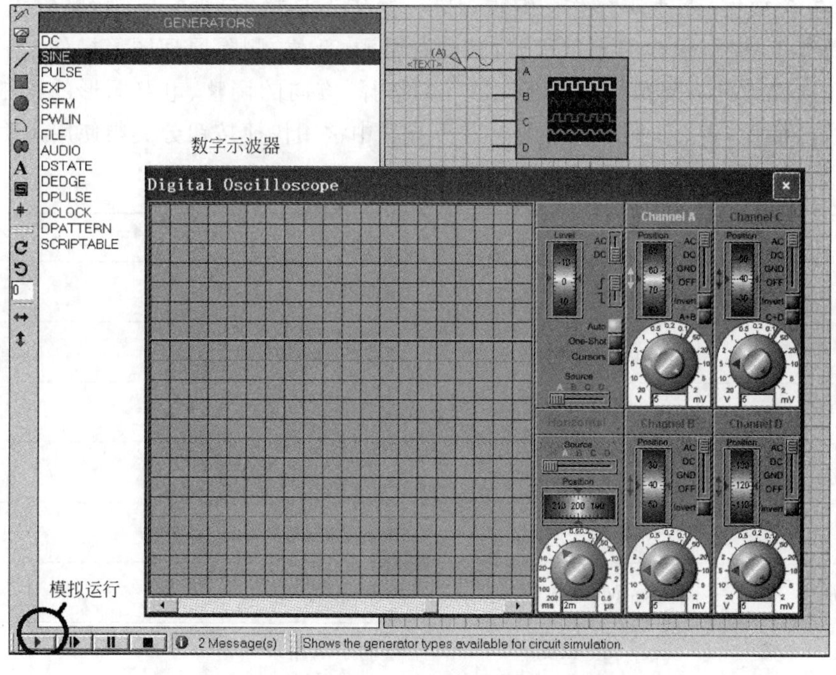

图 2-9　ISIS 模拟仿真中工作的数字示波器

表 2-5　ISIS 虚拟仪器仪表

仪器名称	仪器图标	说　明
OSCILLOSCOPE		数字示波器
LOGIC ANALYSE		逻辑分析仪
COUNTER TIMER		计数器、计时器
VIRTUAL TERMAINAL		(串口) 虚拟终端
SPI DEBUGGER		SPI 串行外设接口调试器
I2C DEBUGGER		I^2C 总线调试器
SIGNAL GENERATOR		信号发生器
PATTERN GENERATOR		模式(图形)信号发生器
AC/AD VOLTMETERS/AMMETERS		交、直流电压、电流表

5. ISIS 绘制电路图工具栏快捷按钮

ISIS 提供了多个按操作功能分类的快速操作工具栏，其中常规的、对应菜单项中已有的快捷操作工具栏有：文件(File)操作工具栏，包含文件读、写、打印等操作；显示(View)操作工具栏，包含放大、缩小等操作；编辑(Edit)操作工具栏，包含复制、粘贴等操作；设计(Design)操作工具栏，包含编辑工程属性、配置电源、新建、删除原理图等操作。另外，工具栏主要用于电路设计与模拟仿真的有元器件的选择、方向的调整、电路图形的绘制、仿真模拟运行等快捷操作，表 2-6 所示内容为这些工具栏中常用快捷按钮分类与使用说明。

表 2-6　ISIS 常用电路设计与模拟仿真快捷按钮表

分　类	图　符	文　本	功　能
电路设计		Selection Mode	选择模式
		Component Mode	选取元器件
		Junction Dot Mode	放置节点
		Wire Label Mode	标注线段或网络名
		Text Script Mode	输入文本文字
		Buses Mode	绘制总线
		Subcircuit Mode	绘制子电路块

续表

分　类	图　符	文　本	功　能
器件选择		Terminals Mode	在对象选择窗口中列出各种终端
		Device Pins Mode	在对象选择窗口中列出各种引脚
		Graph Mode	在对象选择窗口中列出各种模拟仿真分析图表
		Tape Recorder Mode	记录模式，对设计电路进行分割模拟仿真
		Generator Mode	在对象选择窗口中列出各种信号激励源
		Voltage Probe Mode	在电路中添加电压探针，仿真时显示探针处电压
		Current Probe Mode	在电路中添加电流探针，仿真时显示探针处电流
		Virtual Instruments Mode	在对象选择窗口中列出各种虚拟仪器
元器转向		Rotate Clockwise	元器件顺时针方向旋转 90°
		Rotate Anti-clockwise	元器件逆时针方向旋转 90°
		X-mirror	元器件水平镜像旋转 180°
		Y-mirror	元器件垂直镜像旋转 180°
仿真控制		Play	模拟仿真运行
		Step	单步模拟仿真运行
		Pause	暂停模拟仿真
		Stop	停止模拟仿真

另外，ISIS 还提供了另一种快捷电路设计操作菜单，即在 ISIS 硬件电路设计区或在选择的元器件上右击，将弹出快捷菜单，该菜单集成了电路设计的常用操作，例如，放置元器件、编辑元器件属性等。

2.2.2　硬件电路设计与模拟仿真

视频讲解

硬件电路设计在 ISIS 的“硬件电路设计区”中进行，图 2-10 所示是一个简单电池充电电路或小电器供电电路，其 220V 交流电经过 C1 降压后通过 D1 实现半波整流，C2 对整流后的脉动直流进行滤波，D3 完成直流稳压，其输出则得到稳定的直流电压，R1 起到在电源关闭后释放 C1 上电荷的作用，D2 为 220V 交流电在负半周期时为 C1 提供充放电回路。以图 2-10 所示为例分步骤阐述该电路的设计与模拟仿真过程如下。

(1) 在ISIS硬件电路设计区右击，在弹出的快捷菜单中选择Place→Component→From Libraries(从元器件库中挑选元器件)，通过元器件库选择操作窗口(见图2-5)选择元器件，被选择的元器件显示在元器件原理图窗口中，在该窗口顶端会显示该元器件的仿真属性。当显示No Simulator Model(无仿真模型)时，如图2-11所示，表明该元器件在ISIS环境中不可模拟仿真，因此，需要模拟仿真的主要电路则不能选择这类元器件。图2-10所示的电源电路元器件选择如图2-12所示。

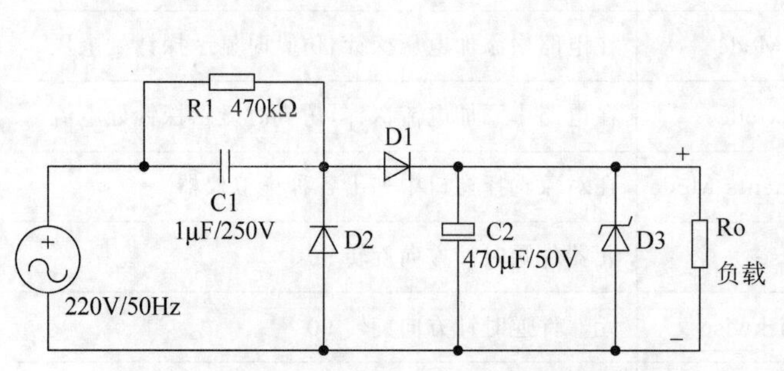

图2-10 电容降压半波整流稳压电路原理图

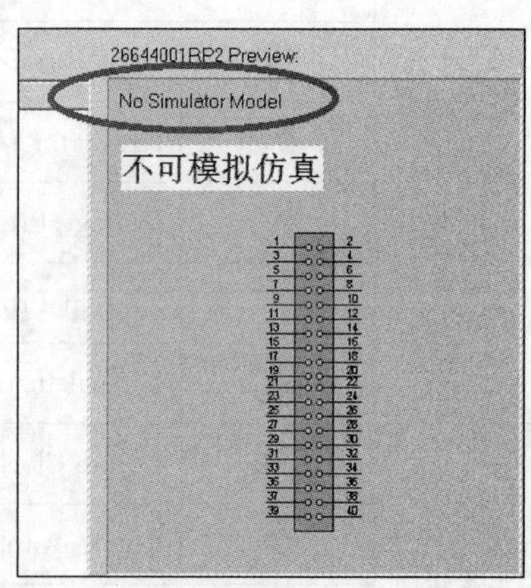

图2-11 ISIS中元器件不可仿真表示

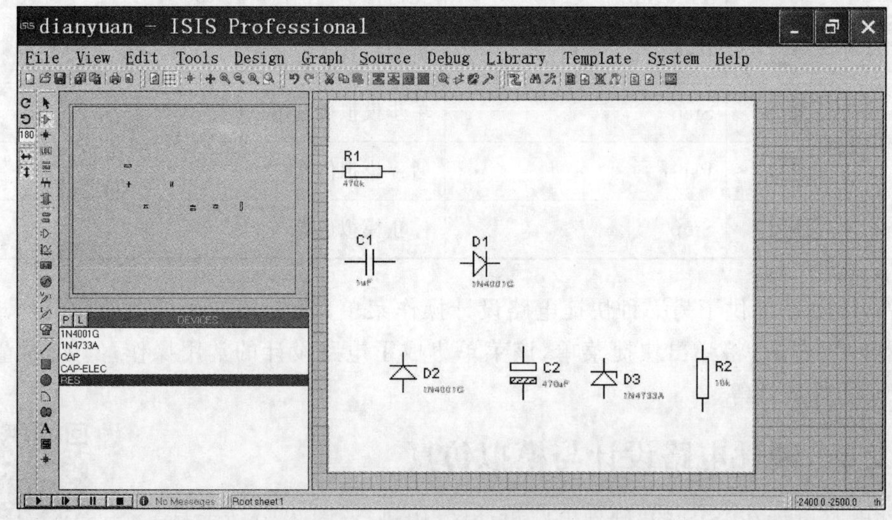

图2-12 在ISIS电路设计区放置元器件

(2) 在原理图中连接电路(元器件之间的电气连接线)如图2-10所示。

(3) 在元器件库查找元器件VSINE，可以找到交流电源，双击该元器件可修改其属性，设置峰值、频率等。

(4) 在器件工具栏的 Virtual Instruments Mode(虚拟仪器)中选择数字示波器等。

(5) 连接交流电源和示波器等,如图 2-13 所示,为模拟仿真做准备。

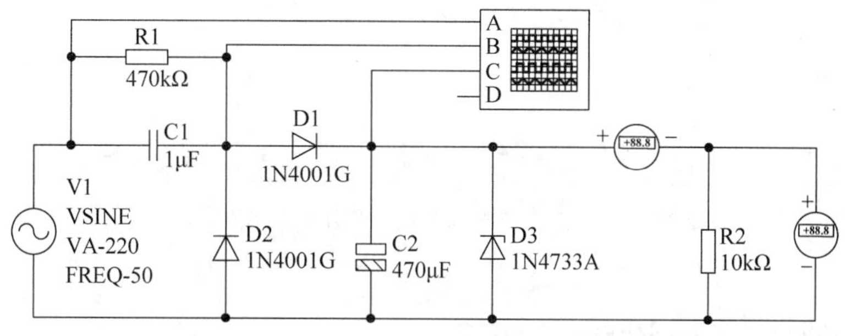

图 2-13　在 ISIS 电路设计区电路设计图

(6) 单击模拟仿真控制工具栏中的 Play 按钮,开始电路模拟仿真运行,通过数字示波器可以观察到各测试点的波形,如图 2-14 所示。

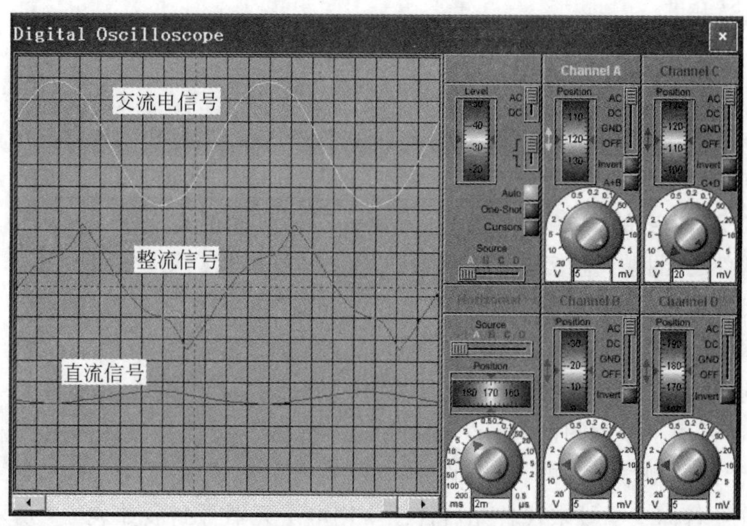

图 2-14　在 ISIS 电路模拟运行时示波器显示图

(7) 在器件工具栏的 Virtual Instruments Mode(虚拟仪器)中选择直流电压和电流表,连接到电路输出端,如图 2-13 所示,在电路模拟仿真运行状态,可观察到输出电压和电流值。

(8) 通过编辑修改元器件的参数,即双击需要编辑参数的元器件,出现该元器件编辑(Edit Component)对话框,图 2-15 所示为交流电源、电容、稳压管属性编辑对话框,在属性对话框中调整元器件参数,可以改变输出端电压、电流值以及各测试点的波形等数据,根据电路设计要求,调整参数直到符合要求。

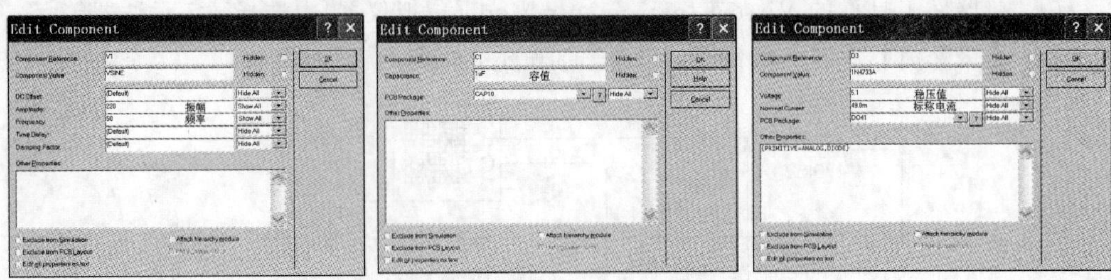

图 2-15　元器件交流电源、电容、稳压管属性编辑对话框

2.3　印制电路板设计 ARES

印制电路板(PCB)可以实现各种电器从原理图到实物产品，它的主要作用有两点：一是电器产品中使用的所有元器件通过 PCB 得以固定；二是所有元器件之间通过 PCB 得以电气上的相互连接。

2.3.1　元器件的封装

在电子产品的设计中，每个元器件都会有一个设计好的“封装”，其目的就是实现固定元器件以及元器件之间的电气连接。

1. 封装(Package)的概念

电子元器件的“封装”是指该元器件在 PCB 上的投影轮廓图，“封装”描绘了元器件的实际外观大小尺寸，并且比较准确地描绘了元器件引脚之间的相对位置(距离)，它在二维平面上表达了元器件的具体图形。

元器件的“封装”为 PCB 的设计与实现提供了保障，因此，每个元器件都会有一个封装(除非该元器件只用于原理图的设计)，为使用方便，PCB 设计使用的所有封装都有独立于元器件的、与元器件型号无关的、标准的、统一的符号名称或编号，在 ARES 中编辑 PCB 就是使用这些符号名称或编号来代替元器件。常用电子元器件封装如表 2-7 所示。

表 2-7　常用电子元器件封装表

符号名称或编号	封 装 图	适用于元器件	元器件实物图
AXIAL(宽度)		电阻等	
RAD(宽度)		电容、发光二极管等	
RB(管距/直径)		电解电容等	
X(长)Y(宽)0805、1210 等		贴片电阻、电容、电解电容、二极管等	

续表

符号名称或编号	封　装　图	适用于元器件	元器件实物图
DIODE(宽度)		二极管等	
CAN(直径)		三极管	
BCY(引脚排列)		三极管	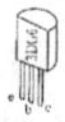
SOT(极性排列)	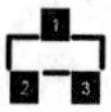	贴片三极管	
TO(引脚排列)		稳压器等	
VR(引脚排列)	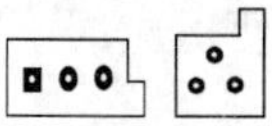	电位器等	
XTAL(形状)	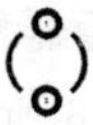	晶体振荡器等	
SIP(引脚数)		排电阻、排针等	
7SEG(引脚数)	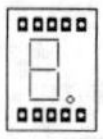	LED 数码管等	
DIP、DIL(引脚数)	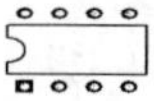	集成电路	
DIP、DIL(多脚、宽体)		集成电路	
PLCC(引脚数)	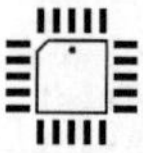	集成电路	
LQFP(引脚数)	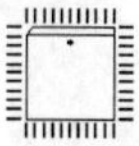	集成电路	
SOP(引脚数)		集成电路	
TSOP(引脚数)	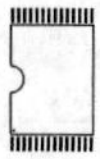	集成电路	
BGA(引脚数)	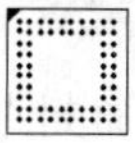	集成电路	

表 2-7 所示中封装的符号名称后跟有字母或数字,有表示引脚之间距离的(在 PCB 设计中长度以 mil 为单位,1mil 等于千分之一英寸),有表示引脚数目的,有表示元器件轮廓长、宽的,有表示引脚排列的,在选择时需要根据元器件外形、引脚数等特性来确定。另外,一个元器件的封装并不只针对某个特定的元器件,只要不同的元器件其外形、引脚数等特性相同,就可选择相同的封装。

2. 在 ISIS 中选择和添加元器件的封装

在 ISIS 绘制原理图选择元器件时,ISIS 元器件库操作界面中"PCB 元器件封装预览区"可以看到所选元器件的封装,如图 2-5 所示,为绘制 PCB 在 ISIS 元器件库中的元器件都配有"封装"特性,但并非所有的元器件都配有真实的封装,因此,如果需要(并非只仿真)制作 PCB,则在选择元器件时就要挑选配有封装的元器件。如果选择的元器件没有合适的封装,则可以为该元器件添加一个或多个封装,其添加封装的操作步骤如下所述。在制作 PCB 时,通过元器件编辑对话框选择一个合适的封装,以便适应同一个元器件具有不同实物外形的需求。

(1) 在 ISIS 硬件电路设计区选择一个没有封装的元器件,例如,BUTTON(按钮)。

(2) 右击该 BUTTON 元器件,其快捷菜单如图 2-16 所示。

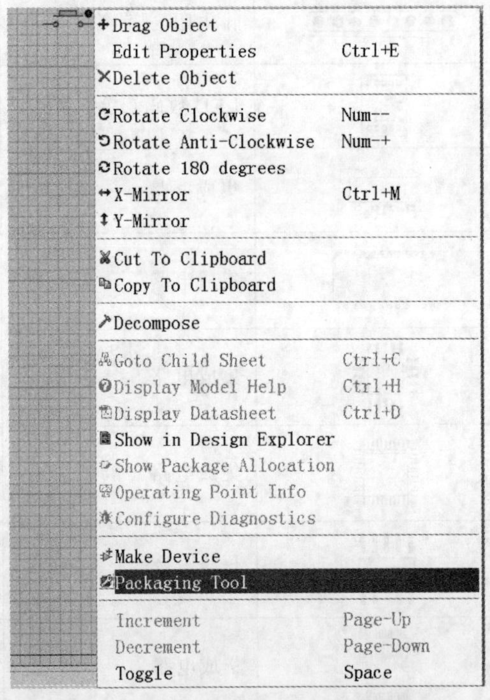

图 2-16 ISIS 设计区元器件右捷快捷菜单

(3) 选择该菜单中的 Packaging Tool 选项,其添加封装元器件操作对话框(Package Device)如图 2-17 所示。

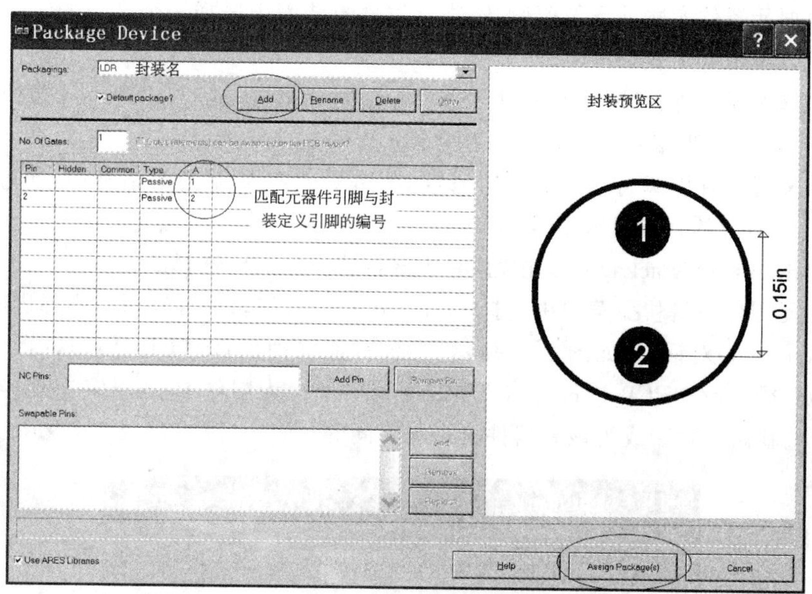

图 2-17 封装元器件对话框

(4) 在封装元器件操作对话框中单击 Add 按钮,弹出选择元器件封装对话框(Pick Packages),如图 2-18 所示。

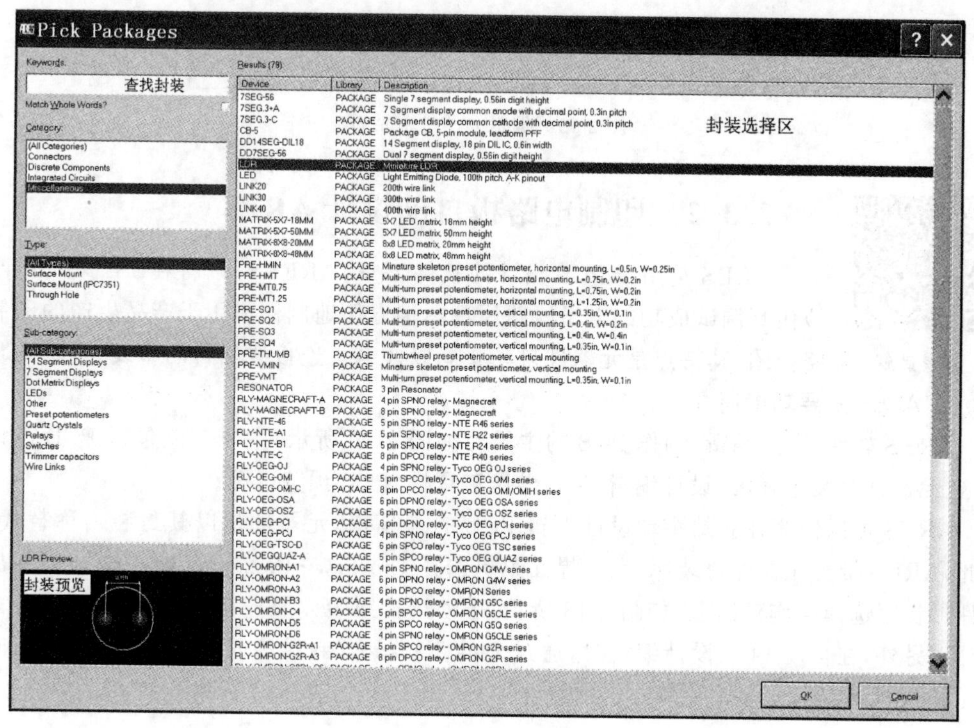

图 2-18 选择封装对话框

(5) 根据元器件实物外形及引脚数，在元器件封装库中选择一个合适的元器件封装，如图 2-18 所示，单击 OK 按钮。

(6) 选择好元器件封装后，在添加元器件封装对话框(Package Device)的封装预览区中可看到封装外形、引脚编号等，如图 2-17 所示。

(7) 匹配元器件引脚与封装引脚的编号，在如图 2-17 所示的对话框中，通过 A 列输入与元器件引脚对应的封装引脚编号。

(8) 单击 Assign Package(s) 按钮，完成该封装添加到已选择的元器件上。

(9) 在元器件右键快捷菜单中选择 Edit Properties(编辑属性)操作，则弹出编辑元器件(Edit Component)对话框，如图 2-19 所示，在该对话框中出现“PCB Package：”项(无封装则没有该项)操作，在“PCB Package：”项的下拉菜单中为制作 PCB 指定该元器件的封装，“?”按钮可重新修改封装或为该元器件再添加不同的封装。

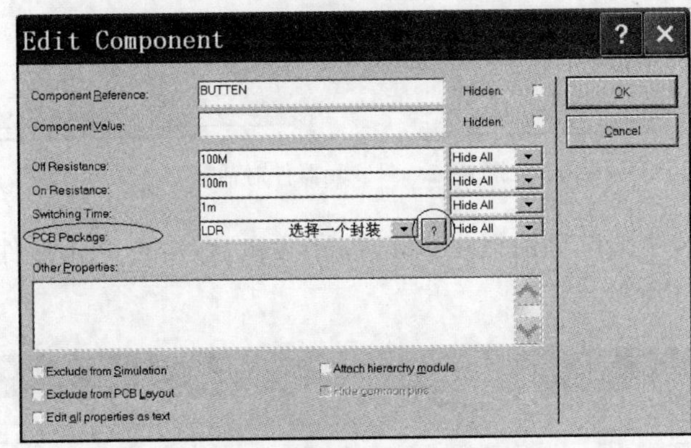

图 2-19 编辑元器件对话框

视频讲解

2.3.2 印制电路板自动设计 ARES

ARES 是用于 PCB 设计的软件工具，ARES 可以将在 ISIS 中设计、模拟仿真调试成功的电子线路原理图很方便地制作成用于产品生产的印制电路板图，其特点是元器件自动布局以及电气连接线的自动布线。

1. ARES 主要功能简介

ARES 软件设计、编辑、制作 PCB 的主界面如图 2-20 所示，主要功能包括 PCB 设计编辑区、元器件封装选择区、设计编辑 PCB 操作工具栏、PCB 预览区等。

ARES 可以作为独立的手动设计编辑 PCB 的工具，其元器件是以其封装名称替代的，因此，ARES 带有元器件封装库，在主界面菜单选择 Library→Pick Package 选项，则弹出元器件封装库选择操作对话框，如图 2-18 所示，手动选择封装以及连接电气线路实现 PCB 的设计。另外，在自动 PCB 设计编辑时，通过 Pick Package(封装库选择)对话框可以临时改变元器件的封装。

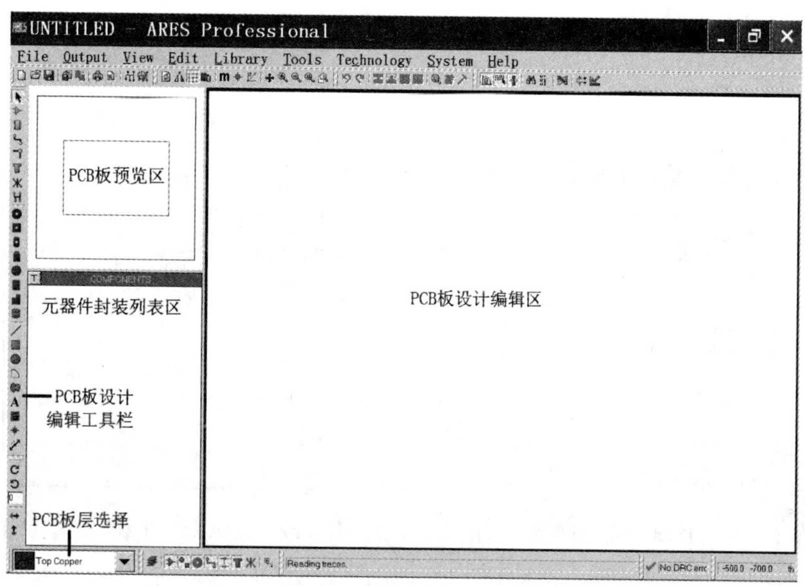

图 2-20　ARES 主界面图

在现代 PCB 的设计过程中，一般选择自动设计模式，其特点是方便、快捷、易修改等，通过 ISIS 中的电路原理图生成元器件和电气连接线的网络表，在 ARES 导入网络表，实现元器件的自动布局（摆放）和电气连接线的自动布线，通过 ARES 的元器件自动布局操作之后，可以根据实际情况手动调整元器件的位置，再使用自动布线功能完成 PCB 的设计工作。

ARES 还提供了一些自动设计 PCB 的辅助功能，例如，PCB 电路层的设置功能，由于 PCB 可以是多层板的结构，可以选择单层（单面）、双层（双面）或多层结构，作为元器件的放置以及电气线路的布线层；再例如，电气连接线的宽度、元器件焊盘的直径等设置功能，可以实现电源线、地线、电气连接线等不同宽度的设置，使 PCB 更趋于实用性。

2．PCB 的设计

PCB 的设计建议使用 ARES 自动设计模式，可提高设计质量和速度，因此，其设计工作应从 ISIS 中开始，以 2.2 节中的充电电源电路为例，实现 PCB 自动设计流程如下。

（1）在 ISIS 中为每个元器件确认一个生成 PCB 使用的封装。

（2）在 ISIS 中创建网络表，该网络表描述了电路设计中使用的元器件及其电气连接关系，为 ARES 自动设计 PCB 提供器件与连接来源，在 ISIS 中选择菜单 Tools→Netlist to ARES，如图 2-21 所示。当产生该电路的网络表后，也可以从 ARES 中读取网络表，在 ARES 中操作为 File→Load Netlist，如图 2-22 所示。

（3）在 ARES 中读取网络表文件后弹出创建 PCB 向导对话框，如图 2-23 所示，根据实际情况（单面或双面 PCB 等）选择一个向导选项创建 PCB。

（4）当有些元器件在 ISIS 中没有确定封装时，在 ARES 中检查发现后，会提醒再次选择元器件的封装，如图 2-24 所示。

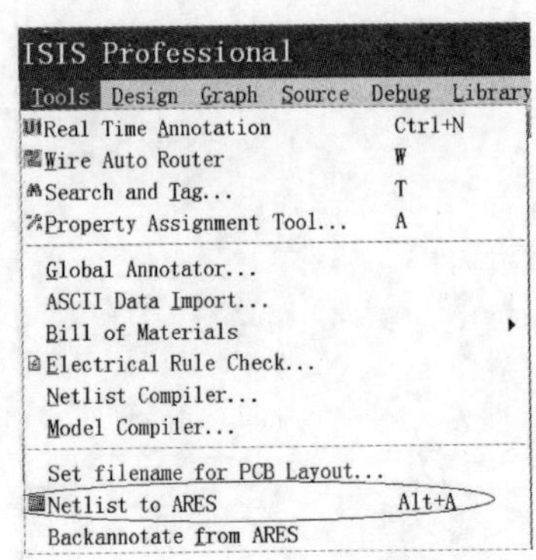

图 2-21 ISIS 中创建网络表操作

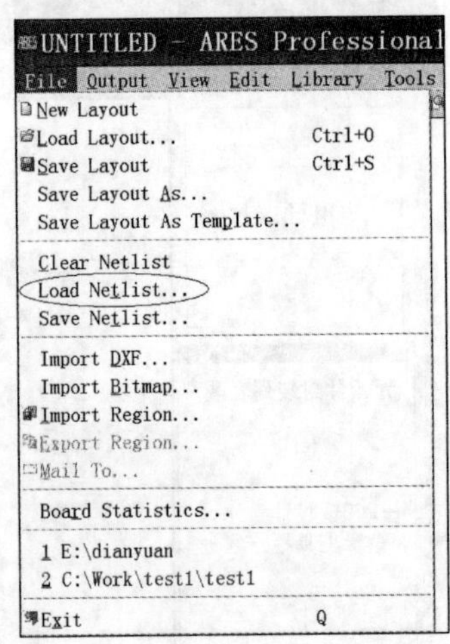

图 2-22 在 ARES 中读取网络表操作

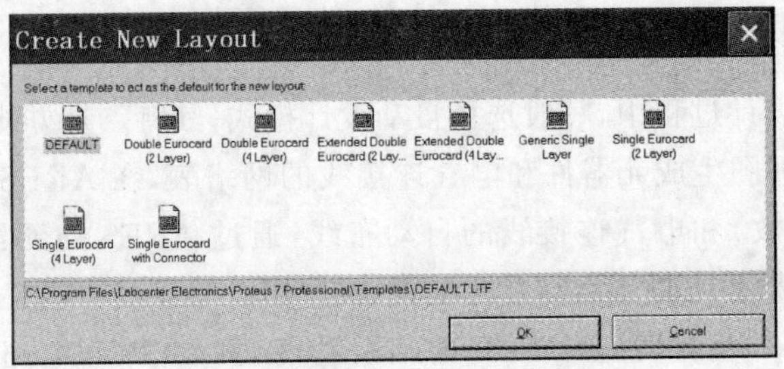

图 2-23 ARES 创建 PCB 向导选择对话框

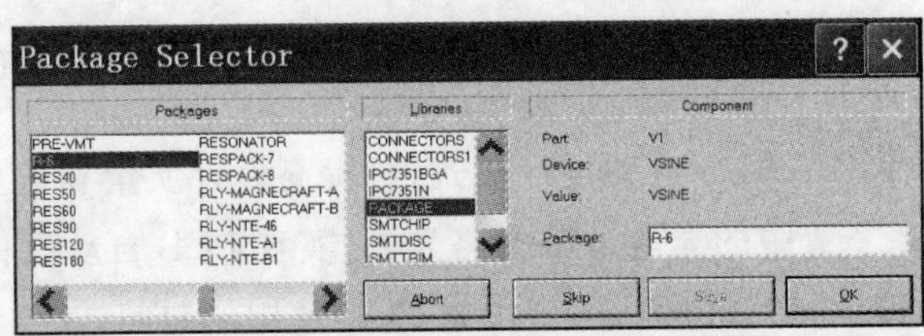

图 2-24 ARES 中元器件封装选择对话框

（5）在 ARES 中实现自动布局和布线之前，需要在边界层绘制出 PCB 的边界（自动布局与布线都在边界之内进行），在工具栏中选择绘制长方形，在层选择列表框中选择边界层（Board Edge），如图 2-25 所示。

（6）在 PCB 设计编辑区（Board Edge 层）绘制长方形，作为 PCB 的边界。

（7）在 ARES 菜单中选择 Tools→Auto Placer 菜单项，如图 2-26 所示，实现元器件的自动摆放布局。

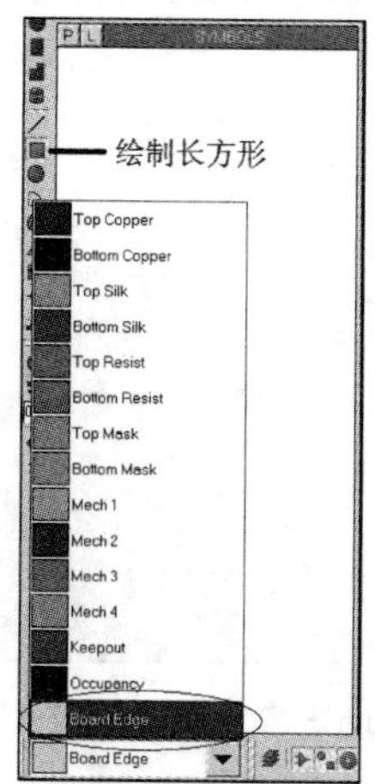

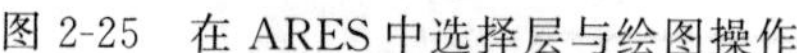
图 2-25 在 ARES 中选择层与绘图操作

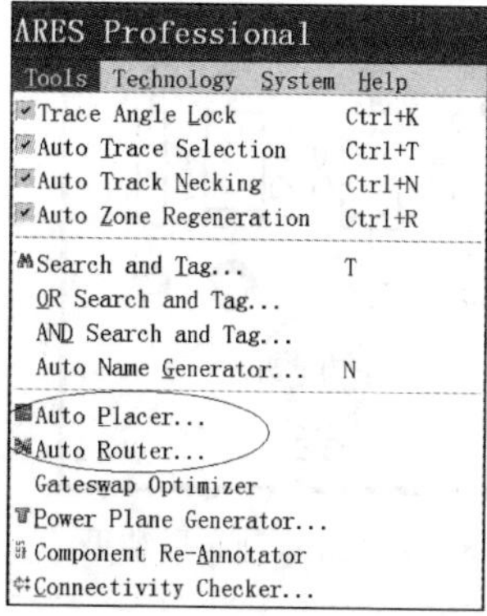

图 2-26 在 ARES 中自动布局与布线操作

(8) 选择自动布局后将弹出自动布局规则设置对话框,如图 2-27 所示。

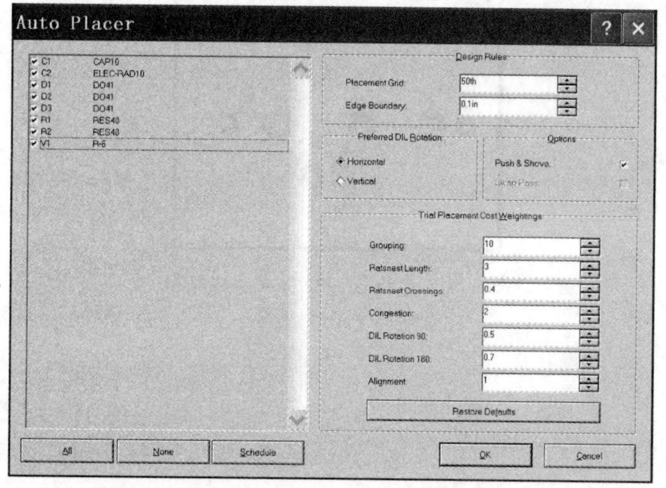

图 2-27 ARES 元器件自动布局规则设置对话框

(9) 在如图 2-27 所示的对话框中完成设置,单击 OK 按钮实现元器件自动布局,元器件自动布局结果如图 2-28 所示。

(10) 在 ARES 菜单中选择 Tools→Auto Router 项,如图 2-26 所示,实现 PCB 元器件之间电气连接线的自动布线。

(11) 选择自动布线后将弹出自动布线规则设置对话框,如图 2-29 所示。

(12) 在如图 2-29 所示的对话框中完成设置,单击 Begin Routing 按钮实现元器件之间电气连接线的自动布线,其自动布线结果如图 2-30 所示。

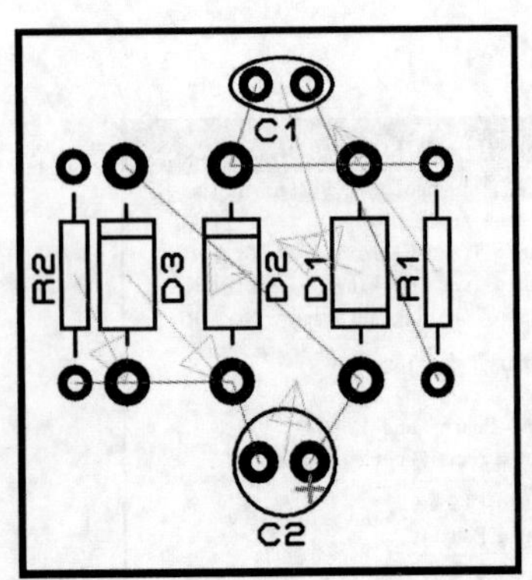

图 2-28　元器件自动布局结果

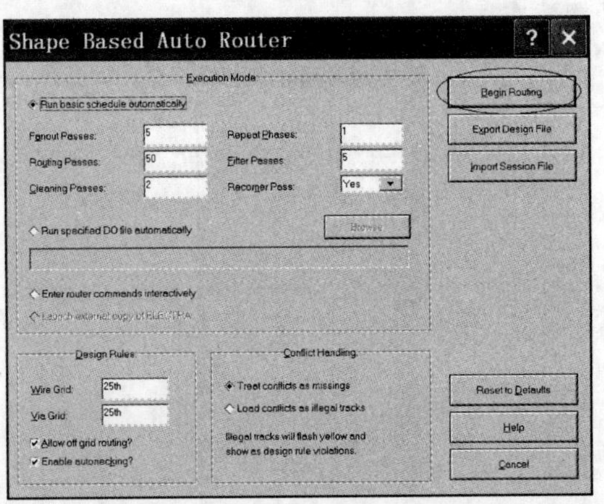

图 2-29　ARES 自动布线规则设置对话框

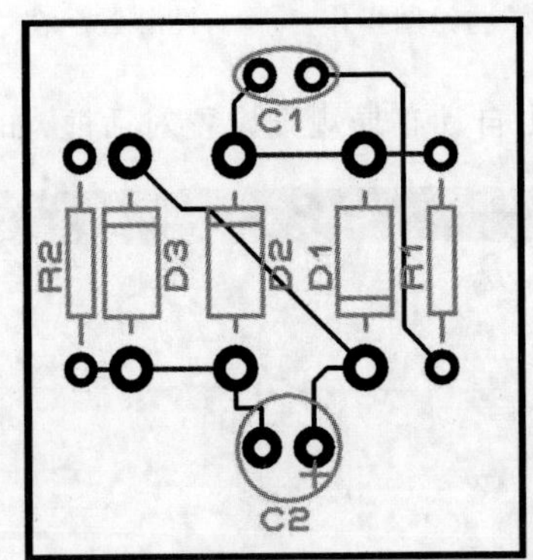

图 2-30　电气连接线自动布线结果

第3章

51 单片机指令系统

51 单片机 CPU 的指令系统是其所能执行的全部指令的集合，一条指令完成一个独立的操作，多条指令组成可执行程序，完成一项或多项功能（任务）。本章介绍 51 单片机的 CPU 指令系统，内容包括指令的格式、指令助记符、伪指令、由指令组成的可执行应用程序等。

3.1 51 单片机 CPU 指令系统概述

51 单片机 CPU 共有 111 条指令，它们是由表明操作性质的指令助记符结合对操作数的不同寻址方式形成的，该指令系统具有多种操作功能，按其功能可以归纳为 4 类：数据传送类指令（29 条）；算术、逻辑运算类指令（24 条＋24 条）；控制转移类指令（17 条）；位操作、位控制转移类指令（17 条）。

3.1.1 指令的格式

51 单片机的 CPU 指令格式的统一表现形式为

操作码 ＋ [操作数]

操作码和操作数构成指令机器码，它是 CPU 能够执行的指令，在 51 单片机系统中，指令机器码存放于 ROM 区域，其存放格式如图 3-1 所示。

51 单片机的 CPU 指令系统中有无操作数（操作码 A）、单操作数（操作码 B＋操作数 B）、双操作数（操作码 C＋操作数 C1＋操作数 C2）3 种格式的指令，按指令占存储器字节数统计单字节指令有 49 条、双字节指令有 45 条、三字节指令有 17 条，按指令占用 CPU（执行）时间统计单机器周期指令有 64 条、双机器周期指令有 45 条、四机器周期指令有 2 条。

3.1.2 指令操作码助记符以及操作数表示符号

51 单片机 CPU 指令按功能划分为 4 类，其操作码所使用的助记符如表 3-1 所示，其指令格式中常用的操作数表示符号以及含义如表 3-2 所示。

	ROM	
地址0	xxxx xxxx	操作码A
地址1	xxxx xxxx	操作码B
地址2	yyyy yyyy	操作数B
地址3	xxxx xxxx	操作码C
地址4	yyyy yyyy	操作数C1
地址5	zzzz zzzz	操作数C2

图 3-1 CPU 指令机器码在 ROM 中存放顺序

表 3-1 51 单片机的 CPU 指令操作码助记符

指令功能	助记符
数据传送类指令	MOV、MOVX、MOVC、PUSH、POP、HCX、XCHD、SWAP
算术、逻辑运算类指令	算术：ADD、ADDC、INC、DA、SUBB、DEC、MUL、DIV 逻辑：ANL、ORL、XRL、CPL、CLR、RL、RR、RLC、RRC
控制转移类指令	LJMP、AJMP、SJMP、LCALL、ACALL、RET、RETI、JZ、JNZ、CJNE、DJNZ、NOP
位操作、控制转移类指令	CLR、SETB、ANL、ORL、CPL、MOV、JC、JNC、JB、JNB、JBC

表 3-2 51 单片机的 CPU 指令中操作数表示符号及含义

表示符号	含义
Rn	表示工作寄存器，n＝0～7，4 组，由 PSW 中 RS1、RS0 确定组号
Ri	表示间址寄存器，i＝0、1，只有 R_0 和 R_1 可作间址寄存器使用
＃data	表示 8 位立即数，取值范围 00H～0FFH，代表常量，存放在 ROM 程序存储区
＃data16	表示 16 位立即数，取值范围 0000H～0FFFFH，代表常量，存放在 ROM 程序存储区
direct	表示 8 位芯片内 RAM 直接地址，地址范围 256B，取值范围 00H～0FFH
addr16	表示 16 位芯片内、外存储器直接地址，地址范围 64KB，A0～A15
addr11	表示 11 位芯片内、外存储器直接地址，地址范围 2KB，A0～A10
bit	表示位地址，RAM 位编址区 00H～7FH，SFR 可寻址位，取值范围 00H～0FFH
rel	表示地址偏移量，地址范围 256B，其数值为 8 位有符号数据，取值区域-128 ～＋127
@	表示间接寻址，@R_0，@R_1，@A＋DPTR、PC
/	表示取非位操作，/ bit ＝$\overline{bit}$

3.1.3 寻址方式

51 单片机 CPU 指令系统有 7 种寻址方式(寻找操作数或操作数所在地址的方式)，7 种寻址方式的名称以及寻找操作数所对应的存储器地址空间如表 3-3 所示。

表 3-3 51 单片机 CPU 指令寻址方式

寻址方式	存储器地址空间—操作数存放空间
立即寻址	立即数(#data),ROM 程序存储空间
直接寻址	RAM 区域(direct),芯片内 RAM 低 128B、特殊功能寄存器 SFR
寄存器寻址	工作寄存器 R_0～R_7、A、B、DPTR 等特殊功能寄存器 SFR
寄存器间接寻址	芯片内、外 RAM 空间,针对间接寄存器@R_0、@R_1、SP、DPTR
变址寻址	ROM 程序存储空间,针对变址基址 DPTR、PC 寄存器,@A+PC、@A+DPTR
相对寻址	ROM 程序存储空间,相对 PC 寄存器(PC+rel),rel 偏移量范围为－128～＋127B
位寻址	芯片内 RAM(20H～2FH)位寻址空间和可位寻址的特殊功能寄存器 SFR 位地址,针对位操作

51 单片机 CPU 指令系统的 7 种寻址方式针对 CPU 中的寄存器、机器内部 RAM 和 ROM,以及机器外部的 RAM 和 ROM 数据存储区域,由于 51 单片机的输入/输出(I/O)接口地址采用内部存储器 RAM 映像方式,其地址区域为 80H～FFH,即特殊功能寄存器 SFR 地址区域,因此,所有适合操作内部存储器 RAM 的寻址方式都适合输入/输出(I/O)接口访问的操作。

51 单片机的多种寻址方式可方便地从某一地址处得到数据,或者将数据传送到另外一地址处,51 单片机 CPU 的指令系统通过各种寻址方式能实现的数据流动(CPU 读或存数据)方向如图 3-2 所示。

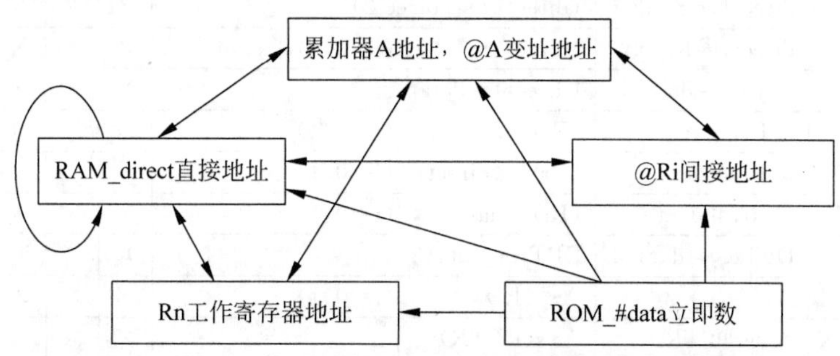

图 3-2 CPU 指令系统应用各种寻址方式使数据流动的方向图

由图 3-2 可知,在 ROM 中存储的立即数可以传送到 RAM、累加器 A、间接寄存器 R_0 和 R_1 指示的地址区域;CPU 中的寄存器(RAM 高 128B 处的 SFR)以及 RAM 地址区域中的数据可以通过各种寻址方式相互传送。

3.2 数据传送类指令

51 单片机 CPU 的数据传送类指令是将数据从某一地址处取出传送到另外一个地址中,数据传送类指令的功能包括存储器之间、寄存器之间、存储器和寄存器之间、字节交换、堆栈操作、输入/输出操作等数据传送,并有多种寻址方式实现数据的传送。

3.2.1 数据传送指令

51 单片机 CPU 共有 29 条数据传送指令，这些指令的机器码、助记符、完成的功能、影响程序状态字 PSW 的标志位、占用存储器字节数、CPU 执行指令所用时间（机器周期）等如表 3-4 所示。

表 3-4 51 单片机 CPU 数据传送指令表

机器码	助记符		功能	影响 PSW 标志位				字节数	机器周期
	操作码	操作数		CY	AC	OV	P		
E8～EF	MOV	A,Rn	A←Rn (n=0～7)	×	×	×	√	1	1
E5	MOV	A,direct	A←(direct)	×	×	×	√	2	1
E6、E7	MOV	A,@Ri	A←(Ri) (i=0,1)	×	×	×	√	1	1
74	MOV	A,#data	A←data	×	×	×	√	2	1
F8～FF	MOV	Rn,A	Rn←A (n=0～7)	×	×	×	×	1	1
A8～AF	MOV	Rn,direct	Rn←(direct) (n=0～7)	×	×	×	×	2	2
78～7F	MOV	Rn,#data	Rn←data (n=0～7)	×	×	×	×	2	1
F5	MOV	direct,A	(direct)←A	×	×	×	×	2	1
88～8F	MOV	direct,Rn	(direct)←Rn (n=0～7)	×	×	×	×	2	2
85	MOV	direct1,direct2	(direct1)←(direct2)	×	×	×	×	3	2
86、87	MOV	direct,@Ri	(direct)←(Ri) (i=0,1)	×	×	×	×	2	2
75	MOV	direct,#data	(direct)←data	×	×	×	×	3	2
F6、F7	MOV	@Ri,A	(Ri)←A (i=0,1)	×	×	×	×	1	1
A6、A7	MOV	@Ri,direct	(Ri)←(direct) (i=0,1)	×	×	×	×	2	2
76、77	MOV	@Ri,#data	(Ri)←data (i=0,1)	×	×	×	×	2	1
90	MOV	DPTR,#data16	DPTR←data16	×	×	×	×	3	2
E2、E3	MOVX	A,@Ri	A←(Ri) (i=0,1)	×	×	×	√	1	2
E0	MOVX	A,@DPTR	A←(DPTR)	×	×	×	√	1	2
F2、F3	MOVX	@Ri,A	(Ri)←A (i=0,1)	×	×	×	×	1	2
F0	MOVX	@DPTR,A	(DPTR)←A	×	×	×	×	1	2
93	MOVC	A,@A+DPTR	A←(A+DPTR)	×	×	×	√	1	2
83	MOVC	A,@A+PC	PC←PC+1,A←(A+PC)	×	×	×	√	1	2
C0	PUSH	direct	SP←SP+1,(SP)←(direct)	×	×	×	×	2	2
D0	POP	direct	(direct)←(SP),SP←SP − 1	×	×	×	×	2	2
C8～CF	XCH	A,Rn	A↔Rn (n=0～7)	×	×	×	√	1	1
C5	XCH	A,direct	A↔(direct)	×	×	×	√	2	1
C6、C7	XCH	A,@Ri	A↔(Ri) (i=0,1)	×	×	×	√	1	1
D6、D7	XCHD	A,@Ri	A_0～A_3↔$(Ri)_0$～$(Ri)_3$ (i=0,1)	×	×	×	√	1	1
C4	SWAP	A	A_0～A_3↔A_4～A_7	×	×	×	√	1	1

3.2.2　数据传送指令详解

数据传送指令包括51单片机内部数据传送指令MOV、CPU与外部数据交换数据指令MOVX、读取程序存储器数据指令MOVC、其他数据交换指令。

1. 机器内部数据传送指令

(1) MOV　A,Rn 指令

指令机器码：| 1110　1rrr |

指令实现的操作：将工作寄存器Rn(R_0～R_7)之一的内容送入累加器A中，指令机器码(CPU可执行代码)中rrr 3位数据000～111表示R_0～R_7，该指令影响程序状态字PSW的P标志位，P表示送到累加器A中数据的奇偶性，累加器A中奇数个1，P=1，否则P=0。

(2) MOV　A,direct 指令

指令机器码：

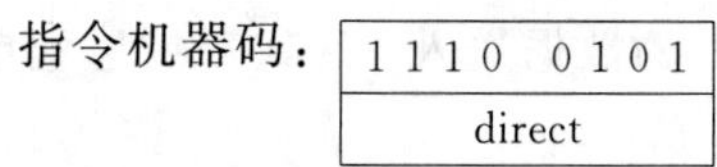

1110　0101
direct

指令实现的操作：取出片内RAM直接地址单元direct中的内容送入累加器A中，该指令影响程序状态字PSW的P标志位。

(3) MOV　A,@Ri 指令

指令机器码：| 1110　011i |

指令实现的操作：工作寄存器Ri(R_0～R_1)之一中的数据作为片内RAM地址(通过Ri间接指示RAM地址)，取出Ri指示的RAM地址中的内容送入累加器A中，指令机器码中i为一位数据0～1表示R_0、R_1，该指令影响程序状态字PSW的P标志位。

(4) MOV　A,#data 指令

指令机器码：

1110　0101
#data

指令实现的操作：将ROM中的立即数送入累加器A中，该指令影响程序状态字PSW的P标志位。

(5) MOV　Rn,A 指令

指令机器码：| 1111　1rrr |

指令实现的操作：将累加器A中的数据送入工作寄存器Rn(R_0～R_7)之一中，指令机器码中rrr 3位数据000～111表示R_0～R_7。

(6) MOV　Rn,direct 指令

指令机器码：

1010　1rrr
direct

指令实现的操作：取出片内RAM直接地址单元direct中的内容送入工作寄存器Rn(R_0～R_7)之一中，指令机器码中rrr 3位数据000～111表示R_0～R_7。

(7) MOV　Rn,＃data 指令

指令机器码：

0111 1rrr
＃data

指令实现的操作：将 ROM 中的立即数送入工作寄存器 Rn(R_0～R_7)之一中。

(8) MOV　direct,A 指令

指令机器码：

1111 0101
direct

指令实现的操作：将累加器 A 中的数据送入片内 RAM 直接地址单元 direct 中。

(9) MOV　direct,Rn 指令

指令机器码：

1000 1rrr
direct

指令实现的操作：将工作寄存器 Rn(R_0～R_7)之一中的数据送入 RAM 直接地址单元 direct 中。

(10) MOV　direct1,direct2 指令

指令机器码：

1000 0101
direct2(源)
direct1(目的)

指令实现的操作：取出片内 RAM 直接地址单元 direct2(源地址)中的内容送入 RAM 直接地址单元 direct1(目的地址)中。

(11) MOV　direct,@Ri 指令

指令机器码：

1000 011i
direct

指令实现的操作：工作寄存器 Ri 之一中的数据作为片内 RAM 地址，取出 Ri 指示的 RAM 地址中的内容送入 RAM 直接地址单元 direct 中，指令机器码中 i(0 或 1)表示 R_0、R_1。

(12) MOV　direct,＃data 指令

指令机器码：

0111 0101
direct
＃data

指令实现的操作：将 ROM 中的立即数送入片内 RAM 直接地址单元 direct 中。

(13) MOV　@Ri,A 指令

指令机器码：

1111 011i

指令实现的操作：将累加器 A 中的数据送入工作寄存器 Ri(R_0～R_1)之一中的数据作为片内 RAM 地址的存储单元中，指令机器码中 i(0 或 1)表示 R_0、R_1。

(14) MOV　@Ri,direct 指令

指令机器码：

0101　011i
direct

指令实现的操作：取出 RAM 直接地址单元 direct 中的数据送入工作寄存器 Ri(R_0～R_1)之一中的数据作为片内 RAM 地址(间址)的存储单元中，指令机器码中 i 表示 R_0、R_1。

(15) MOV　@Ri,#data 指令

指令机器码：

0111　011i
#data

指令实现的操作：将 ROM 中的立即数送入工作寄存器 Ri(R_0～R_1)之一中的数据作为片内 RAM 地址(间址)的存储单元中，指令机器码中 i(0 或 1)表示 R_0、R_1。

(16) MOV　DPTR,#data16 指令

指令机器码：

1001　0000
#data 高 8 位
#data 低 8 位

指令实现的操作：将 ROM 中的 16 位立即数送入地址寄存器 DPTR 中，立即数高 8 位送入 DPH，立即数低 8 位送入 DPL。

2. CPU 与外部存储器 RAM 交换数据指令

(1) MOVX　A,@Ri 指令

指令机器码：1110　001i

指令实现的操作：工作寄存器 Ri(R_0～R_1)之一中的数据作为外部存储器 RAM 地址(间接寻址范围 0～0FFH)，取出 Ri 指示的外部 RAM 地址中的内容送入累加器 A 中，指令机器码中 i(0 或 1)表示 R_0、R_1，该指令影响程序状态字 PSW 的 P 标志位，该操作使总线读信号 $\overline{RD}=0$。

(2) MOVX　A,@DPTR 指令

指令机器码：1110　0000

指令实现的操作：DPTR 寄存器的内容作为外部存储器 RAM 地址指针(间接寻址范围 0～0FFFFH)，取出 DPTR 中指示的外部 RAM 地址中的内容送入累加器 A 中，该指令影响程序状态字 PSW 的 P 标志位，该操作使总线读信号 $\overline{RD}=0$。

(3) MOVX　@Ri,A 指令

指令机器码：1111　001i

指令实现的操作：工作寄存器 Ri(R_0～R_1)之一中的数据作为外部存储器 RAM 地址，将累加器 A 中的数据送入 Ri 指示的外部 RAM 地址中(间接寻址单元)，指令机器码中 i(0 或 1)表示 R_0、R_1，该操作使总线写信号 $\overline{WR}=0$。

(4) MOVX @DPTR,A 指令

指令机器码：| 1111 0000 |

指令实现的操作：DPTR 寄存器的内容作为外部存储器 RAM 地址指针，将累加器 A 中的数据送入 DPTR 中指示的外部 RAM 地址中(间接寻址单元)，该操作使总线写信号 $\overline{WR}=0$。

3. 读取程序存储器数据指令

(1) MOVC A,@ A+DPTR 指令

指令机器码：| 1001 0011 |

指令实现的操作：DPTR 寄存器的内容作为程序存储器 ROM 的基地址，将累加器 A 中的内容与 DPTR 寄存器的内容做无符号相加，形成一个相加后的 ROM 指示地址(基址变址寻址)，取出该 ROM 地址单元中的内容送入累加器 A 中，该指令影响程序状态字 PSW 的 P 标志位。

MOVC A,@ A+DPTR 指令被称为查表指令，使用该指令时首先需要确定 DPTR 基址寄存器的内容，然后通过累加器 A 指出读取的数据相对 DPTR 指针所在的位置，其基址变址寻址范围为 ROM 的 0～0FFFFH，相对基址 DPTR 寻址范围为 0～256B。

(2) MOVC A,@ A+PC 指令

指令机器码：| 1000 0011 |

指令实现的操作：首先将程序计数器 PC 的内容加 1(字节)，然后将 PC 的内容作为程序存储器 ROM 的基地址，将累加器 A 中的内容与 PC 的内容做无符号相加，形成一个相加后的 ROM 指示地址(基址变址寻址)，取出该 ROM 地址单元中的内容送入累加器 A 中，该指令影响程序状态字 PSW 的 P 标志位。

MOVC A,@ A+PC 指令同样也可以作为查表指令使用，但其是以 PC(CPU 将要执行的下一条指令的存储地址)的内容为基址的，由于 PC 的内容是不能通过指令修改的，而累加器 A 为 8 位寄存器，因此，该指令基址变址寻址范围为 0～256B。

4. 其他数据交换指令

(1) PUSH direct 指令

指令机器码：

1100 0000
direct

指令实现的操作：首先将堆栈指针寄存器 SP 的内容加 1，然后将直接地址单元 direct 中的数据送入 SP 指示的地址单元中，SP 指向片内 RAM 处，其初值为 07H。

(2) POP direct 指令

指令机器码：

1101 0000
direct

指令实现的操作：首先将堆栈指针寄存器 SP 指示的地址单元的内容送入直接地址单

元 direct 中，然后将 SP 内容减 1。

(3) XCH A,Rn 指令

指令机器码：| 1100 1rrr |

指令实现的操作：将工作寄存器 Rn(R_0～R_7)之一的内容与累加器 A 的内容互相交换，指令机器码中 r r r 表示 R_0～R_7，该指令影响程序状态字 PSW 的 P 标志位。

(4) XCH A,direct 指令

指令机器码：

1100 0101
direct

指令实现的操作：将直接地址单元 direct 中的内容与累加器 A 的内容互相交换，该指令影响程序状态字 PSW 的 P 标志位。

(5) XCH A,@Ri 指令

指令机器码：| 1100 011i |

指令实现的操作：工作寄存器 Ri(R_0～R_1)之一中的数据作为内部存储器 RAM 地址，将 Ri 指示的内部 RAM 地址(间接寻址单元)中的内容与累加器 A 的内容互相交换，该指令影响程序状态字 PSW 的 P 标志位。

(6) XCHD A,@Ri 指令

指令机器码：| 1101 011i |

指令实现的操作：工作寄存器 Ri(R_0～R_1)之一中的数据作为内部存储器 RAM 地址，将 Ri 指示的内部 RAM 地址(间接寻址单元)中的低 4 位数据内容与累加器 A 的低 4 位数据内容互相交换，它们各自的高 4 位数据内容不变，该指令影响程序状态字 PSW 的 P 标志位。

(7) SWAP A 指令

指令机器码：| 1100 0100 |

指令实现的操作：将累加器 A 中的高 4 位数据与其低 4 位数据互相交换，该指令影响程序状态字 PSW 的 P 标志位。

3.3 算术运算类指令

51 单片机的算术运算指令是实现 8 位二进制数据运算的，其运算包括算术加、减、乘、除、十进制调整等。

3.3.1 算术运算指令

51 单片机 CPU 有 24 条算术运算指令，算术运算指令的助记符、完成的功能、影响程序状态字 PSW 的标志位、占用存储器字节数、CPU 执行指令所用时间(机器周期)等如表 3-5 所示。

表 3-5 51 单片机 CPU 算术运算指令表

机器码	助记符		功能	影响 PSW 标志位				字节数	机器周期
	操作码	操作数		CY	AC	OV	P		
28～2F	ADD	A,Rn	A←A+Rn (n=0～7)	√	√	√	√	1	1
25	ADD	A,direct	A←A+(direct)	√	√	√	√	2	1
26、27	ADD	A,@Ri	A←A+(Ri) (i=0,1)	√	√	√	√	1	1
24	ADD	A,#data	A←A+data	√	√	√	√	2	1
38～3F	ADDC	A,Rn	A←A+Rn+CY (n=0～7)	√	√	√	√	1	1
35	ADDC	A,direct	A←A+(direct)+CY	√	√	√	√	2	1
36、37	ADDC	A,@Ri	A←A+(Ri)+CY (i=0,1)	√	√	√	√	1	1
34	ADDC	A,#data	A←A+data+CY	√	√	√	√	2	1
98～9F	SUBB	A,Rn	A←A − Rn − CY (n=0～7)	√	√	√	√	1	1
95	SUBB	A,direct	A←A −(direct) − CY	√	√	√	√	2	1
96、97	SUBB	A,@Ri	A←A −(Ri) − CY (i=0,1)	√	√	√	√	1	1
94	SUBB	A,#data	A←A − data − CY	√	√	√	√	2	1
04	INC	A	A←A+1	×	×	×	√	1	1
08～0F	INC	Rn	Rn←Rn+1 (n=0～7)	×	×	×	×	1	1
05	INC	direct	(direct)←(direct)+1	×	×	×	×	2	1
06、07	INC	@Ri	(Ri)←(Ri)+1 (i=0,1)	×	×	×	×	1	1
A3	INC	DPTR	DPTR←DPTR+1	×	×	×	×	1	2
14	DEC	A	A←A − 1	×	×	×	√	1	1
18～1F	DEC	Rn	Rn←Rn − 1 (n=0～7)	×	×	×	×	1	1
15	DEC	direct	(direct)←(direct) − 1	×	×	×	×	2	1
16、17	DEC	@Ri	(Ri)←(Ri) − 1 (i=0,1)	×	×	×	×	1	1
A4	MUL	AB	BA←A × B	0	×	√	√	1	4
84	DIV	AB	A B←A ÷ B	0	×	√	√	1	4
D4	DA	A	A←BCD(A)	√	√	×	√	1	1

3.3.2 算术运算指令详解

51 单片机 CPU 的算术运算指令实现了二进制数据的算术加、减、乘、除、加 1、减 1 等操作,其大部分指令都会影响程序状态字 PSW 的 CY、AC、OV、P 标志位。

1. 算术加运算指令

(1) ADD A,Rn 指令

指令机器码: | 0010 1rrr |

指令实现的操作：将工作寄存器 Rn(R_0～R_7)之一的内容与累加器 A 中的内容进行 8 位无符号数据相加，相加结果送入累加器 A 中，指令机器码中 r r r 3 位数据 000～111 表示 R_0～R_7。

该指令影响程序状态字 PSW 的 CY、AC、OV、P 标志位，当第 7 位相加结果有进位时 CY=1；当第 3 位相加结果有进位时，AC =1；当使用该指令实现有符号数据相加运算时，OV 等于第 7 位与第 6 位数据的异或，表示运算有溢出；当送入累加器 A 中的运算结果有奇数个 1 时，P=1。

(2) ADD　A，direct 指令

指令机器码：

0010　0101
direct

指令实现的操作：将直接地址单元 direct 中的内容与累加器 A 的内容进行 8 位无符号数据相加，相加结果送入累加器 A 中，该指令影响 PSW 的 CY、AC、OV、P 标志位。

(3) ADD　A，@Ri 指令

指令机器码：

0010　011i

指令实现的操作：工作寄存器 Ri(R_0～R_1)之一中的数据作为内部存储器 RAM 地址，将 Ri 指示的内部 RAM 地址(间接寻址单元)中的数据内容与累加器 A 的数据内容进行 8 位无符号数据相加，相加结果送入累加器 A 中，该指令影响 PSW 的 CY、AC、OV、P 标志位。

(4) ADD　A，#data 指令

指令机器码：

0010　0100
#data

指令实现的操作：将 ROM 中的立即数与累加器 A 的内容进行 8 位无符号数据相加，相加结果送入累加器 A 中，该指令影响 PSW 的 CY、AC、OV、P 标志位。

(5) ADDC　A，Rn 指令

指令机器码：

0011　1rrr

指令实现的操作：将工作寄存器 Rn(R_0～R_7)之一的内容与累加器 A 中的内容以及在最低位(第 0 位)上与 PSW 的 CY(进位位)进行三者数据相加，相加结果送入累加器 A 中，影响 PSW 的标志位情况与 ADD 指令相同。

(6) ADDC　A，direct 指令

指令机器码：

0011　0101
direct

指令实现的操作：将直接地址单元 direct 中的内容与累加器 A 的内容以及在最低位上与 PSW 的 CY 位进行三者数据相加，相加结果送入累加器 A 中，影响 PSW 的标志位情况与 ADD 指令相同。

(7) ADDC　A,@Ri 指令

指令机器码：

0011 011i

指令实现的操作：工作寄存器 Ri(R_0～R_1)之一中的数据作为内部存储器 RAM 地址，将 Ri 指示的内部 RAM 地址(间接寻址单元)中的数据内容与累加器 A 的数据内容以及在最低位上与 PSW 的 CY 位进行三者数据相加，相加结果送入累加器 A 中，影响 PSW 的标志位情况与 ADD 指令相同。

(8) ADDC　A,＃data 指令

指令机器码：

0011 0100
＃data

指令实现的操作：将 ROM 中的立即数与累加器 A 的内容以及在最低位上与 PSW 的 CY 位进行三者数据相加，相加结果送入累加器 A 中，影响 PSW 的标志位情况与 ADD 指令相同。

2. 算术减运算指令

(1) SUBB　A,Rn 指令

指令机器码：

1001 1rrr

指令实现的操作：实现 8 位无符号数的减法运算，将累加器 A 中的内容减去工作寄存器 Rn(R_0～R_7)之一的内容，同时在最低位(第 0 位)上减去 PSW 的 CY(进位位)的数值，相减结果送入累加器 A 中。

该指令影响程序状态字 PSW 的 CY、AC、OV、P 标志位，当第 7 位相减结果产生借位时 CY＝1；当第 3 位相减结果产生借位时 AC＝1；当使用该指令实现有符号数据相减运算时，OV＝1 表示运算有溢出，它将破坏正确的符号位运算结果；当送入累加器 A 中的运算结果有奇数个 1 时，P＝1。

51 单片机 CPU 的运算指令是对一个字节而言的，在实现多字节减法运算时，低字节相减会向高字节产生借位(CY＝1)，当在高字节进行相减运算时使用该指令正好实现带借位的相减运算。由于该 CPU 没有不带借位相减运算的指令，因此，为保证运算结果的正确性，在做单字节或多字节的减法运算之前，需要将 CY 清 0(CLR CY)。

(2) SUBB　A,direct 指令

指令机器码：

1001 0101
direct

指令实现的操作：将累加器 A 中的内容减去直接地址单元 direct 中的内容，同时在第 0 位上减去 PSW 的 CY 的数值，相减结果送入累加器 A 中。SUBB 指令影响程序状态字 PSW 的标志位情况相同。

(3) SUBB　A,@Ri 指令

指令机器码：

1001 011i

指令实现的操作：工作寄存器 Ri(R_0～R_1)之一中的数据作为内部存储器 RAM 地址(间接寻址单元)，将累加器 A 中的内容减去 Ri 指示的内部 RAM 地址中的内容，同时在第 0 位上减去 PSW 的 CY 的数值，相减结果送入累加器 A 中。SUBB 指令影响程序状态字 PSW 的标志位情况相同。

(4) SUBB　A,#data 指令

指令机器码：

1001 0100
#data

指令实现的操作：将累加器 A 中的内容减去 ROM 中的立即数，同时在第 0 位上减去 PSW 的 CY 的数值，相减结果送入累加器 A 中。SUBB 指令影响程序状态字 PSW 的标志位情况相同。

3. 算术加 1 操作指令

(1) INC　A 指令

指令机器码：

0000 0100

指令实现的操作：累加器 A 中的内容加 1，该指令影响 PSW 中的 P 标志位，当加 1 后累加器 A 中有奇数个 1 时，P=1。

(2) INC　Rn 指令

指令机器码：

0000 1rrr

指令实现的操作：工作寄存器 Rn(R_0～R_7)之一的内容加 1，该指令不影响 PSW 标志位。

(3) INC　direct 指令

指令机器码：

0000 0101
direct

指令实现的操作：RAM 直接地址单元 direct 中的内容加 1，该指令不影响 PSW 标志位。

(4) INC　@Ri 指令

指令机器码：

0000 011i

指令实现的操作：工作寄存器 Ri(R_0～R_1)之一中的数据作为内部 RAM 地址(间接寻址单元)，将 Ri 指示的内部 RAM 地址中的内容加 1，该指令不影响 PSW 标志位。

(5) INC　DPTR 指令

指令机器码：

1010 0011

指令实现的操作：DPTR 寄存器中的内容加 1，该指令不影响 PSW 标志位。

4. 算术减 1 操作指令

(1) DEC　A 指令

指令机器码：

0001 0100

指令实现的操作：累加器 A 中的内容减 1，该指令影响 PSW 中的 P 标志位，当减 1 后累加器 A 中有奇数个 1 时，P=1。

(2) DEC　Rn 指令

指令机器码：

0001 1rrr

指令实现的操作：工作寄存器 Rn(R_0～R_7)之一的内容减 1，该指令不影响 PSW 标志位。

(3) DEC　direct 指令

指令机器码：

0001 0101
direct

指令实现的操作：RAM 直接地址单元 direct 中的内容减 1，该指令不影响 PSW 标志位。

(4) DEC　@Ri 指令

指令机器码：

0001 011i

指令实现的操作：工作寄存器 Ri(R_0～R_1)之一中的数据作为内部 RAM 地址(间接寻址单元)，将 Ri 指示的内部 RAM 地址中的内容减 1，该指令不影响 PSW 标志位。

5. 算术乘、除运算指令

(1) MUL　AB 指令

指令机器码：

1010 0100

指令实现的操作：两个 8 位无符号整数数据相乘，累加器 A 中的内容乘以寄存器 B 中的内容，所得 16 位乘积，乘积的高 8 位送入寄存器 B 中，乘积的低 8 位送入累加器 A 中，该乘法指令影响程序状态字 PSW 的 OV、P 标志位，当乘积大于 0FFH 时，OV=1；P 标志位反映累加器 A 中数据的奇偶性。

(2) DIV　AB 指令

指令机器码：

1000 0100

指令实现的操作：两个 8 位无符号整数数据相除，累加器 A 中的内容除以寄存器 B 中的内容，所得商送入累加器 A 中，余数送入寄存器 B 中，该除法指令影响程序状态字 PSW 的 OV、P 标志位，当寄存器 B 中的内容(除数)为 0 时，OV=1，其操作非法，结果不正确；P 标志位反映累加器 A 中数据的奇偶性。

6. 十进制调整指令

DA　A 指令

指令机器码：

1101 0100

指令实现的操作：十进制调整，将累加器 A 中的内容调整为 BCD 码，其调整的原则如下。

若 A_0～A_3>9 或 PSW 的标志位 AC=1，则累加器 A 低 4 位(A_0～A_3)加 6 再送回累加

器 A 低 4 位中。

若 A_4～A_7＞9 或 PSW 的标志位 CY＝1，则累加器 A 高 4 位（A_4～A_7）加 6 再送回累加器 A 高 4 位中。

即 CPU 根据累加器 A 中的原始数据和 PSW 的 CY、AC 标志位，自动实现对累加器 A 中的内容加 06H 或 60H 或 66H 的操作。

该指令是对累加器 A 中的 BCD 码相加结果进行调整，当两个 BCD 码按二进制数据相加后，需要该指令参与调整才能得到正确的 BCD 码结果，在该指令被执行后，当 CY＝1 时，说明 BCD 码的结果（值）≥100。

3.4　逻辑运算类指令

51 单片机的逻辑运算指令是实现 8 位二进制数据按位进行逻辑运算的，其运算包括逻辑与、或、异或、非，以及左移、右移、循环移位等操作。

3.4.1　逻辑运算指令

51 单片机 CPU 有 24 条逻辑运算指令，逻辑运算指令的助记符、完成的功能、影响程序状态字 PSW 的标志位、占用存储器字节数、CPU 执行指令所用时间（机器周期）等如表 3-6 所示。

表 3-6　51 单片机 CPU 逻辑运算指令表

机器码	助记符		功能	影响 PSW 标志位				字节数	机器周期
	操作码	操作数		CY	AC	OV	P		
58～5F	ANL	A，Rn	A←A∧Rn　(n＝0～7)	×	×	×	√	1	1
55	ANL	A，direct	A←A∧(direct)	×	×	×	√	2	1
56、57	ANL	A，@Ri	A←A∧(Ri)　(i＝0，1)	×	×	×	√	1	1
54	ANL	A，#data	A←A∧data	×	×	×	√	2	1
52	ANL	direct，A	(direct)←(direct)∧A	×	×	×	×	2	1
53	ANL	direct，#data	(direct)←(direct)∧data	×	×	×	×	3	2
48～4F	ORL	A，Rn	A←A∨Rn　(n＝0～7)	×	×	×	√	1	1
45	ORL	A，direct	A←A∨(direct)	×	×	×	√	2	1
46、47	ORL	A，@Ri	A←A∨(Ri)　(i＝0，1)	×	×	×	√	1	1
44	ORL	A，#data	A←A∨data	×	×	×	√	2	1
42	ORL	direct，A	(direct)←(direct)∨A	×	×	×	×	2	1
43	ORL	direct，#data	(direct)←(direct)∨data	×	×	×	×	3	2
68～6F	XRL	A，Rn	A←A⊕Rn　(n＝0～7)	×	×	×	√	1	1
65	XRL	A，direct	A←A⊕(direct)	×	×	×	√	2	1
66、67	XRL	A，@Ri	A←A⊕(Ri)　(i＝0，1)	×	×	×	√	1	1

续表

机器码	助记符		功能	影响 PSW 标志位				字节数	机器周期
	操作码	操作数		CY	AC	OV	P		
64	XRL	A,#data	A←A⊕data	×	×	×	√	2	1
62	XRL	direct,A	(direct)←(direct)⊕A	×	×	×	×	1	1
63	XRL	direct,#data	(direct)←(direct)⊕data	×	×	×	×	3	2
F4	CPL	A	A←$\overline{A}$	×	×	×	×	1	1
E4	CLR	A	A←0	×	×	×	√	1	1
23	RL	A	A7 ← ← ← A0 (循环左移)	×	×	×	×	1	1
33	RLC	A	CY ← A7 ← ← ← A0 (带进位循环左移)	√	×	×	√	1	1
03	RR	A	A7 → → → A0 (循环右移)	×	×	×	×	1	1
13	RRC	A	CY → A7 → → → A0 (带进位循环右移)	√	×	×	√	1	1

3.4.2 逻辑运算指令详解

51 单片机 CPU 的逻辑运算指令实现了二进制数据按位进行的逻辑与、逻辑或、逻辑异或、逻辑非、循环移位操作等，其部分指令只影响程序状态字 PSW 的 P 标志位。

1. 逻辑与运算指令

(1) ANL　A,Rn 指令

指令机器码：| 0101 1rrr |

指令实现的操作：将累加器 A 中的内容同工作寄存器 Rn(R_0～R_7)之一的内容按位进行“逻辑与”操作，结果送入累加器 A 中，该指令影响 PSW 的 P 标志位。

(2) ANL　A,direct 指令

指令机器码：

0101 0101
direct

指令实现的操作：将累加器 A 中的内容同 RAM 直接地址单元 direct 中的内容按位进行“逻辑与”操作，结果送入累加器 A 中，该指令影响 PSW 的 P 标志位。

(3) ANL　A,@Ri 指令

指令机器码：| 0101 011i |

指令实现的操作：工作寄存器 Ri(R_0～R_1)之一中的数据作为内部 RAM 地址(间接寻址单元)，将累加器 A 中的内容同 Ri 指示的内部 RAM 地址中的内容按位进行“逻辑与”操作,结果送入累加器 A 中,该指令影响 PSW 的 P 标志位。

(4) ANL　A,#data 指令

指令机器码:

0101　0100
#data

指令实现的操作:将累加器 A 中的内容同 ROM 中的立即数按位进行“逻辑与”操作,结果送入累加器 A 中,该指令影响 PSW 的 P 标志位。

(5) ANL　direct,A 指令

指令机器码:

0101　0010
direct

指令实现的操作:将 RAM 直接地址单元 direct 中的内容同累加器 A 中的内容按位进行“逻辑与”操作,结果送入直接地址单元 direct 中。

(6) ANL　direct,#data 指令

指令机器码:

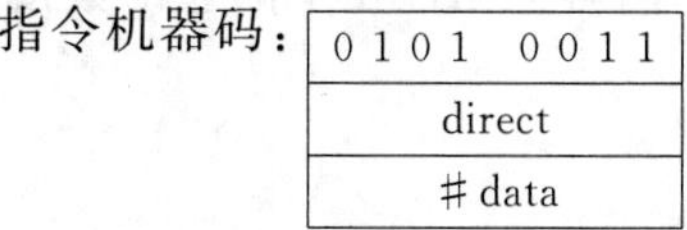

0101　0011
direct
#data

指令实现的操作:将 RAM 直接地址单元 direct 中的内容同 ROM 中的立即数按位进行“逻辑与”操作,结果送入直接地址单元 direct 中。

2. 逻辑或运算指令

(1) ORL　A,Rn 指令

指令机器码:

0100　1rrr

指令实现的操作:将累加器 A 中的内容同工作寄存器 Rn(R_0～R_7)之一的内容按位进行“逻辑或”操作,结果送入累加器 A 中,该指令影响 PSW 的 P 标志位。

(2) ORL　A,direct 指令

指令机器码:

0100　0101
direct

指令实现的操作:将累加器 A 中的内容同 RAM 直接地址单元 direct 中的内容按位进行“逻辑或”操作,结果送入累加器 A 中,该指令影响 PSW 的 P 标志位。

(3) ORL　A,@Ri 指令

指令机器码:

0100　011i

指令实现的操作:工作寄存器 Ri(R_0～R_1)之一中的数据作为内部 RAM 地址(间接寻址单元),将累加器 A 中的内容同 Ri 指示的内部 RAM 地址中的内容按位进行“逻辑或”操作,结果送入累加器 A 中,该指令影响 PSW 的 P 标志位。

(4) ORL　A,#data 指令

指令机器码:

0100　0100
#data

指令实现的操作：将累加器 A 中的内容同 ROM 中的立即数按位进行“逻辑或”操作，结果送入累加器 A 中，该指令影响 PSW 的 P 标志位。

(5) ORL　direct,A 指令

指令机器码：

0100 0010
direct

指令实现的操作：将 RAM 直接地址单元 direct 中的内容同累加器 A 中的内容按位进行“逻辑或”操作，结果送入直接地址单元 direct 中。

(6) ORL　direct,#data 指令

指令机器码：

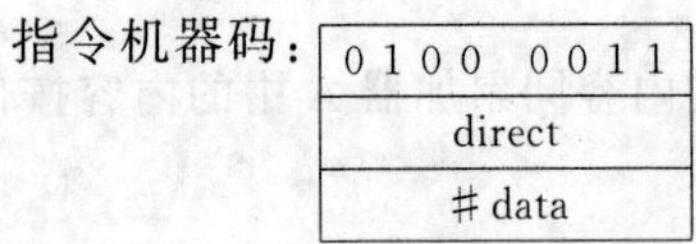

指令实现的操作：将 RAM 直接地址单元 direct 中的内容同 ROM 中的立即数按位进行“逻辑或”操作，结果送入直接地址单元 direct 中。

3. 逻辑异或运算指令

(1) XRL　A,Rn 指令

指令机器码：

0110 1rrr

指令实现的操作：将累加器 A 中的内容同工作寄存器 Rn(R_0～R_7)之一的内容按位进行“逻辑异或”操作，结果送入累加器 A 中，该指令影响 PSW 的 P 标志位。

(2) XRL　A,direct 指令

指令机器码：

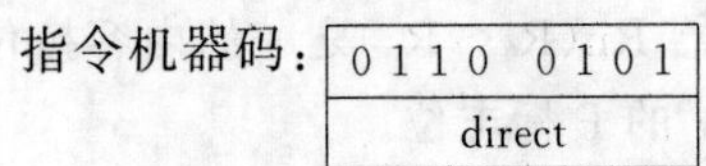

指令实现的操作：将累加器 A 中的内容同 RAM 直接地址单元 direct 中的内容按位进行“逻辑异或”操作，结果送入累加器 A 中，该指令影响 PSW 的 P 标志位。

(3) XRL　A,@Ri 指令

指令机器码：

0110 011i

指令实现的操作：工作寄存器 Ri(R_0～R_1)之一中的数据作为内部 RAM 地址(间接寻址单元)，将累加器 A 中的内容同 Ri 指示的内部 RAM 地址中的内容按位进行“逻辑异或”操作，结果送入累加器 A 中，该指令影响 PSW 的 P 标志位。

(4) XRL　A,#data 指令

指令机器码：

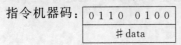

0110 0100
#data

指令实现的操作：将累加器 A 中的内容同 ROM 中的立即数按位进行“逻辑异或”操作，结果送入累加器 A 中，该指令影响 PSW 的 P 标志位。

(5) XRL　direct,A 指令

指令机器码：

0110 0010
direct

指令实现的操作：将 RAM 直接地址单元 direct 中的内容同累加器 A 中的内容按位进行“逻辑异或”操作，结果送入直接地址单元 direct 中。

(6) XRL　direct,#data 指令

指令机器码：

0110 0011
direct
#data

指令实现的操作：将 RAM 直接地址单元 direct 中的内容同 ROM 中的立即数按位进行“逻辑异或”操作，结果送入直接地址单元 direct 中。

4. 逻辑非运算指令

(1) CPL　A 指令

指令机器码：1111 0100

指令实现的操作：将累加器 A 中的内容按位进行“求反”操作，结果送入累加器 A 中。

(2) CLR　A 指令

指令机器码：1110 0100

指令实现的操作：将累加器 A 中的内容按位进行“清 0”操作，结果送入累加器 A 中。

5. 循环移位操作指令

(1) RL　A 指令

指令机器码：0010 0011

指令实现的操作：将累加器 A 中的内容按位循环左移一位，其左移过程为：$A_0 \leftarrow A_7 \leftarrow A_6 \leftarrow A_5 \leftarrow A_4 \leftarrow A_3 \leftarrow A_2 \leftarrow A_1 \leftarrow A_0$。

(2) RLC　A 指令

指令机器码：0011 0011

指令实现的操作：将累加器 A 中的内容连同进位位按位循环左移一位，该指令影响 PSW 的 CY、P 标志位，其左移过程为：$CY \leftarrow A_7 \leftarrow A_6 \leftarrow A_5 \leftarrow A_4 \leftarrow A_3 \leftarrow A_2 \leftarrow A_1 \leftarrow A_0 \leftarrow CY$。

(3) RR　A 指令

指令机器码：0000 0011

指令实现的操作：将累加器 A 中的内容按位循环右移一位，其右移过程为：$A_7 \rightarrow A_6 \rightarrow A_5 \rightarrow A_4 \rightarrow A_3 \rightarrow A_2 \rightarrow A_1 \rightarrow A_0 \rightarrow A_7$。

(4) RRC　A 指令

指令机器码：0001 0011

指令实现的操作：将累加器 A 中的内容连同进位位按位循环右一位，该指令影响 PSW 的 CY、P 标志位，其右移过程为：CY→A_7→A_6→A_5→A_4→A_3→A_2→A_1→A_0→CY。

3.5 控制转移类指令

控制转移类指令是用于控制改变程序执行流向的指令，该类指令包括无条件转移指令、条件转移指令、子程序调用指令、子程序返回指令、中断返回指令等。

3.5.1 控制转移指令

51 单片机 CPU 共有 17 条控制转移指令，这些指令的助记符、完成的功能、影响程序状态字 PSW 的标志位、占用存储器字节数、CPU 执行指令所用时间（机器周期）等如表 3-7 所示。

表 3-7 51 单片机 CPU 控制转移指令表

机器码	助记符		功能	影响 PSW 标志位				字节数	机器周期
	操作码	操作数		CY	AC	OV	P		
*1	AJMP	addr11	PC←PC+2，$PC_{10\sim0}$←addr11	×	×	×	×	2	2
02	LJMP	addr16	PC←addr16	×	×	×	×	3	2
80	SJMP	rel	PC←PC+2，PC←PC+rel	×	×	×	×	2	2
73	JMP	@A+DPTR	PC←(A+DPTR)	×	×	×	×	1	2
60	JZ	rel	PC←PC+2， if A=0；then PC←PC+rel	×	×	×	×	2	2
70	JNZ	rel	PC←PC+2， if A≠0；then PC←PC+rel	×	×	×	×	2	2
B5	CJNE	A，direct，rel	PC←PC+3， if A≠(direct)；then PC←PC+rel if A <(direct)；then CY←1	√	×	×	×	3	2
B4	CJNE	A，#data，rel	PC←PC+3， if A≠data；then PC←PC+rel if A <data；then CY←1	√	×	×	×	3	2
B8～BF	CJNE	Rn，#data，rel	PC←PC+3， if Rn≠data；then PC←PC+rel if Rn <data；then CY←1(n=0～7)	√	×	×	×	3	2

B6、B7	CJNE	@Ri，#data，rel	PC←PC+3，
			if(Ri)≠data；then PC←PC+rel
			if(Ri)<data；then CY←1(i=0、1)
				√	×	×	×	3	2

D8～DF	DJNZ	Rn，rel	Rn←Rn − 1，PC←PC+2， if Rn≠0；then PC←PC+rel(n=0～7)	√	×	×	×	2	2

续表

机器码	助记符		功能	影响PSW标志位				字节数	机器周期
	操作码	操作数		CY	AC	OV	P		
D5	DJNZ	direct,rel	(direct)←(direct)−1,PC←PC+2, if(direct)≠0; then PC←PC+rel	√	×	×	×	3	2
*1	ACALL	addr11	PC←PC+2,SP←SP+1, (SP)←PCL,SP←SP+1, (SP)←PCH,$PC_{10\sim0}$←addr11	×	×	×	×	2	2
12	LCALL	addr16	PC←PC+3,SP←SP+1, (SP)←PCL,SP←SP+1, (SP)←PCH,PC←addr16	×	×	×	×	3	2
22	RET		PCH←(SP),SP←SP−1, PCL←(SP),SP←SP−1	×	×	×	×	1	2
32	RETI		PCH←(SP),SP←SP−1, PCL←(SP),SP←SP−1,CLR I_flag	×	×	×	×	1	2
00	NOP		no	×	×	×	×	1	1

3.5.2　控制转移指令详解

控制转移指令用于改变程序执行流向，包含无条件转移、条件转移、子程序调用、返回等指令。

1. 无条件转移指令

(1) AJMP　addr11 指令

指令机器码：

a_{10} a_9 a_8 0 0 0 0 1
$a_7 \sim a_0$

指令实现的操作：无条件绝对转移，首先程序计数器 PC 的内容加 2，然后将指令机器码中 $a_{10} \sim a_0$ 送入 $PC_{10} \sim PC_0$ 中，$PC_{15} \sim PC_{11}$ 内容不变。

AJMP 指令在指令机器码中指出低 11 位程序存储器 ROM 的地址，该指令可控制程序在 2KB 的范围内无条件转移执行，转移范围如图 3-3(a)所示。

(2) LJMP　addr16 指令

指令机器码：

0000　0010
$a_{15} \sim a_8$
$a_7 \sim a_0$

指令实现的操作：无条件绝对长转移，将指令机器码中 $a_{15} \sim a_0$ 送入 $PC_{15} \sim PC_0$ 中。

LJMP 指令在指令机器码中指出 16 位程序存储器 ROM 的地址，该指令可控制程序在 64KB 的范围内无条件转移执行，转移范围如图 3-3(b)所示。

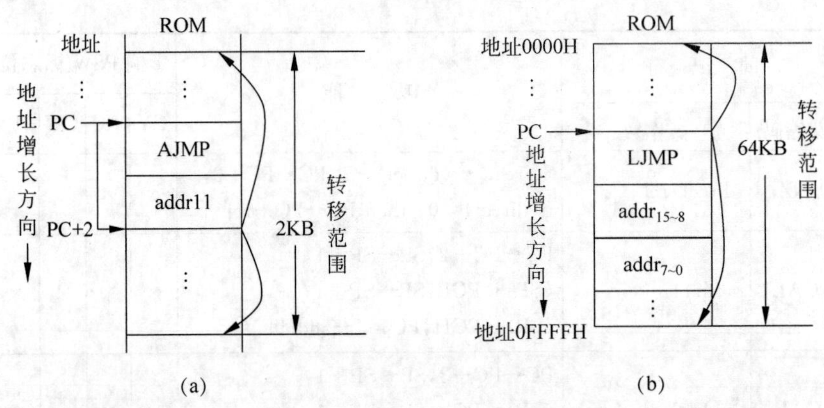

图 3-3 AJMP、LJMP 转移范围

(3) SJMP rel 指令

指令机器码：

1000 0000
rel(相对地址)

指令实现的操作：无条件相对转移，首先程序计数器 PC 的内容加 2，此时 PC 值是相对转移地址的基准值，然后将 PC 中的数值与转移偏移量 rel 数值(有符号数)按有符号数据相加，相加结果送入 PC 中，rel 表示为 8 位有符号数据，因此，SJMP 指令的控制程序转移范围在－128～＋127B 之间，如图 3-4(a)所示。

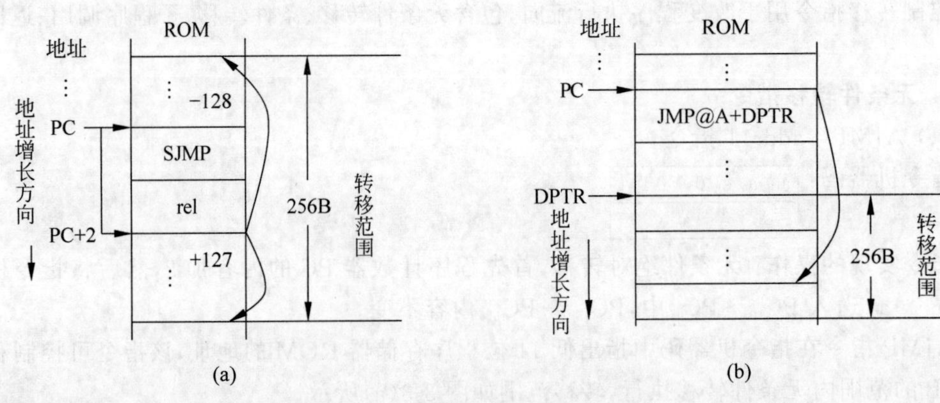

图 3-4 SJMP、JMP 转移范围

(4) JMP @A＋DPTR 指令

指令机器码：

0111 0011

指令实现的操作：无条件间接转移，也被称为散转指令，该指令的转移地址由 16 位数据指针寄存器 DPTR 的内容与 8 位累加器 A 的内容进行无符号数相加形成，将相加结果送入程序计数器 PC 中，其转移范围是以 DPTR 的内容为首地址的 256B 之内，并以 DPTR

的内容为基准向程序存储器 ROM 地址增长方向转移,如图 3-4(b)所示。

2. 比较(条件)转移指令

(1) JZ rel 指令

指令机器码:

0110 0000
rel(相对地址)

指令实现的操作:首先程序计数器 PC 的内容加 2,然后对累加器 A 的内容进行检测,当 A 的各位全部为 0 时,满足转移条件,将 PC 中的数值与转移偏移量 rel 数值按有符号数据相加,相加结果送入 PC 中,实现程序转移执行,该指令控制程序转移范围为－128～＋127B;当 A 不为 0 时,CPU 执行该指令的下一条指令,CPU 执行该指令的流程如图 3-5(a)所示。

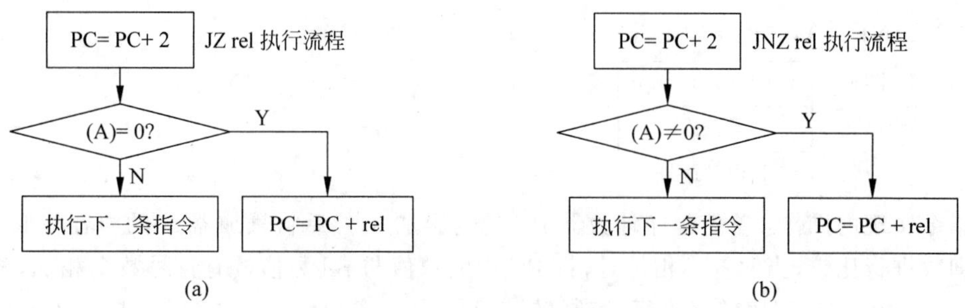

图 3-5 JZ、JNZ 指令执行流程

(2) JNZ rel 指令

指令机器码:

0111 0000
rel(相对地址)

指令实现的操作:首先程序计数器 PC 的内容加 2,然后对累加器 A 的内容进行检测,当 A 不为 0 时,满足转移条件,将 PC 中的数值与转移偏移量 rel 数值按有符号数据相加,相加结果送入 PC 中,实现程序转移执行,该指令控制程序转移范围为－128～＋127B;当 A 为全 0 时,CPU 执行该指令的下一条指令,CPU 执行该指令的流程如图 3-5(b)所示。

(3) CJNE A,direct,rel 指令

指令机器码:

1011 0101
direct
rel(相对地址)

指令实现的操作:首先程序计数器 PC 的内容加 3,然后将累加器 A 的内容与 RAM 直接地址单元 direct 中的内容进行比较,当两者不相等时,将 PC 中的数值与 rel 数值按有符号数据相加,相加结果送入 PC 中,实现程序转移执行,该指令控制程序转移范围为－128～＋127B,另外,该指令影响程序状态字 PSW 的 CY 标志位,当 A 的内容大于 direct 中的内

容时，CY＝0；当A的内容小于direct中的内容时，CY＝1；当A与direct中的内容相等时，CY＝0，CPU执行该指令的下一条指令，CPU执行该指令以及影响CY标志位的流程如图3-6所示。

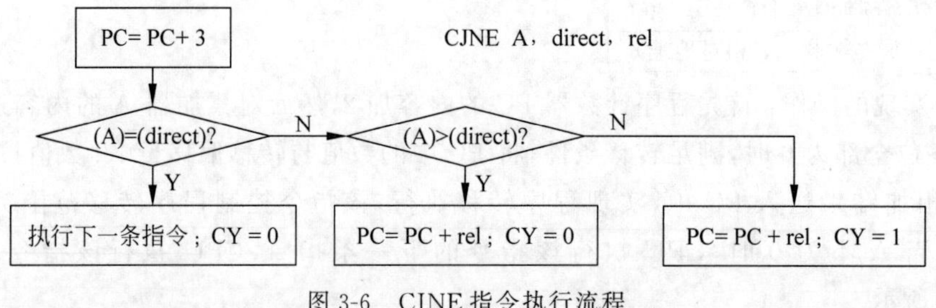

图3-6　CJNE指令执行流程

(4) CJNE　A，#data，rel指令

指令机器码：

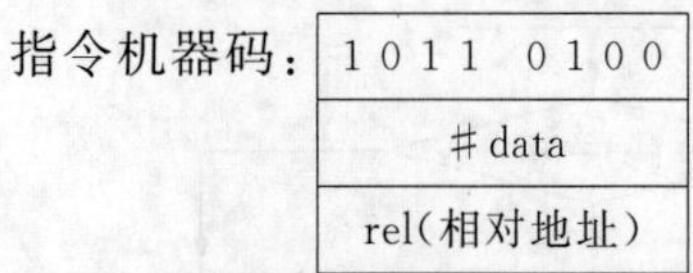

1011 0100
#data
rel(相对地址)

指令实现的操作：首先程序计数器PC的内容加3，然后将累加器A的内容与ROM中的立即数进行比较，当两者不相等时，将PC中的数值与rel数值按有符号数据相加，相加结果送入PC中，实现程序转移执行，控制转移范围为－128～＋127B；当参与比较的两个数据相等时，执行下一条指令，CJNE指令执行流程以及影响程序状态字PSW的CY标志位都相同。

(5) CJNE　Rn，#data，rel指令

指令机器码：

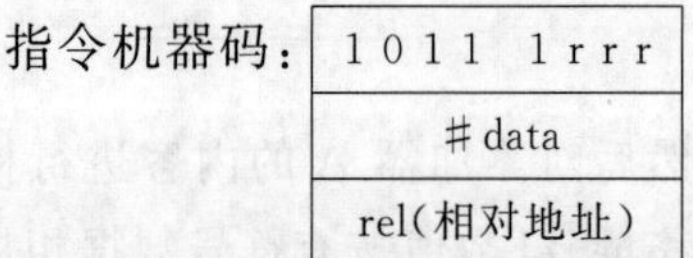

1011 1rrr
#data
rel(相对地址)

指令实现的操作：首先程序计数器PC的内容加3，然后将工作寄存器Rn(R_0～R_7)之一的内容与ROM中的立即数进行比较，当两者不相等时，将PC中的数值与rel数值按有符号数据相加，相加结果送入PC中，实现程序转移执行，控制转移范围为－128～＋127B；当参与比较的两个数据相等时，执行下一条指令，CJNE指令执行流程以及影响程序状态字PSW的CY标志位都相同。

(6) CJNE　@Ri，#data，rel指令

指令机器码：

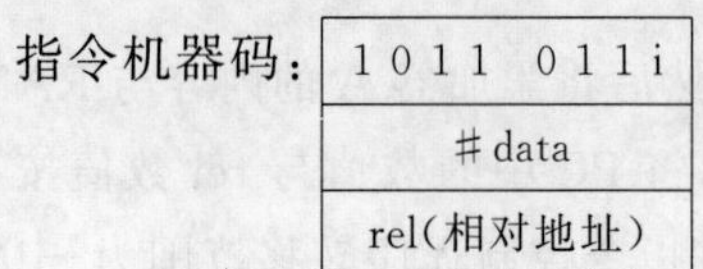

1011 011i
#data
rel(相对地址)

指令实现的操作：首先程序计数器PC的内容加3，然后将工作寄存器Ri(R_0～R_1)之一中的数据作为内部RAM地址(间接寻址单元)，并将Ri指示的内部RAM地址中的内容

与 ROM 中的立即数进行比较，当两者不相等时，将 PC 中的数值与 rel 数值按有符号数据相加，相加结果送入 PC 中，实现程序转移执行，控制转移范围为－128～＋127B；当参与比较的两个数据相等时，执行下一条指令，CJNE 指令执行流程以及影响程序状态字 PSW 的 CY 标志位都相同。

3. 循环转移指令

(1) DJNZ　Rn,rel 指令

指令机器码：

1101　1rrr
rel(相对地址)

指令实现的操作：首先程序计数器 PC 的内容加 2，然后将工作寄存器 Rn(R_0～R_7)之一的内容减 1，并对寄存器 Rn 的内容进行检测，当 Rn 的内容不为 0 时，满足转移条件，将 PC 中的数值与 rel 数值按有符号数据相加，相加结果送入 PC 中，实现程序转移执行，转移范围为－128～＋127B；当 Rn 的内容为 0 时，CPU 执行该指令的下一条指令，CPU 执行该指令的流程如图 3-7 所示。

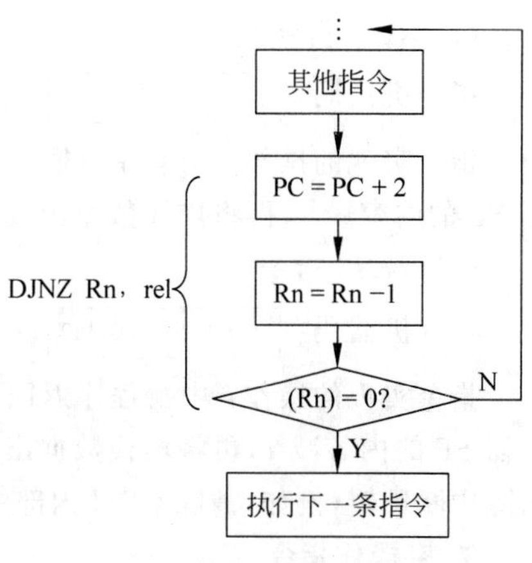

图 3-7　DJNZ 指令执行流程

(2) DJNZ　direct,rel 指令

指令机器码：

1101　0101
direct
rel(相对地址)

指令实现的操作：首先程序计数器 PC 的内容加 3，然后将 RAM 直接地址单元 direct 中的内容减 1，并对 direct 中的内容进行检测，当 direct 中的内容不为 0 时，满足转移条件，将 PC 中的数值与 rel 数值按有符号数据相加，相加结果送入 PC 中，实现程序转移执行，转移范围为－128～＋127B；当 direct 中的内容为 0 时，CPU 执行该指令的下一条指令，CPU 执行 DJNZ 指令的流程是一样的，如图 3-7 所示。

4. 子程序调用指令

(1) ACALL　addr11 指令

指令机器码：

a_{10} a_9 a_8 1 0 0 0 1
a_7～a_0

指令实现的操作：首先程序计数器 PC 的内容加 2，并将堆栈指针寄存器 SP 的内容加 1，PC_7～PC_0 低 8 位送入堆栈，SP 再加 1，PC_{15}～PC_8 高 8 位送入堆栈，然后将指令机器码中 a_{10}～a_0 送入 PC_{10}～PC_0 中，PC_{15}～ PC_{11} 内容不变。

ACALL 指令在指令机器码中指出低 11 位程序存储器 ROM 的地址，该指令可控制程序在 2KB 范围内实现子程序的调用。

(2) LCALL addr16 指令

指令机器码：

0001 0010
$a_{15}\sim a_8$
$a_7\sim a_0$

指令实现的操作：首先程序计数器 PC 的内容加 3，并将堆栈指针寄存器 SP 的内容加 1，$PC_7\sim PC_0$ 低 8 位送入堆栈，SP 再加 1，$PC_{15}\sim PC_8$ 高 8 位送入堆栈，然后将指令机器码中 $a_{15}\sim a_0$ 送入 $PC_{15}\sim PC_0$ 中，该指令可控制程序在 64KB 范围内实现子程序的调用，另外，CALL 助记符与 LCALL 等同。

5. 返回指令

(1) RET 指令

指令机器码：0010 0010

指令实现的操作：子程序返回，将堆栈数据出栈送入 $PC_{15}\sim PC_8$ 高 8 位，堆栈指针寄存器 SP 的内容减 1，再将堆栈数据出栈送入 $PC_7\sim PC_0$ 低 8 位，SP 再减 1。

(2) RETI 指令

指令机器码：0011 0010

指令实现的操作：中断程序返回，将堆栈数据出栈送入 $PC_{15}\sim PC_8$ 高 8 位，堆栈指针寄存器 SP 的内容减 1，再将堆栈数据出栈送入 $PC_7\sim PC_0$ 低 8 位，SP 再减 1。另外，该指令还清除中断逻辑，例如，清除 CPU 内部中断标志。

6. 空操作指令

NOP 指令

指令机器码：0000 0000

指令实现的操作：空操作，程序计数器 PC 的内容加 1，该指令用于产生一个机器周期的延迟。

3.6 位操作、位控制转移类指令

位操作、位控制转移类指令是专门针对内部 RAM 字节地址为 20H～2FH(位地址 00H～7FH)的位存储单元以及特殊功能寄存器 SFR 中具有位访问能力的寄存器进行位操作而设计的，其操作的数据宽度是以位(1bit)为单位的，指令包括逻辑位运算、位数据传输、根据位状态实现程序的转移执行等操作指令。

3.6.1 位操作、位控制转移指令

51 单片机 CPU 共有 17 条位操作、位控制转移指令，这些指令的助记符、完成的功能、影响程序状态字 PSW 的标志位、占用存储器字节数、CPU 执行指令所用时间(机器周期)等如表 3-8 所示。

表 3-8 51 单片机 CPU 位操作、位控制转移指令表

机器码	助记符		功能	影响 PSW 标志位				字节数	机器周期
	操作码	操作数		CY	AC	OV	P		
C3	CLR	C	CY←0	0	×	×	×	1	1
C2	CLR	bit	bit←0	×	×	×	×	2	1
D3	SETB	C	CY←1	1	×	×	×	1	1
D2	SETB	bit	bit←1	×	×	×	×	2	1
B3	CPL	C	CY←$\overline{CY}$	√	×	×	×	1	1
B2	CPL	bit	bit←$\overline{bit}$	×	×	×	×	2	1
82	ANL	C,bit	CY←CY∧bit	√	×	×	×	2	2
B0	ANL	C,$\overline{bit}$	CY←CY∧$\overline{bit}$	√	×	×	×	2	2
72	ORL	C,bit	CY←CY∨bit	√	×	×	×	2	2
A0	ORL	C,$\overline{bit}$	CY←CY∨$\overline{bit}$	√	×	×	×	2	2
A2	MOV	C,bit	CY←bit	√	×	×	×	2	1
92	MOV	bit,C	bit←CY	×	×	×	×	2	2
40	JC	rel	PC←PC+2, if CY=1; then PC←PC+rel	×	×	×	×	2	2
50	JNC	rel	PC←PC+2, if CY≠1; then PC←PC+rel	×	×	×	×	2	2
20	JB	bit,rel	PC←PC+3, if bit=1; then PC←PC+rel	×	×	×	×	3	2
30	JNB	bit,rel	PC←PC+3, if bit≠1; then PC←PC+rel	×	×	×	×	3	2
10	JBC	bit,rel	PC←PC+3, if bit=1; then PC←PC+rel,bit←0	×	×	×	×	3	2

3.6.2 位操作、位控制转移指令详解

位操作、位控制转移指令有对某一位进行清 0 或置 1、位逻辑运算、位数据传输、根据位状态实现程序的转移执行等操作。

1. 位清 0、置 1 指令

(1) CLR C 指令

指令机器码：| 1100 0011 |

指令实现的操作：将程序状态字 PSW 中 CY 进位位清 0。

(2) CLR bit 指令

指令机器码：

1100 0010
bit(位地址)

指令实现的操作：将内部 RAM 位地址为 00H～7FH 之间的位地址为 bit 的位存储单元清 0。

(3) SETB　C 指令

指令机器码：

1101 0011

指令实现的操作：将程序状态字 PSW 中 CY 进位位置 1。

(4) SETB　bit 指令

指令机器码：

1101 0010
bit(位地址)

指令实现的操作：将内部 RAM 位地址为 00H～7FH 之间的位地址为 bit 的位存储单元置 1。

2. 位逻辑运算指令

(1) CPL　C 指令

指令机器码：

1011 0011

指令实现的操作：将程序状态字 PSW 中 CY 进位位进行求反后送回 CY。

(2) CPL　bit 指令

指令机器码：

1011 0010
bit(位地址)

指令实现的操作：将内部 RAM 位地址为 bit 位存储单元的内容进行求反后送回 bit 单元中。

(3) ANL　C,bit 指令

指令机器码：

1000 0010
bit(位地址)

指令实现的操作：将内部 RAM 位地址为 bit 位存储单元的内容与程序状态字 PSW 中 CY 进位位进行“逻辑与”操作，将操作结果送入 CY 中。

(4) ANL　C,$\overline{\text{bit}}$ 指令

指令机器码：

1011 0000
bit(位地址)

指令实现的操作：将内部 RAM 位地址为 bit 位存储单元的内容求反后与程序状态字 PSW 中 CY 进位位进行“逻辑与”操作，将操作结果送入 CY 中。

(5) ORL　C,bit 指令

指令机器码：

0111 0010
bit(位地址)

指令实现的操作：将内部 RAM 位地址为 bit 位存储单元的内容与程序状态字 PSW 中

CY 进位位进行“逻辑或”操作，将操作结果送入 CY 中。

(6) ORL　C,$\overline{\text{bit}}$ 指令

指令机器码：

1010　0000
bit(位地址)

指令实现的操作：将内部 RAM 位地址为 bit 位存储单元的内容求反后与程序状态字 PSW 中 CY 进位位进行“逻辑或”操作，将操作结果送入 CY 中。

3. 位传输指令

(1) MOV　C,bit 指令

指令机器码：

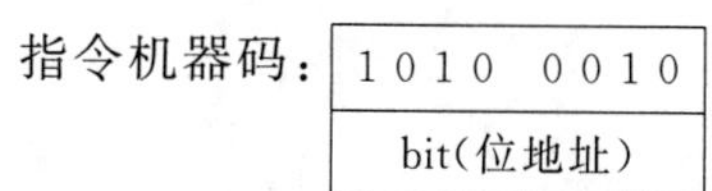

1010　0010
bit(位地址)

指令实现的操作：将内部 RAM 位地址为 bit 位存储单元的内容送入程序状态字 PSW 的 CY 进位位中。

(2) MOV　bit,C 指令

指令机器码：

1001　0010
bit(位地址)

指令实现的操作：将程序状态字 PSW 中 CY 进位位的内容送入内部 RAM 位地址为 bit 的位存储单元中。

4. 位判断转移指令

(1) JC　rel 指令

指令机器码：

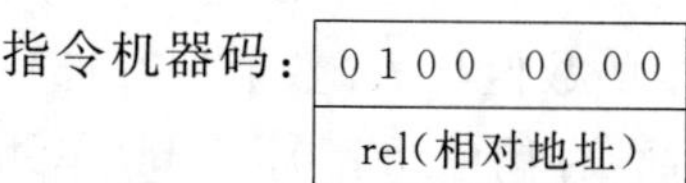

0100　0000
rel(相对地址)

指令实现的操作：首先程序计数器 PC 的内容加 2，然后对程序状态字 PSW 中 CY 进位位的内容进行检测，当 CY 为 1 时，满足转移条件，将 PC 中的数值与 rel 数值按有符号数据相加，相加结果送入 PC 中，实现程序转移执行，该指令控制程序转移范围为－128～＋127B；当 CY 为 0 时，CPU 执行该指令的下一条指令。

(2) JNC　rel 指令

指令机器码：

0101　0000
rel(相对地址)

指令实现的操作：首先程序计数器 PC 的内容加 2，然后对程序状态字 PSW 中 CY 进位位的内容进行检测，当 CY 不为 1 时，满足转移条件，将 PC 中的数值与 rel 数值按有符号数据相加，相加结果送入 PC 中，实现程序转移执行，该指令控制程序转移范围为－128～＋127B；当 CY 为 1 时，CPU 执行该指令的下一条指令。

(3) JB　bit,rel 指令

指令机器码：

0010 0000
bit(位地址)
rel(相对地址)

指令实现的操作：首先程序计数器 PC 的内容加 3,然后对内部 RAM 位地址为 bit 位存储单元的内容进行检测,当该单元内容为 1 时,将 PC 中的数值与 rel 数值按有符号数据相加,相加结果送入 PC 中,实现程序转移执行,该指令控制程序转移范围为－128～＋127B；当 bit 单元内容为 0 时,CPU 执行该指令的下一条指令。

(4) JNB　bit,rel 指令

指令机器码：

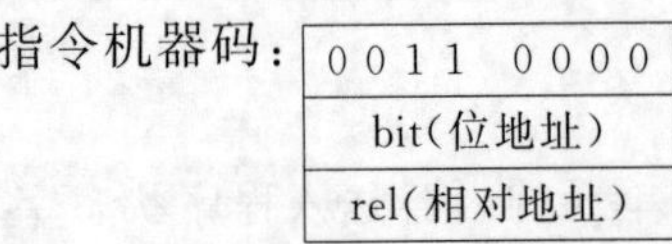

指令实现的操作：首先程序计数器 PC 的内容加 3,然后对内部 RAM 位地址为 bit 位存储单元的内容进行检测,当该单元内容不为 1 时,将 PC 中的数值与 rel 数值按有符号数据相加,相加结果送入 PC 中,实现程序转移执行,该指令控制程序转移范围为－128～＋127B；当 bit 单元内容为 1 时,CPU 执行该指令的下一条指令。

(5) JBC　bit,rel 指令

指令机器码：

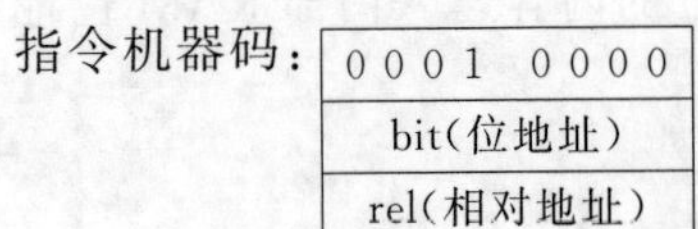

指令实现的操作：首先程序计数器 PC 的内容加 3,然后对内部 RAM 位地址为 bit 位存储单元的内容进行检测,当该单元内容为 1 时,将 PC 中的数值与 rel 数值按有符号数据相加,相加结果送入 PC 中,实现程序转移执行,同时将 bit 位存储单元清 0；当 bit 单元内容为 0 时,CPU 执行该指令的下一条指令。

3.7　伪指令

伪指令是用于通知汇编器如何进行汇编源程序的指令,又被称为命令语句,在由指令助记符和伪指令组成的源程序代码中,伪指令语句除定义的具体数据要生成目标代码外,其他均没有对应的目标代码(或可执行的指令机器码),伪指令的功能是由汇编器在汇编源程序时被实现的,并非在 CPU 运行指令机器码组成的机器码程序实现。另外,当硬件发生改变时,通过伪指令可使修改程序变得容易。

3.7.1　常用伪指令

51 汇编语言常用的伪指令及其功能如表 3-9 所示。

表 3-9 51 汇编语言常用伪指令表

助记符	功能
ORG	汇编起始地址伪指令，定义指令机器码起始地址
END	汇编结束伪指令，通知汇编器不再汇编
EQU	等值定义伪指令，定义数据或存储器地址
DATA	地址数据赋值伪指令，定义(8 位或 16 位)存储器地址
DB、DW	程序存储器字节(字)数据类型定义伪指令，定义 ROM 中的字节(字)常量
DS	程序存储器地址保留量定义伪指令，在 ROM 中定义一段存储空间
BIT	位地址符号定义伪指令，定义位存储器单元地址

3.7.2 伪指令详解

伪指令用于指导汇编器对指令源程序进行汇编的，主要指明指令机器码放在程序存储器的什么位置、存储单元如何分配、定义存储单元地址、定义常量数据等。

1. ORG 伪指令

使用格式：

```
ORG 表达式
```

ORG 伪指令的功能是规定该伪指令后面的指令源程序汇编后生成机器代码存放在 ROM 中的起始地址，表达式可以是一个具体的数值，例如，16 位地址，也可以是包含变量名的表达式，而变量在汇编器汇编到该伪指令时已经是被赋予了实际整数数值的。

2. END 伪指令

使用格式：

```
END
```

END 伪指令的功能是通知汇编器停止汇编，在 END 伪指令后面的指令源程序不会被汇编成指令机器代码。

3. EQU 伪指令

使用格式：

```
符号名称 EQU 表达式
```

EQU 伪指令也被称为等值伪指令，它用来说明“符号名称”等于一个表达式得出的值，表达式的值可以是 16 位或 8 位的二进制数值，也可以是字符串，当表达式的值是字符串时，只取后两个字符，“符号名称”是以字母开头的字母和数字的组合，在源程序中“符号名称”不可出现重名，使用 EQU 赋值的“符号名称”可作为数据(立即数)、数据地址、代码地址、位地址等使用。

4. DATA 伪指令

使用格式：

```
符号名称 DATA 表达式
```

DATA 伪指令也被称为数据地址赋值伪指令，该伪指令用来定义 RAM 中一个字节类型的存储单元，即赋予一个字节类型的存储单元一个"符号名称"，以便在指令源程序中通过"符号名称"来访问（读、写）这个存储单元，"符号名称"的组成规则与 EQU 伪指令中的"符号名称"组成规则相同。

5. DB、DW 伪指令

使用格式：

```
[标号：]  DB  表达式 1,表达式 2,…,表达式 n
```

使用格式：

```
[标号：]  DW  表达式 1,表达式 2,…,表达式 n
```

DB 伪指令用于定义一个连续的字节存储区（在程序存储 ROM 区域），并给该存储区的字节存储单元赋予数值，表达式的值为一个字节类型的数据或字符，如果是字符需要括在单引号"'"中，每个数据或字符用逗号分开，该伪指令在使用时需要容纳在源程序代码的一行内，即不能换行，在该伪指令使用格式中"标号："是可选项。

DW 伪指令与 DB 伪指令功能相同，DW 伪指令是为字存储单元（在 ROM 区域）赋值的，规则为高 8 位存放在前（在 ROM 区域存储单元地址为 N），低 8 位存放在后（在 ROM 区域存储单元地址为 N+1）。

6. DS 伪指令

使用格式：

```
[标号：]  DS  表达式 1,[表达式 2]
```

DS 伪指令用于定义一个长度为表达式 1 计算值的连续存储空间，表达式 1 得出的值是存储空间包含的字节数，即在 ROM 区域保留长度为表达式 1 数值个字节数的存储单元，表达式 2 是可选项，表达式 2 用于指定填满存储空间的数值。

7. BIT 伪指令

使用格式：

```
符号名称  BIT  表达式
```

BIT 伪指令也被称为位数据地址赋值伪指令，该伪指令用来定义一个位存储单元，即赋予位地址一个"符号名称"，以便在指令源程序中通过"符号名称"来访问（读、写）这个位存储单元，"符号名称"的组成规则与 EQU 伪指令中的"符号名称"组成规则相同。

3.8 指令程序

指令程序分为指令源代码程序和指令机器代码程序，指令源代码程序由指令助记符组成，包括指令机器码助记符和伪指令，它是用文本格式表述的；指令机器代码程序是由指令机器码组成的，它是51单片机CPU可执行的程序，用二进制数据格式表述。

3.8.1　指令源代码程序格式

计算机程序的设计是在指令源代码的基础上实现的。源代码由机器码助记符或伪指令组成，每一条机器码指令(助记符)或伪指令被称为一条程序语句，或称为汇编语句，源代码程序是由多条程序语句组成的，它也被称为汇编语言程序，51单片机汇编语言程序中程序语句的编写格式为

[标号：]　指令或伪指令　[；注释]

指令即指机器码指令，包括操作码和操作数，按照每条指令的格式出现在程序语句中；伪指令同样也是按照伪指令的格式出现在程序语句中的，"标号："是程序语句中的可选项，用于指明程序语句中指令或伪指令在程序存储ROM区域存放的存储单元地址，当指令机器码或伪指令中定义的数据占用多个存储单元时，标号指示的是首地址，"；注释"也为可选项，为该条程序语句提供注释。

3.8.2　指令源代码程序设计

指令按照程序语句格式编写的多条语句的集合被称为源程序，程序的设计体现了安排CPU工作的过程，CPU工作的步骤反映在程序设计上，遗憾的是，使用51单片机汇编语言设计程序只需遵守指令编写格式即可，并没有设计规则，其源程序只是汇编语句的堆积，每条汇编语句都指挥CPU完成一个动作，多条汇编语句的组合实现一个功能，而多条汇编语句的组合的逻辑关系则需要人为确定，为了方便源程序的设计，建议使用逻辑框图来描述程序实现的功能，它也反映了CPU运行的流程，逻辑框图使用的图符如表3-10所示。

表3-10　源程序设计经常使用的框图图符表

图　符	描　述
开始　结束	程序开始执行和结束执行
工作任务	程序完成的单项任务
↓　→	程序执行流向指示
判断、比较?　否　是	程序中出现的判断分支

依据51单片机CPU指令系统提供的功能，其所能实现的程序设计有顺序程序设计、分支程序设计、循环程序设计、子程序设计等，其程序功能设计框图如图3-8所示。

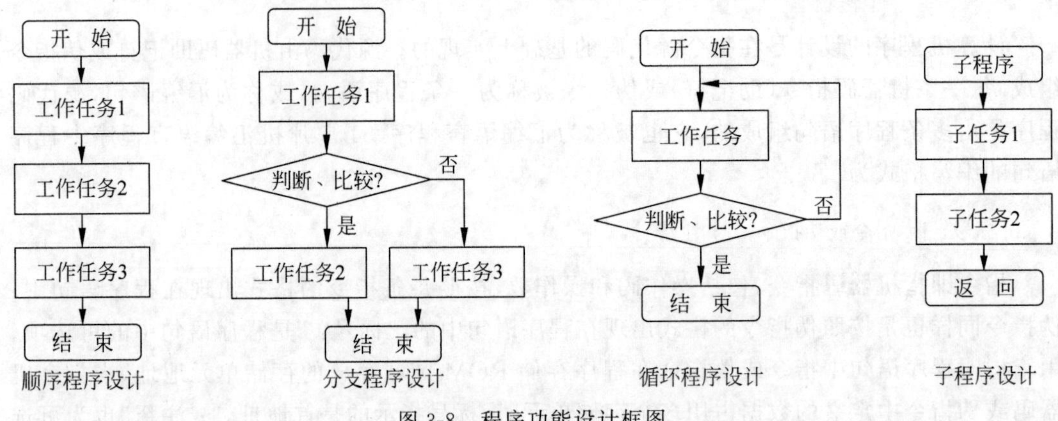

图3-8 程序功能设计框图

3.8.3 源代码程序的编译

由汇编指令(助记符)和伪指令组成的源程序代码是不能在51单片机上运行的，需要将它编译成指令机器代码(可执行代码)，编译的过程如图3-9所示，将指令机器代码写入51单片机的程序存储器ROM中才可以被执行。

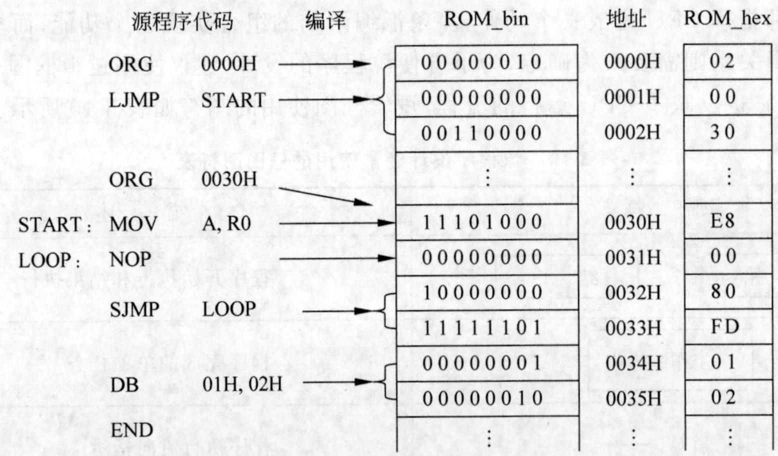

图3-9 源程序代码编译为指令机器代码

目前，51单片机的生产厂商提供了多种编译工具，尤其是应用于PC的编译工具被广泛使用，例如C51(Compiler51)汇编器等编译工具。在PC上编写51单片机的应用程序需要如下步骤。

(1) 编码：编写文本格式的源程序代码，并以 *.asm 为文件名保存在磁盘中；

（2）编译：使用编译工具将源程序代码编译成目标代码（由机器代码和重定位信息组成）或指令机器代码，有些汇编器输出的是目标代码文件，文件名为 *.obj，需要使用链接器将目标代码文件转换成指令机器代码，有些编译工具可直接产生指令机器代码，指令机器代码有两种文件格式，*.bin（二进制可执行文件）和 *.hex（Intel 公司制定按地址排列的十六进制数据信息文件）。

（3）执行：使用专用 51 单片机 ROM 数据文件写入设备将 *.bin 或 *.hex 文件写入 ROM 中，或应用 ISP（In System Programming）技术将可执行文件写入 51 单片机的 ROM 中。

3.8.4 源代码程序设计示例

通过设计汇编语言源代码程序可以熟悉和掌握 51 单片机指令的使用，下面是几个常用的汇编语言源代码程序的设计和程序执行流程框图。

1. 数据传送源程序

将内部 RAM 地址为 20H～2FH 单元中的数据按顺序传送到 70H～7FH 单元中，CPU 执行流程如图 3-10 所示，源程序代码如下。

```
        ORG     0000H
        LJMP    START           ;程序开始
        ORG     0030H
START:  MOV     R0,#20H         ;初始化
        MOV     R1,#70H
        MOV     R2,#10H
LOOP:   MOV     A,@R0           ;移动数据
        MOV     @R1,A
        INC     R0              ;地址 + 1
        INC     R1
        DJNZ    R2,LOOP         ;计数器 - 1
        SJMP    $               ;结束,等待
        END
```

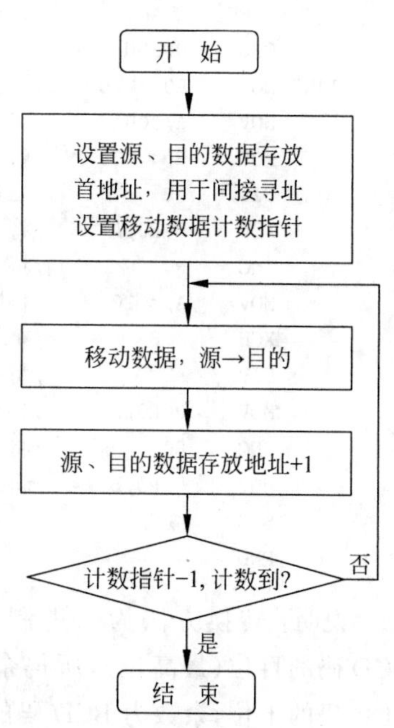

图 3-10　数据移动程序执行流程

说明：R_0 存放源数据地址，R_1 存放目的数据地址，R_2 为一个计数器。

2. 软件延时源程序

软件延时是经常使用的一种时间定时方法，当 51 单片机的时钟频率（振荡频率 f_{osc}）确定后，每条指令的执行周期是确定的，根据指令的执行周期（包含的机器周期）可以计算出延时的时间，下面是一个软件延时子程序代码。

```
ORG     0100H
MOV     R7,#00H     ;将 R7 清 0,执行该指令需要 1 个机器周期
MOV     R6,#00H     ;将 R6 清 0,执行该指令需要 1 个机器周期
```

```
DELAY:  DJNZ   R7,DELAY    ;R7 - 1 非 0 转移,执行该指令需要 2 个机器周期
        DJNZ   R6,DELAY    ;R6 - 1 非 0 转移,执行该指令需要 12 个状态周期
        DJNZ   R5,DELAY    ;R5 - 1 非 0 转移,执行该指令需要 24 个振荡周期
        RET                ;子程序返回,执行该指令需要 2 个机器周期
```

说明：R_5 为延时子程序的输入参数，改变 R_5 的内容可改变延时时间，当 R_5 内容不为0，其51单片机的振荡频率为 f_{osc} 时，该子程序延时时间 t 的计算公式为

$$t = ((1+1+(2\times256\times256+2\times256)\times R_5+2\times R_5+2)\times12)\div f_{osc}$$

当 R_5 内容为0时，该延时子程序实现最大延时时间，在计算公式中 R_5 取值为256。

3. 代码转换源程序

将存放在内部RAM地址为30H单元中的一个二进制整数转换成相应的BCD码，转换结果从高到低依次存放在70H、71H、72H单元中。

```
        ORG    0000H
        LJMP   START       ;程序开始
        ORG    0030H
START:  MOV    R0,#70H     ;设置存放结果单元指针
        MOV    A,30H       ;将二进制数据传送到 A
        MOV    B,#100      ;将除数 100 传送到 B
        DIV    AB          ;二进制数据除以 100
        MOV    @R0,A       ;将商存放到 70H(百位)单元中
        INC    R0          ;将存放结果单元指针加 1
        MOV    A,#10       ;将除数 10 传送到 A
        XCH    A,B         ;将被除数(余数)与除数互换位置
        DIV    AB          ;将余数再除以 10
        MOV    @R0,A       ;将商存放到 71H(十位)单元中
        INC    R0          ;将存放结果单元指针加 1
        MOV    @R0,B       ;将余数存放到 72H(个位)单元中
        SJMP   $           ;结束,等待中
        END
```

说明：转换方法为二进制整数除以100所得商为BCD码的百位(最高位)，所得余数再除以10后，其商为BCD码的十位，余数为BCD码的个位(最低位)。

4. 多字节无符号数据相加源程序

存放于内部RAM中的两个等字节长度的数据做无符号数相加运算，CPU相加流程如图3-11所示，通过加法子程序实现加运算操作，其源代码如下。

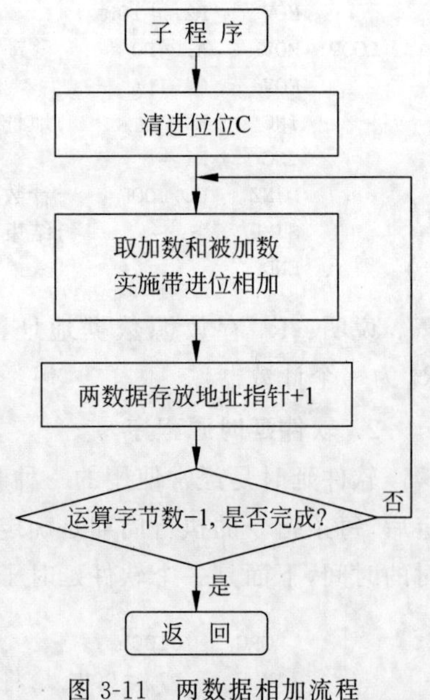

图3-11 两数据相加流程

```
            ORG    0100H
ADDITION:   CLR    C
LOOP:       MOV    A, @R0
            ADDC   A, @R1
            MOV    @R0,A
```

```
        INC     R0
        INC     R1
        DJNZ    R2,LOOP
        RET
```

说明：加法运算子程序的输入参数为 R_0、R_1、R_2。R_0 为被加数存放在 RAM 中的地址指针，指向被加数据最低字节的存放位置，同时 R_0 也是相加结果存放在 RAM 中的地址指针，即相加运算完成后，被加数据存放的位置成为相加结果数据的存放位置；R_1 为加数存放在 RAM 中的地址指针，指向加数据最低字节的存放位置；R_2 为求和两数据所占的字节数，为子程序提供按字节数据相加的次数。

5. 多字节无符号数据相乘源程序

下面的子程序源代码实现两个无符号数据做相乘运算的操作。子程序的输入参数为 R_4、R_3、R_2。被乘数为 16 位数据，存放于 R_4(高字节)、R_3(低字节)中；乘数为 8 位数据，存放于 R_2 中；子程序的输出参数为 R_7、R_6、R_5，存放相乘运算的结果；R_7 为最高字节，R_6 为次高字节，R_5 为最低字节。

```
                ORG     0100H
MULTIPLICATION: MOV     A,R2          ;取乘数存放在 A
                MOV     B,R3          ;取被乘数低字节存放在 B
                MUL     AB            ;低字节相乘,第 1 次乘积
                MOV     R5,A          ;存放乘积的低字节数
                MOV     R6,B          ;存放乘积的高 8 位
                MOV     A,R2          ;取乘数存放在 A
                MOV     B,R4          ;取被乘数高字节存放在 B
                MUL     AB            ;高字节相乘,第 2 次乘积
                ADD     A,R6          ;第 1 次乘积的高位和第 2 次乘积的低位相加
                MOV     R6,A          ;存放乘积的次高字节
                MOV     A,B           ;乘积的高字节送 A
                ADDC    A,#00H        ;与上次加法的进位相加
                MOV     R7,A          ;存放乘积的高字节
                RET                   ;子程序返回
```

第 4 章 C51 语言程序设计

C51 语言是针对 51 单片机实现程序设计使用的高级语言，它源自 C 语言，应用 C51 语言可以快速、高效地编写 51 单片机的应用程序，同时可扩展应用到其他 51 单片机的编程。本章介绍 C51 语言。

4.1 C51 语言编程概述

C51 是由 C 语言发展而来的，它继承了 C 语言的所有优良特征，同时还具备汇编语言对 51 单片机硬件操作的能力，C51 语言的语法结构和标准 C 语言基本一致，语言简洁，便于学习和使用。

4.1.1 C51 程序设计特点

同 C 语言一样，C51 语言也是一种高级程序设计语言，同样也是一种结构化程序设计语言，同时兼备汇编语言的功能。使用 C51 语言设计的程序具有如下特点。

(1) 支持多种类型的 51 单片机。

(2) 具有完备的规范化流程控制结构，使程序结构清晰明了。

(3) 程序功能可模块化处理，针对不同的单片机 C51 语言具备了丰富的函数库。

(4) C51 语言程序可读性强，便于调试、修改、维护、移植。

(5) C51 语言可与汇编语言混合编程，提高代码执行速度。

(6) C51 语言程序代码执行效率接近汇编语言程序代码，体现出高效性。

4.1.2 C51 编程规范

在编写 C51 语言程序时，遵守一定的规则、养成良好的编程习惯是必要的，它使得 C51 语言程序的可读性增强，有利于后期的调试、修改、维护、移植等。下述为编写 C51 语言程序应遵守的一些规则。

(1) 在编程之前，根据任务做出程序执行的流程框图，框图设计参照第 3 章程序设计；

(2) 明确数据和处理数据的算法，根据数据和算法选择合适的单片机类型(型号)；

(3) 当已经明确了单片机类型时,需要熟悉 CPU、内存、接口的情况,因 C51 编程与之密切相关;

(4) 在编写代码的前面,需要有注释指明使用的单片机类型,例如,intel P89C51 等;

(5) 在编写程序代码时,应注意整齐的代码书写格式,采用左端缩进(使用空格或 TAB 键缩进)格式会使程序结构更清晰,便于阅读和理解;

(6) 编写代码在排版上一行最多写一条语句,便于阅读;

(7) 在编程过程中需要完备和详尽程序注释,函数、变量等尽可能注有详细的注解;

(8) 能使用大括号"{}"的地方尽可能地使用,例如,if、while 等模块,"{}"便于理解程序结构的起止点;

(9) 函数名、变量名命名最好使用有含义的英文词或缩写,并给予注释;

(10) 减少或避免定义和使用全程公共变量,如果需要,尽量将常、变量通过预处理命令定义在头文件中,便于修改或更新;

(11) 定义函数尽量功能单一,避免定义多形式参数(输入参数)的函数;

(12) 减少或避免函数之间的过多的调用以及多层或嵌套调用,防止系统堆栈溢出;

(13) 中断程序尽可能地短,减少或避免中断嵌套,如果嵌套,其层数应尽可能少;

(14) 循环体程序内尽可能减少代码,减少或避免循环体内的分支程序,提高执行效率;

(15) 在 C51 语言程序中,尽量减少对硬件(CPU 或接口寄存器)层面的直接操作;

(16) 编写 C51 语言程序时,不使用中文汉字,一般中文汉字只用在""(双引号)、''(单引号)中,或定义的常量中,以及注释语句中。

4.1.3　C51 程序编译环境

C51 语言程序编写好后,需要根据单片机型号编译成该机型可执行的机器代码,其编译过程是通过 C51 编译器实现的,C51 编译器由编译器(Cx51)、宏汇编器(A51)、连接器(BL51)以及头文件(*.h)和库函数(*.lib、*.obj)等组成。目前,有许多 C51 应用程序的集成开发环境,例如,Keil C51 等,这些集成开发环境可以开发针对多种型号 CPU 的 C51 应用程序,集成开发环境一般包含编译器、汇编器、连接器、实时操作系统、项目管理器、调试器等,以及配备了针对不同型号 CPU 的头文件和库函数等,C51 语言程序从编写、编译到调试、模拟运行等全部都可以在集成开发环境中完成。

4.2　C51 语言的标识符和关键字

C51 语言源程序代码是由 C51 语句组成的,C51 语句则是由标识符、关键字按照 C51 语言的语法格式构成的。

4.2.1　C51 标识符

在 C51 语言程序中,所有的单词、字母、字母的组合、符号等都被称为标识符,标识符有两种类型：一种是编程者自己定义的标识符——“自定义标识符”；另一种是C51语言体系定义的标识符——“关键字”。

由于在C51语言程序中常量、变量、函数等都需要有名称，而这些名称是被程序编写者命名的，因此它们被称为自定义标识符，用于为常量、变量、函数等命名。自定义标识符的规定是以英文大写字母A～Z、小写字母a～z或以“_”开头，后面跟包含英文字母和数字0～9的字符，这样的字符和数字的组合构成了合法的自定义标识符，在标识符中英文字母的大小写是有区别的。另外，C51语言定义的关键字和一些特殊符号不能作为自定义标识符。

由于计算机并不认识自定义标识符，因此每个自定义标识符在使用前都需要对它进行声明，声明该自定义标识符是属于什么性质或什么类型的，自定义标识符的声明可以出现在C51语言源程序的所有语句可能出现的地方，但是，自定义标识符的有效范围（或被称为作用域）根据C51语法规则已经被自动确定了，其有效范围在包含该自定义标识符声明语句的最近的大括号{}内，即标识符声明的作用域在大括号{}内。

4.2.2 C51关键字

在C51语言程序中有一些标识符被C51语言体系作为关键字而保留起来，它们被称为C51关键字或C51保留字，C51关键字没有二义性，即它们是不能用于任何其他用途的，也不能用作自定义标识符，这些关键字出现在C51语言程序中则表示实现某种单一功能。表4-1所示为C51语言体系使用的主要关键字。

表4-1 C51语言体系使用的主要关键字表

关键字	用途	说明
auto	存储种类说明	用以说明局部变量，默认值
break	程序语句	退出最内层循环
case	程序语句	switch语句中的选项
char	数据类型说明	单字节整型数或字符型数据
const	存储类型说明	在程序执行过程中不可更改的常量值
continue	程序语句	转向下一次循环
default	程序语句	switch语句中的匹配失败选项
do	程序语句	构成do…while循环结构
double	数据类型说明	双精度浮点数类型
else	程序语句	构成if…else选择结构
enum	数据类型说明	定义枚举类型数据
extern	外部说明	声明在其他程序模块中的变量、函数
float	数据类型说明	单精度浮点数类型
for	程序语句	构成for循环结构
goto	程序语句	构成goto转移结构
if	程序语句	构成if…else选择结构
int	数据类型说明	基本整型数类型

续表

关键字	用途	说明
long	数据类型说明	长整型数类型
register	存储种类说明	使用 CPU 内部寄存的变量
return	程序语句	函数返回
short	数据类型说明	短整型数类型
signed	数据类型说明	有符号数，二进制数据的最高位为符号位
sizeof	运算符	计算表达式或数据类型的字节数
static	存储种类说明	定义静态变量
struct	数据类型说明	定义结构类型数据
switch	程序语句	构成 switch 选择结构
typedef	数据类型说明	重新进行数据类型定义
union	数据类型说明	定义联合类型数据
unsigned	数据类型说明	定义无符号数数据
void	数据类型说明	定义无类型数据
volatile	数据类型说明	该变量在程序执行中可被隐含地改变
while	程序语句	构成 while 和 do…while 循环结构

C51 语言专门针对 51 单片机的特性保留了如表 4-2 所示的、有别于 C 语言的一些专有的关键字。

表 4-2　C51 语言体系专用关键字表

关键字	用途	说明
bit	位标量声明	声明一个位变量或位类型的函数
sbit	位变量声明	声明一个可位寻址变量
sfr	特殊功能寄存器声明	声明一个 8 位特殊功能寄存器
sfr16	特殊功能寄存器声明	声明一个 16 位特殊功能寄存器
data	存储器类型说明	直接寻址的内部数据存储器
bdata	存储器类型说明	可位寻址的内部数据存储器
idata	存储器类型说明	间接寻址的内部数据存储器
pdata	存储器类型说明	分页寻址的外部数据存储器
xdata	存储器类型说明	外部数据存储器
code	存储器类型说明	程序存储器
interrupt	中断函数说明	定义一个中断函数
reentrant	再入函数说明	定义一个可重入函数
using	寄存器组定义	定义芯片的工作寄存器组

对于 51 单片机的具体 CPU 型号，在 C51 定义的头文件（*.h）中定义（使用）了一些符号，其与 CPU 和接口中的寄存器相对应，这些符号也被视同于关键字，例如，对应第 1 章中表 1-3 所示的 51 单片机特殊功能寄存器定义的符号如表 4-3 所示。

表 4-3 C51 单片机特殊功能寄存器定义的符号表

符号	注释
ACC*（A^7，A^6，…，A^0）	CPU 累加器
B*（B^7，B^6，…，B^0）	CPU 乘法寄存器
PSW*（CY，AC，F0，RS1，RS0，OV，P）	CPU 程序状态字寄存器
SP	CPU 堆栈指针寄存器
DPH、DPL	CPU 数据存储器指针高 8 位、低 8 位
IE*（EA，ES，ET1，EX1，ET0，EX0）	中断允许控制器
IP*（PS，PT1，PX1，PT0，PX0）	中断优先控制器
P0*（P0^7，P0^6，…，P0^0）	端口 0
P1*（P1^7，P1^6，…，P1^0）	端口 1
P2*（P2^7，P2^6，…，P2^0）	端口 2
P3*（RD，WR，T1，T0，INT1，INT0，TXD，RXD）	端口 3
PCON	电源控制及波特率选择
SCON*（SM0，SM1，SM2，REN，TB8，RB8，TI，RI）	串行口控制器
SBUF	串行数据缓冲器
TCON*（TF1，TR1，TF0，TR0，IE1，IT1，IE0，IT0）	定时器/计数器控制器
TMOD	定时器/计数器方式选择
TH0、TL0	计数器 0 高 8 位、低 8 位
TH1、TL1	计数器 1 高 8 位、低 8 位

注：带 * 号的特殊功能寄存器是可位寻址寄存器，括号内是从高到低的位表示符。

另有一些标点符号也被 C51 语言体系用作关键字标识符出现在程序中，除表达式等使用的运算符号外，在 C51 语句中主要使用的标点符号如表 4-4 所示。

表 4-4 C51 语句使用的主要标点符号表

符号	用途	说明
;	语句结束符	表示一条语句的结束，语句结束要有“;”符，换行不表示语句结束
,	分隔符	用于分隔自定义标识符(常量、变量)等
{ }	作用域符	限定语句(量、函数、运算操作等)的作用域
//	单行注释符	为一条语句添加注释，回车换行注释解除
/* … */	多行注释符	在“/*”和“*/”之间为注释，可多行
#	预处理指令符	通知 C51 编译器预操作(包含文件、条件编译)，以及宏定义操作

在编译 C51 语言程序时，可以命令 C51 编译器预先实现一些操作，称为预处理，C51 编译器确定了一些预先操作的指令，指令以“#”开头，后跟随的指令关键字有 if、ifdef、ifndef、else、elif、endif、define、undef、line、error、pragma、include 等，这些预处理指令关键字一般也不作为自定义标识符在 C51 语句中使用。

4.3　C51 数据类型

在 C51 语言体系中，其数据类型由基础数据类型（整型、实型、字符型、位型等）和扩展数据类型（指针、数组、字符串、结构、联合、枚举等）构成，数据类型应用于常量和变量的声明（定义），数据类型决定了数据占计算机内存的字节数以及数据的取值范围，同时也确定了在其数据类型上可进行的操作。

4.3.1　C51 基础数据类型值域空间（范围）

基础数据类型使用的 C51 语言规定的关键字、所占用计算机存储器字位数以及类型数值取值范围的最小值和最大值，如表 4-5 所示。

表 4-5　C51 基础数据类型表

数据类型	符号	关键字	内存位数(bit)	值域空间(最小、最大值)
整型	有	int	16	－32 768～32 767
		short*	16	－32 768～32 767
		long	32	－2 147 483 648～2 147 483 647
	无	unsigned int	16	0～65 535
		unsigned short*	16	0～65 535
		unsigned long	32	0～4 294 967 295
实型	有	float	32	$-3.4e^{-37}$～$3.4e^{+38}$
		double*	64	$-1.7e^{-307}$～$1.7e^{+308}$
字符型	有	char	8	－128～127
	无	unsigned char	8	0～255
位型	无	bit	1	0 或 1
		sfr	8	0～255
		sfr16*	16	0～65 535

注：带 * 号的关键字对于有些单片机型号是不可用的。

4.3.2　C51 声明常量

在 C51 语言体系中，常量是使用 C51 编译器的预处理命令声明的，并非 C51 语句，该命令声明常量的语法格式为

```
#define CONSTANTNAME   ConstantValue;
        常量标识符     常量数据值
```

常量标识符是由英文大写字母组合而成的合法自定义标识符。常量数值在基本数据类型值域空间范围内，具体数值的表示形式如表 4-6 所示。

表 4-6 C51 常量数值表示形式表

常量类型	数值格式	数值首位	数值尾位	数值示例
整数值	十进制			12345
	十进制长整数		l 或 L	12345L
	八进制	0		012345
	十六进制	0x		0xABCD
浮点数	单精度		f	1.23f
	双精度			1.23 或 1.23e4
单字符	实义或转义	‘	’	‘a’ 或 ‘\n’(转义字符：换行)
字符串	多字符	“	”	“abcd”

4.3.3 C51 定义变量

在 C51 语言体系中，变量是 C51 程序中创建的基本存储单元，其定义包括变量名、变量类型和作用域几个部分，作为 C51 语句，变量定义的语法格式为

```
type variableName1[ = initValue1][ , variableName2[ = initValue2] … ];
类型    变量名      [变量初始值]
```

变量类型决定了变量可能的取值范围以及对变量允许的操作，与变量类型不匹配的操作可能会导致程序出错。变量类型可以是基本数据类型，也可以是扩展数据类型。

变量名是一个合法的自定义标识符，不能使用 C51 保留字(关键字)，变量名区分英文的大小写，建议取变量名应具有一定含义，增加程序的可读性。定义相同类型的多个变量时，变量名之间用逗号隔开。

在定义变量的同时也可以为变量赋予初始值，没有赋初值的变量被赋予数据类型确定的默认值，或者是变量所占用的内存中的随机值。

在 C51 语句定义(声明)变量的同时就指明了变量的作用域，C51 变量有全局变量(在函数外定义的变量)、局部变量(在函数或 C51 语句内定义的变量)以及函数形参变量之分，C51 程序中的语句可在任何地方操作全局变量；局部变量的操作被限定在大括号{}确定的范围内；函数形参变量限定在函数体内使用。

C51 体系支持两种不同数据类型的变量内数据之间的类型转换，即一个类型的数据可以转换成另一种类型，但条件是两种类型是兼容的。变量内部数据类型的转换有两种方式：一是自动(隐形)数据类型转换，其规则是占内存位数少的变量向占内存位数多的变量转换(char→int→long)，一般发生在变量之间的运算、赋值等操作中；二是强制数据类型转换，其规则正好与自动数据类型转换相反(long→int→char)，C51 语句使用强制数据类型转换操作符“()”实现变量类型的强制转换，强制数据类型转换会使数据精度受损。

4.3.4 C51 扩展数据类型

扩展数据类型包括指针、数组、结构、联合、枚举等，有些类型是由基础数据类型组合而

成的。

1. 指针

指针在C51体系中明确为指针类型的数据类型，它是指向变量或数据所在的存储区地址，即用来确定其他数据类型的数据存放地址，作为C51语句，指针变量定义的语法格式为

```
Type[MemoryType] * pointerVariableName;
类型 [存储器类型]     指针变量名
```

定义指针变量的明显关键字是"*"，其变量类型涉及各类数据类型以及存储器类型(表示被定义为针对单片机存储器的指针，与存储器存储结构相关的指针，例如，data、code等存储区地址)，指针变量名与普通变量名同形，只是指针变量中存放的是"地址"，例如，相对某个变量的指针就是该变量存放内存的地址，使用"&"操作符(指针关键字)可获取变量存放内存的地址值，该地址值可赋给指针变量。

指针操作是针对单片机存储器区域的操作，因此，在使用指针操作前需要了解存储器结构、存储数据方式、数据存储宽度等详细信息，如果对单片机存储器等不慎了解，建议使用数组类型替代指针类型的操作。

2. 数组

数组数据类型用于定义具有相同属性的一组数据，为操作数据提供便捷。C51数组变量定义的语法格式为

```
Type[MemoryType] arrayVariableName[ConstantEexpression];
类型  [存储器类型]  数组变量名      [常量表达式]
```

在定义数组时，通过"存储器类型"可以指定数组数据的存放区域，该存储区域是针对单片机存储器而言的，例如，通过data、code等关键字指定数组数据存放区域。

3. 结构

结构数据类型可以构造不同类型的数据集合，C51结构体(变量)定义的语法格式为(3种定义之一)

```
struct structVariableName{
关键字  结构体变量名
  Type1 variableName1;
  类型 1  变量名 1
  Type2 variableName2;
  类型 2  变量名 2
    …
}
```

{ }中是结构体，在结构体内可以定义各种数据类型的变量，通过结构体变量名将它们组合起来，使用"."操作符实现结构体内变量元素的引用。

4．联合

联合数据类型的定义同结构数据类型的定义，只是定义的关键字为 union，联合与结构数据类型都是由多个不同的数据类型成员变量组成，区别在于：一是联合数据结构在内存中只存放一个被选中的成员变量值，而结构数据类型的所有成员变量值都存放在内存中；二是对联合体中不同成员变量赋值将会重写其他成员变量，原来保存的成员变量值将不存在，而结构体中不同成员变量赋值是互不影响的。

5．枚举

枚举数据类型可以构造一个某些合法整型常量的集合，C51 枚举体（变量）定义的语法格式为

```
enum enumVariableName{
关键字   枚举体变量名
  INTEGERCONSTANTNAME1,INTEGERCONSTANTNAME2,…
      常量名 1                常量名 2
}
```

在{ }枚举体中定义的常量名为合法的自定义标识符。如果没有赋值，则编译后每个常量会被赋予从 0 开始递增的整数初始值，枚举变量只等于括号中的一个常量，引用枚举体中的常量与结构体变量引用相同。由于枚举体中实际定义的是整型常量，因此，它们可以参与 C51 表达式的运算。

4.4 C51 运算符和表达式

C51 语言体系的运算符（operator）用来指明对操作数所进行的运算。C51 的表达式是由标识符、数据和运算符等组合所构成的，主要实现算术、逻辑等运算功能。

4.4.1 C51 运算符

表 4-7 所示是在 C51 体系中使用的运算符以及运算符实现的功能。

表 4-7 C51 体系运算符表

分　类	运 算 符	功　能	示　例
算术运算符	+、-	加、减	z=x+y、z=x-y
	*、/	乘、除	z=x * y、z=x / y
	%	取模	z=x % y
	++、--	加 1、减 1	i++、--i
逻辑运算符	!	逻辑非	if(! (i>1)&&(i<9))
	&&	逻辑与	if((i>1)&&(i<10))
	‖	逻辑或	if((i == 1)||(i == 9))

续表

分　类	运　算　符	功　能	示　例
关系运算符	>、<	大于、小于	if(i>0)、if(i<0)
	>=、<=	大于或等于、小于或等于	if(i>= 0)、if(i <= 0)
	==、!=	恒等于、不等于	if(i == 0)、if(i != 0)
位运算符	&、|	按位与、按位或	x=y & 128、x=y | 64
	^、~	按位异或、按位取反	x=y^ 32、x =~y
	>>、<<	按位右移、按位左移	j>> 3、i << 2
赋值运算符	=	赋值	x=y
	+=、-=、*=、/=、%=	算术运算操作赋值	x+= y
条件运算符	?:	条件赋值	k=(i<1)? 1 : i
指针运算符	*	声明指针	int *p,x
	&	取地址	p=&x
扩展运算符	.	分量选择符	struct. variableName
	()	数据类型强制转换符	b=(int)a
	[ ]	下标符	a[0]
	,	分隔符	int a, b

在C51体系中,运算符在表达式中参与运算时是有先后顺序的,即运算的优先级别(例如,乘除运算的优先级别高于加减运算)。在表达式的运算过程中,先做高级别运算操作,后做低级别运算操作。当使用运算符在表达式中参与运算,并且不能确定优先级别时,则可以使用括号"()",先做括号内操作,后做括号外操作,强制运算的优先级别。

4.4.2 C51表达式

计算机最重要的功能就是运算,运算是通过表达式实现的。C51程序最基础的表达式是由C51运算符和与运算符相匹配的操作数组成的。根据操作数的个数,其表达式可分为单操作数运算(单目运算)、双操作数运算(双目运算)、三操作数运算(三目运算)表达式,对运算符而言,一些可以应用于单操作数运算的运算符叫单目运算符,例如,++、--;一些可以应用于双操作数运算的运算符叫双目运算符,例如,+、>;一些可以应用于三操作数运算的运算符叫三目运算符,例如,?:。

单目运算符有++、--等,单目运算表达式的语法格式为

```
operator   variableName  或  variableName operator
前置运算符  变量名           变量名      后置运算符
```

双目运算符有+、-、*、/、%、!、&&、||、>、<、>=、<=、==、!=、&、|、^、~、>>、<<、=、+=、-=、*=、/=、%=等,双目运算表达式的语法格式为

```
variableName1 operator variableName2[expression, operator_number]
  变量名1        运算符   变量名2        [或表达式,操作数等]
```

三目运算符只有?:,表达式的语法格式为

```
variableName = (condition)? expression1: expression2
  变量名          条件          表达式 1       表达式 2
```

说明：当条件成立(condition = = true)时,变量 variableName 内容等于表达式 expression1 的值；当条件不成立(condition==false)时,变量 variableName 内容等于表达式 expression2 的值。?:语法格式等同于下面的 if…else 语句：

```
if(condition)
  variableName = expression1;      //条件为真时,变量被赋 expression1 值
else
  variableName = expression2;      //条件为假时,变量被赋 expression2 值
```

在表达式中,任何一个变量或表达式都有一个确切的类型,类型决定变量可能的取值范围及对变量允许的操作,与变量类型不匹配的操作可能会导致程序出错。变量类型可以是整型、实型、字符型以及扩展型等任意一种数据类型。

C51 表达式中的运算符都有其使用原则,其原则是基于运算操作的,例如,算术运算符完成算术运算、逻辑运算符完成逻辑运算、关系运算符所得结果为真(1)或假(0)等,因此,在编写表达式之前需要确认使用运算符的正确性。

4.5 C51 程序流控制语句

C51 程序流控制语句是用来控制程序走向的。在 C51 程序中通过流控制语句执行一段程序流,程序流可以由单一语句(例如,表达式等)或复合语句组成,每条完整语句的结束是以分号为标志的。

C51 程序流控制主要分为两部分：分支(选择)和循环控制语句。语句所使用的关键字包括如下几种。

- 分支结构控制关键字：if…else、switch…case。
- 循环结构控制关键字：for、while、do…while。
- 控制分支和循环程序流执行方向的辅助关键字：break、return、continue 等。

4.5.1 分支结构语句

分支结构程序设计提供了一种控制机制,使得程序的执行可以跳过一些语句不执行,而转去执行另一些语句。"分支"是由条件控制的,"条件"是由逻辑或关系表达式组成的,逻辑或关系表达式运算的结果"真"和"假"决定程序执行的方向。

1. if…else 分支结构

if…else 语句使用的语法格式为

```
if(condition - expression){ //根据表达式 condition - expression 的结果决定执行的语句
```

```
  statements1;              //condition - expression == true,执行 statements1 程序
}
[else {                     //否则语句,else 语句是可选项
  statements2;              //condition - expression == false,执行 statements2 程序
}]
```

if…else 语句的功能是根据判定条件真假执行两种操作中的一种,条件表达式 condition-expression 是任意一个返回"真"或"假"的表达式。如果为"真",则程序执行 statements1 语句,否则执行 statements2 语句。语句 statements1 和 statements2 可为单一语句,也可为复合语句,复合语句需要用大括号{}括起来,{}外面不加分号。

else 子句是可选项语句,else 子句不能单独作为语句使用,需要和 if 配对使用,else 总是与离它最近的 if 配对,可以通过使用大括号{}来改变 if…else 的配对关系。

使用 if…else 语句的原则是:尽可能在 if 的条件表达式内使其出现为"真"的概率大,可以人为判断事件,这样做是避免执行 else 以及 else 内嵌套的 if…else 语句,提高程序执行效率。另外,在 if 条件表达式内尽可能避免使用否定表达式。

2. switch…case 分支结构

switch…case(多分支或开关)语句使用的语法格式为

```
switch(expression){
  case expression_Value1:              //常量表达式
    one or more statements1;           //一条语句或多条语句
    break;
  [case expression_ValueN:
    one or more statemendN;
    break; ]
  [default:
    one or more defaultStatement; ]
}                                      //switch 语句结束,终止作用域
```

switch…case 语句的功能是根据表达式 expression 的值迅速执行程序的不同部分。switch 语句的作用域是该语句后的大括号{},在大括号中的语句都与 switch 有关,它们属于 switch 语句。switch 语句根据表达式 expression 的值来确定执行多个操作中的一个,表达式 expression 的值可能是任意一个基本数据类型的数值,switch 语句把表达式运算的数值与每一个 case 子句中的数值相比较,如果匹配成功,即表达式所得结果等于 case 子句中的数值,则执行该 case 子句后面的语句序列。

case 子句中的数值 expression_ValueN 是一个常量,而且所有 case 子句中的常量数值都是不相同的。default 子句是任选项,当表达式的数值与任何一个 case 子句中的数值都不匹配时,程序执行 default 后面的语句;如果表达式的数值与任何一个 case 子句中的数值都不匹配并且没有 default 子句,则程序不进行任何操作,而是直接跳出 switch 语句的作用域。case 子句只起到一个标号作用,用来查找匹配的入口点,从此处开始执行程序,对后面的 case 子句不再进行匹配,而是直接执行 case 后的语句序列,因此应在每个 case 分支后用 break 语句终止后面 case 分支语句的执行。在一些特殊情况下,多个不同的 case 数值要执

行一组相同的操作,这时可以不用 break 语句。case 分支中包括多个执行语句时,可以不用大括号{}括起来。

break 语句用来在执行完一个 case 分支后,使程序跳出 switch 语句的作用域,即终止 switch 语句执行。

另外,switch 语句的功能可以用简单的 if…else 语句来实现,但在某些情况下,使 switch 语句更为简练,可读性强,而且提高了程序执行的效率。

4.5.2 循环结构语句

C51 体系提供的循环语句有 for、while 和 do…while 语句,循环语句的作用是反复执行一段代码,直到满足终止循环的条件为止。一个循环一般应包括 4 部分内容。

初始化部分(initialization):用来设置循环的一些初始条件,例如,计数器初始值设置为 0 等;

循环体部分(body):反复循环执行的一段代码,可以是单一语句,也可以是复合语句;

迭代部分(iteration):在当前循环结束、下一次循环开始时执行的语句,该语句常常用来使计数器完成加 1 或减 1 的操作等;

终止部分(termination_condition):通常是一个条件表达式,每一次循环时要对该表达式求值,以验证是否满足循环终止条件。

1. for 循环结构

for 语句使用的语法格式为

```
for(initialization; termination_condition; iteration){
    初始值                    终止条件                迭代部分
  body;                                          //循环体语句
}
```

for 语句的功能是执行循环体语句 N 次,N 由表达式 initialization(初始值)和 termination_condition(终止条件)和 iteration(迭代部分)的数值决定。for 语句通常用在循环次数确定的情况下,但也可根据循环结束条件执行循环次数不确定的情况。

for 语句的执行过程为:首先执行初始化操作,然后判断终止条件是否满足,如果满足循环条件,则执行循环体中语句,最后执行迭代部分;每完成一次循环,重新判断终止条件,如果满足终止条件,则退出 for 循环语句。for 循环语句可以嵌套使用。

for 语句的作用域是该语句后的大括号{},在大括号中的语句都是循环体语句,如果 for 语句后没有大括号{},那么 for 语句的循环体最多只能有一条语句。在 for 语句初始化部分中可以声明变量,但该变量的作用域(操作该变量)只是在整个 for 语句确定的作用域中。

另外,在 for 语句中,初始化、终止条件及迭代部分都可为空语句,但分号不能省。三者均为空时,相当于一个无限循环。下面是无限循环 for 语句的语法格式:

```
for(;;)  或  for(;true;)   //无限循环 for 语句
```

2. while 循环结构

while 语句使用的语法格式为

```
[initialization]                //初始值
while(termination_condition){   //终止条件
  body;                         //循环体语句
  [iteration; ]                 //迭代语句
}
```

while 语句的功能是执行循环体语句 N 次，N 由表达式 termination_condition(终止条件)的数值决定。

while 语句的执行过程为：首先计算终止条件，当终止条件为“真”时，执行循环体中的语句，否则退出 while 循环语句。while 语句的作用域是该语句后的大括号{}，在大括号中的语句都是循环体语句。当最初终止条件为“假”时，while 循环体中的语句将不被执行。

while 语句的初始化部分和迭代部分是任选项，初始化部分在 while 语句作用域外，迭代部分在 while 循环体内。

另外，while 语句也可以实现无限循环。下面是无限循环 while 语句语法格式：

```
while(true){                    //while 无限循环
  body;                         //循环体语句
}
```

3. do…while 循环结构

do…while 语句使用的语法格式为

```
[initialization]                //初始值
do {
  body;                         //循环体语句
  [iteration; ]                 //迭代语句
} while(termination_condition); //终止条件
```

do…while 语句的功能是执行循环体语句 N 次，N 由表达式 termination_condition(终止条件)的数值决定。

do…while 语句的执行过程为：首先执行循环体内的语句，然后计算终止条件，当条件为“真”时，继续执行循环体中的语句，否则退出 do…while 循环语句。do…while 语句的作用域是 do 语句后的大括号{}，在大括号中的语句都是循环体语句，do…while 循环体中的语句至少被执行一次。

do…while 语句的初始化部分和迭代部分是任选项，初始化部分在 do…while 语句作用域外，迭代部分在 do…while 循环体内。当终止条件为“真”永不改变时，do…while 为无限循环语句。

4.5.3 辅助流控制语句

C51 体系提供了一些辅助控制分支和循环程序流执行方向的语句，例如，break、

continue、return 等语句，break 语句可以从 switch…case 分支结构中跳出，以及从循环体中跳出；continue 语句可以跳过(不执行)循环体中的一些语句，或者退出循环体；return 语句是函数体的返回语句，主要应用于函数体中，但也可以辅助控制分支或循环程序流的执行，即可以中断分支或循环体。

1. break 语句

break 语句使用的语法格式为

```
break[BlockLabel];                //BlockLabel 为标号
…;
BlockLabel:                       //BlockLabel 标号指出的程序代码段
  codeBlock                       //程序代码
```

break 语句的功能是停止执行一些语句而转向执行另一些语句，break 语句主要用于跳出 switch 语句或循环语句的作用域，即不再执行 switch 语句或循环体中的语句。break 关键字后可跟标号，由于循环体可以嵌套，即实现多重循环，因此，标号用于指示跳出哪个循环体，如果跳出当前循环体，则不需要标号。

2. continue 语句

continue(继续)语句使用的语法格式为

```
continue;
continue Label;
```

continue 语句是使用在循环语句中的，其功能是用来结束本次循环，跳过循环体中一些未执行的语句，接着进行终止条件的判断，以决定是否继续循环，或者跳到 Label 标号处继续执行一些语句。对于 for 语句，在进行终止条件判断之前，还要先执行迭代语句，用 continue Label 语句可以跳转到{}大括号指明的外层循环中。Label 是一个程序语句的标号。

3. return 语句

return(返回语句)语句使用的语法格式为

```
return [expression];
```

return 语句的功能是从当前函数中退出，返回到调用该函数的语句处，继续程序的执行，表达式 expression 是 return 语句指示的返回值。当函数声明使用 void 返回类型时，return 语句没有返回值，void 类型的函数也可以省略 return 语句。当调用函数需要返回值时，表达式 expression 的数值返回给调用该函数的语句。返回值的数据类型需要与函数声明中的返回值类型一致，也可以使用强制类型转换来使类型一致。

return 语句通常用在一个函数体的最后，以退出该函数并返回一个值。在 C51 语言程序中，单独的 return 语句用在一个函数体的中间时，可能会产生编译警告错误，因为这时可能会有一些语句执行不到，但是可以通过把 return 语句嵌入到某些语句(例如，if…else)中来使程序在未执行完函数中的所有语句时而退出函数。

4.6　C51 函数

在 C51 语言程序中，通过函数来定义一些操作，例如，表达式的运算、程序执行分支的控制等，除定义全局常量、变量外，其他操作(包括定义局部变量)都是在函数中实现的。

函数允许程序设计者模块化一个程序，用函数模块化一个程序可使得程序开发更好管理并且开发出的软件可以重复利用，同时也会避免程序中的重复代码。

4.6.1　普通函数

在 C51 程序中声明(定义)普通函数的语法格式为

```
ReturnType functionName([parameterList]){
返回类型      函数名          形参列表
  …;                                  //函数体：包括声明变量和 C51 操作语句
}                                     //大括号{}内是函数的作用域
```

ReturnType 为声明(定义)函数的返回类型，普通函数都需要确定一种返回类型，返回类型可以是基本数据类型，或者是扩展数据类型。如果一个函数不返回任何值时，它应该有一个 void 的返回类型声明，C51 关键字 void 指明该函数是没有返回值的返回类型。

具有明确返回类型的函数一定要有带参数的 return 语句，return 语句后跟的返回值(表达式所得结果)类型要与声明函数返回类型 ReturnType 相同。当函数返回类型是 void 时，可以省略 return 语句。

functionName 是为函数确定的名字，它是一个标识符，需要符合标识符的自定义规则，在一个 C51 应用程序中定义的函数不可重名。

parameterList 为函数的输入形式参数列表，其作用是提供了函数间交换信息的手段。参数列表为函数指定输入参数，它由类型声明和参数名组成，参数名之间由逗号分开，其作用域为函数体内部，即仅在函数域中有效。声明的函数无输入参数时，则参数列表为空。

普通函数被激活(执行)是通过在其他函数内的调用实现的，执行函数操作需要指定函数名和为被调用的函数提供输入参数信息等，被调用函数中的代码将被执行。其 C51 语句语法格式为

```
ReturnType otherFunctionName([parameterList]) {
  [ ReturnValue = ] functionName([parameters]);
     返回值              执行 functionName()函数
  …;                                  //其他 C51 操作语句
}
```

4.6.2　main()函数

在 C51 程序中声明(定义)main()函数的语法格式为

```
void main(void){
    …;                                  //需要首先被执行的程序段
}
```

main()函数的性质同普通函数，但有其特殊性，"main"应该视为C51语言的一个关键字。在编写C51程序中一定需要声明(定义)一个main()函数，该函数的特殊作用是C51应用程序从main()函数处开始执行，main关键字的含义是根据单片机的型号指明main()函数中的指令代码存放的位置(地方)，即C51语言程序编译后产生的程序指令代码从单片机开始执行指令的存储器地址处开始存放。

作为程序开始执行的函数，main()函数没有返回值，也没有输入参数。因此，返回类型和输入参数均声明为void，同时main()函数也不需要通过在其他函数的调用被执行。只要存放main()函数指令代码的存储器位置是单片机开机执行代码的存储器地址时，main()函数开机后将被执行。

另外，一些C51开发环境提供了某些单片机的"程序启动代码(startup.a51等)"，该代码与单片机的机型(型号)有关，其功能主要是完成单片机的初始化工作，C51编译器将"程序启动代码"与C51程序一同编译和链接形成控制单片机运行的指令代码，但是C51程序同样需要定义main()函数，声明C51应用程序开始执行处，为"程序启动代码"指明C51应用程序执行的入口函数，"程序启动代码"完成单片机的初始化后将调用main()函数。

4.6.3 中断函数

依据单片机的中断特性，在C51程序中声明(定义)中断函数的语法格式为

```
void interruptFunctionName (void) interrupt n [using m]{
          中断函数名                  关键字        关键字
    …;                              //中断处理程序
}
```

interruptFunctionName为中断函数的名字，是一个标识符，需要符合标识符的自定义规则，在一个C51应用程序中定义的中断函数不可重名。

中断函数的指令代码依据单片机的型号被存放在存储器的特定位置。中断函数的执行不是通过其他函数的调用来实现的，它是由单片机硬件中断系统直接调用的(中断向量指明跳转执行中断函数)，因此，中断函数的返回类型和输入参数均声明为void。

关键字interrupt后跟的"n"为单片机中断源的编号，被称为"中断号"，C51编译器允许值为0～31，该编号与单片机系统中每个硬件中断源的编号是一致的。

关键字using是可选项，其作用是在执行中断函数代码时，指定CPU使用的寄存器组，using后跟的"m"为单片机系统中同CPU配合工作的寄存器组的编号，一般51单片机有4组寄存器组，m的取值为0～3。在C51应用程序中使用多个中断并有中断嵌套时，最好每个中断函数使用不同的寄存器组。

4.6.4　C51 函数库

51 单片机为使用 C51 语言设计、开发应用程序提供了丰富的函数库。库中的函数是基于单片机自身特点而编写的，其调用格式以及输入参数、返回值等信息是与单片机 CPU、RAM、ROM、I/O 等体系结构相关的。同时，在 C51 函数库中的每个函数都在相应的头文件（*.h）中给出了函数的原型声明，表明了函数名以及函数的输入参数、返回值等信息。另外，头文件中还定义了一些与单片机 CPU、存储器、接口等相关的标识符和常量。因此，在使用 C51 函数库的函数时，需要了解单片机硬件和与之对应的函数库的使用方法。

C51 函数库多数集成在 51 单片机软件集成开发环境中，例如，Keil C51 等，这些函数库多数是由 51 单片机芯片生产厂商提供的。C51 函数库是与芯片型号相对应的，并作为外部（extern）函数被调用。因此，在集成开发环境中编写和开发 C51 应用程序需要使用 C51 函数库中的函数时，首先，需要选择（确定）51 单片机的芯片型号，确保正确地调用 C51 函数库中的操作函数；其次，在 C51 源程序代码的开始处需要使用预处理命令 #include，引入（包含进来）与 C51 函数库相关的头文件（*.h），头文件中指明了需要使用的与单片机型号对应的外部函数，其语法格式为

```
#include < functionLibName.h >
预处理命令        函数库名
```

基础的、兼容的 51 单片机使用的 C51 函数库中部分函数如表 4-8 所示。

表 4-8　C51 基础函数库中部分函数表

函　数　库	头文件	函　数　名	功 能 说 明
标准函数	stdlib.h	int atoi(void * string)	将字符串 string 转换成整型数值
		long atol(void * string)	将字符串 string 转换成长整型数值
		float atof(void * string)	将字符串 string 转换成浮点数值
输入/输出函数	stdio.h	char _getkey(void)	从串口读入一个字符
		char putchar(char c)	从串口输出一个字符
		int printf(const …)	通过串口输出数值或字符串
字符函数	ctype.h	bit isalpha(char c)	检查参数字符是否为英文字母
		char toint(char c)	将 ASCII 字符转换为十六进制数
		char tolower(char c)	将大写字母转换成小写字母
数学函数	math.h	int abs(int i)	计算并返回整数的绝对值
		float exp(float i)	计算并返回以 e 为底的幂
		float sqrt(float i)	计算并返回正平方根
		int rand()	返回 0～32 767 的随机数
		float sin(float i)	计算并返回正弦值
		float asin(float i)	计算并返回反正弦值
内部函数	intrins.h	char _crol_(char var,char n)	将 var 变量中数值循环左移 n 位
		char _cror_(char var,char n)	将 var 变量中数值循环右移 n 位
		void _nop_(void)	延时函数

4.7 C51语言与汇编语言混合编程

应用C51语言程序完全可以控制51单片机的正常工作，但有时也会使用汇编语言与C51语言混合编程，例如，有些特殊情况：提高程序执行速度、安排中断向量地址、管理存储器或接口地址、特殊设计使用C51指针访问不到等情况，则需要使用汇编语言编写程序代码。

C51语言与汇编语言混合编程有两种模式：一种是将汇编指令嵌入C51函数中；另一种是将汇编语言程序段作为外部函数。在C51程序中的引用等同于调用C51的外部库函数。

4.7.1 C51函数嵌入汇编指令

使用C51编译器预处理命令＃pragma可以将汇编指令嵌入C51函数中，语法格式为

```
ReturnType functionName([parameterList]) {    //C51函数
   …;                                          //其他C51语句
   #pragma asm                                 //指示以下为汇编程序
   … (Assembly code);                          //汇编指令
   #pragma endasm                              //汇编程序结束
   …;                                          //其他C51语句
}
```

＃pragma asm和＃pragma endasm语句通知C51编译器在两语句之间为汇编指令代码，在编译之前需要了解C51编译器对混合编程设置要求等，确保编译的正确性。

4.7.2 汇编程序作为外部函数被引用

将汇编语言程序作为C51程序的外部函数，需要遵守C51程序调用外部函数的要求，其汇编程序编写格式为

```
PUBLIC ASMFUNCTION;                  //声明公共函数名
ASMFUNCTION SEGMENT CODE             //指明在程序存储区中定义函数
RSEG SEG_ASMFUNCTION                 //指示代码可存放的位置
ASMFUNCTION:                         //汇编函数入口标号
… (Assembly code);                   //汇编指令
END                                  //汇编结束
```

在C51程序调用汇编函数ASMFUNCTION的语法格式为

```
#include <regXX.h>
extern void ASMFUNCTION(void);       //声明ASMFUNCTION为外部函数
   …;
functionName(){                      //C51函数
   ASMFUNCTION();                    //调用ASMFUNCTION汇编函数
```

```
    …;
}
```

汇编程序作为C51程序的外部函数，其重点是参数的传入和函数的返回值。C51编译器规范了详细的接口规则，但不同的C51集成开发环境中的编译器是有差异的。因此，在编写汇编函数时，需要了解编译环境确定的函数之间参数传递的规则。

4.7.3　51单片机混合编程示例

C51语言程序代码如下：

```
#include <reg51.h>
extern void DELAY(void);                    //声明DELAY延时函数为外部函数
void main(void){
  DELAY();                                  //调用DELAY()汇编函数
}
```

汇编语言程序代码如下：

```
PUBLIC DELAY
DELAY SEGMENT CODE
RSEG SEG_DELAY
DELAY:                                      //CPU延时操作
  MOV R2,#0H
  DJNZ R2,$
  RET
END
```

第 5 章

嵌入式系统软件开发与调试

由 51 单片机组成的微型计算机系统常被嵌入到其他设备中辅助其应用，该系统被称为嵌入式系统。当 51 单片机电子线路设计无误后，其后续工作将是为嵌入式系统编写控制软件。本章将介绍嵌入式系统软件开发与调试的集成环境 Keil 工具，Keil 具备了汇编语言、C51、ARM C 语言源程序的编辑、编译、连接、调试、模拟执行等功能。

5.1 Keil 开发环境简介

Keil 是 Keil Software 公司出品的针对使用汇编、C51、ARM C 等语言控制、管理 Intel 51、ARM 等系列单片机的集成编辑、编译、连接、调试、模拟运行的软件开发平台。

5.1.1 Keil 开发环境主要功能

Keil 是应用于 Windows 的窗口交互式的集成开发环境(IDE)，其主要功能如下。

(1) 编辑——通过编辑窗口实现汇编(*.asm)或 C51 语言(*.c)代码的输入和修改。

(2) 编译——C51 或 A51 编译器对源文件代码编译生成目标文件 *.obj。

(3) 连接——BL51 定位连接器将目标文件生成绝对目标文件 *.abs。

(4) 转换——OH51 转换器将绝对目标文件转换标准的机器代码格式文件 *.hex。

(5) 模拟——dScope51 调试器和模拟器可针对源级或机器代码动态调试、模拟运行。

(6) 管理——Keil 以工程(project)项目的形式管理所开发的应用程序。

5.1.2 Keil 开发应用程序流程

使用 Keil 集成开发环境开发 51 单片机应用程序流程如下。

(1) 创建一个工程项目文件，有关应用程序的所有文档都包含在该工程中。

(2) 选择 51 单片机芯片型号，应用程序是针对该型号的单片机开发的。

(3) 设置工程选项，使其符合应用程序开发要求。

(4) 根据应用程序需求，选择添加单片机启动代码、管理系统等到工程项目中。

(5) 创建源程序文件，输入编辑源程序文件，并添加到当前工程项目组中。

（6）编译源程序文件，修改编译错误。

（7）单步或连续模拟运行调试应用程序，通过调试窗口观察应用程序运行结果。

（8）应用程序运行结果正确，Keil 生成的 *.hex 即是写入单片机程序存储区的文档。

5.1.3　Keil 开发环境界面

Keil 应用于 Windows 操作系统的软件 Keil μVision 启动后其窗口界面如图 5-1 所示，Keil 集成环境主菜单项有 File(文件)、View(视图)、Project(项目)、Flash(下载)、Debug(调试)、Peripherals(外围设备)、Tools(工具)、SVCS(版本控制)、Window(窗口管理)、Help(帮助)等，Keil 的主要功能都可以从主菜单中引用，但为更加方便、快捷，主菜单下设有快捷操作按钮工具栏，工程项目中有右键菜单。

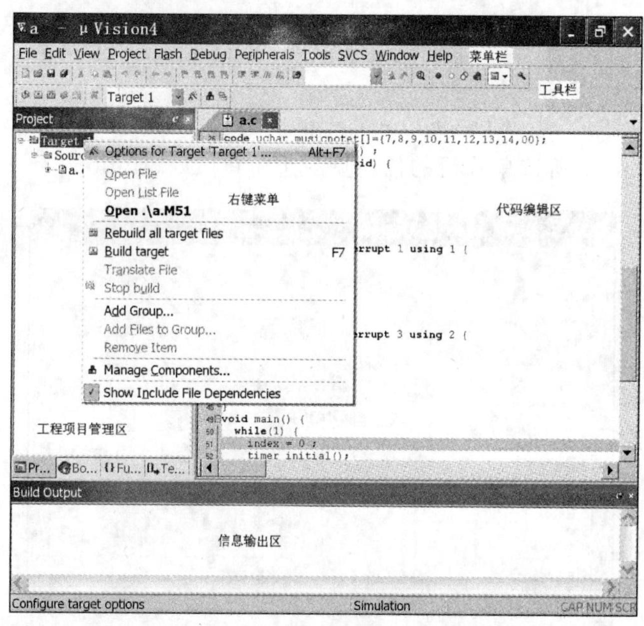

图 5-1　Keil 集成环境窗口界面图

5.2　在 Keil 环境中开发应用程序

视频讲解

在 Keil 中开发应用程序是以工程项目为单元的，首先需要创建一个针对某款单片机型号的工程项目，其次在工程项目中添加应用程序代码，最后编译输出可执行代码。

5.2.1　在 Keil 环境中创建工程项目

在 Keil 环境中可以创建多个工程项目(Target)，每个项目可以创建(包含)多个源文件组(Source Group),每个源文件组中可以添加多个应用程序源代码文件,创建一个工程项目(包含一个源文件组)并在一个源文件组中添加应用程序源代码的操作步骤如下。

(1) 选择 Keil 主菜单 Project 中的 New μVision Project 菜单项。

(2) 在弹出的如图 5-2 所示的 Create New Project 对话框中为工程项目命名,并保存为工程项目文件。

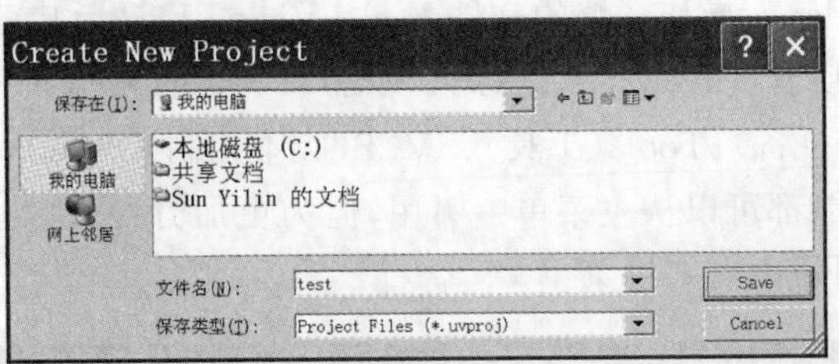

图 5-2 创建新的工程项目界面图

(3) 在后续弹出的“Select Device for Target…”对话框中选择一款单片机型号(或兼容型号),如图 5-3 所示,对所选单片机的描述见右边窗口(Description)。

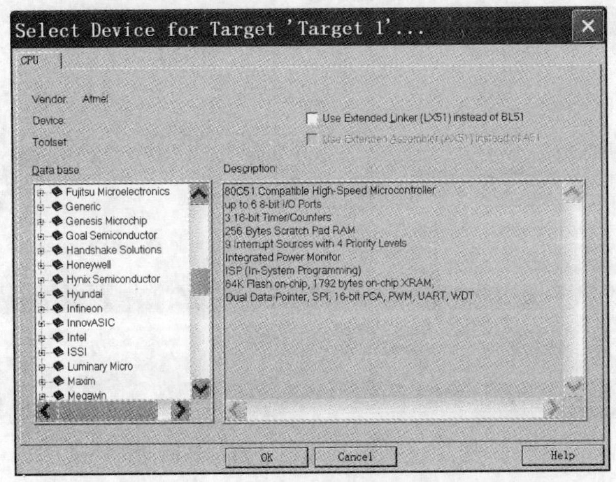

图 5-3 选择单片机型号对话框

(4) 单击“Select Device for Target…”对话框中的 OK 按钮,Keil μVision 将会自动为所选择单片机添加合适的、标准的启动代码,弹出如图 5-4 所示的对话框——提示是否将该机型的启动代码添加到工程项目中。

图 5-4 选择添加单片机启动代码

(5) 在工程项目中需要使用单片机的启动代码时，则单击 Yes 按钮，但要对该启动代码的初始化工作有所了解，通常该段代码以汇编语言形式(例如，针对 51 单片机文件名为 STARTUP. A51)被添加到工程项目中。

(6) 将应用程序源代码文件添加到工程项目源程序组(Source Group)中，在 Project 中 Source Group 1 的右键快捷菜单中选择"Add Files to Group…"菜单项，如图 5-5 所示。

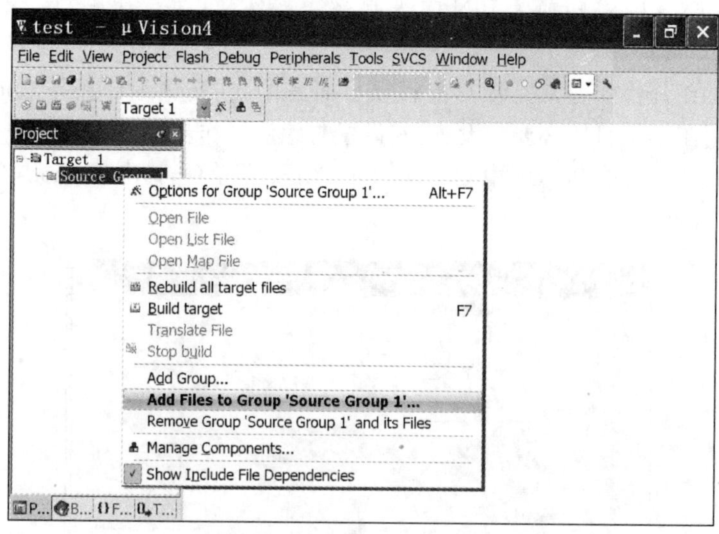

图 5-5　添加应用程序源代码文件

(7) 在如图 5-6 所示的"Add Files to Group…"对话框中，选择汇编语言(*.s*、*.a*)或 C51 语言(*.c)的应用程序源代码文件添加到工程项目中。

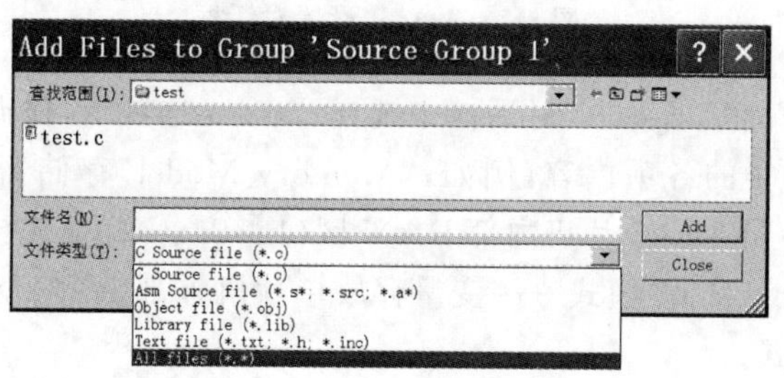

图 5-6　选择汇编或 C51 源文件

(8) 如果 C51 语言程序中有自定义(非 Keil 集成环境提供)的头文件(*.h)，则需要将之添加到工程项目中，当应用程序所需所有文件都添加到工程项目后，针对某一款单片机的工程项目创建完毕。

5.2.2　在 Keil 环境中编译工程项目

Keil 环境集成了多款编译器，面向、支持 Intel 51、ARM 系列单片机的汇编语言和 C51、

ARM C 语言程序源代码实施编译操作，将程序源代码转换为单片机的可执行代码（BIN 二进制代码）。Keil 集成环境的编译操作分为两步：一是将程序源代码编译为目标代码（OBJ）；二是由连接器将目标代码连接为可执行代码，一般情况输出要求为 HEX 格式文件（*.hex），该格式文件是 Intel 公司制定的，它是由十六进制数组成的机器码或数据常量文件，多数单片机系统仿真器使用、支持 HEX 文件格式实施仿真操作，HEX 格式文件可经由转换器（HEX→BIN）转换为 BIN 二进制格式文件（可执行代码）后写入单片机程序存储区。

Keil 环境的编译操作通常是针对工程项目而言的，在实施编译操作之前，应根据单片机型号等参数对工程项目做必要的设置，其设置与编译操作步骤如下。

（1）选择 Keil 主菜单 Project 中 Options for Target 菜单项，弹出“Options for Target…”对话框，如图 5-7 所示。

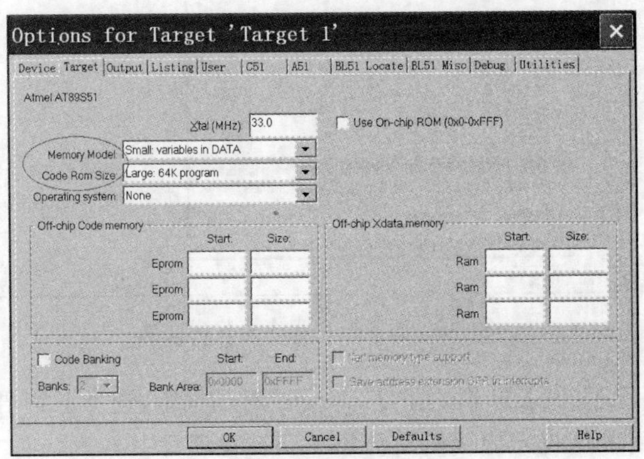

图 5-7 Target 设置对话框

（2）在“Options for Target…”对话框中选择 Target 选项卡，根据实际开发的单片机系统设置 Target 选项卡中的各项内容，例如，“Memory Model”存储器模式设置中有 3 个选择：Small 模式——变量存放单片机内部 RAM 区（128B）、Compact 模式——变量存放单片机外部 RAM 区（256B）、large 模式——变量存放单片机外部 RAM 区（64KB），依据硬件情况选择一个存储器模式。

（3）在“Options for Target…”对话框中选择 Output 选项卡，如图 5-8 所示，设置编译连接后输出 HEX 格式文件，选中“Create HEX File”复选框，另外，在该选项卡中通过单击 Select Folder for Objects 按钮可以设置输出文档的存放目录。

（4）如果在编译和连接时有特殊要求，或使用其他编译器和连接器，可通过“Options for Target…”对话框中的 C51、A51、BL51 等选项卡完成设置。

（5）编译连接设置符合单片机系统要求后，选择 Keil 主菜单的 Project→Build target 菜单项（工具栏中有编译快捷按钮或 F7 键），也可以选择 Rebuild all target files 菜单项完成对整个工程项目的编译和连接。当编译连接出现错误时，错误信息输出到信息框中，提示

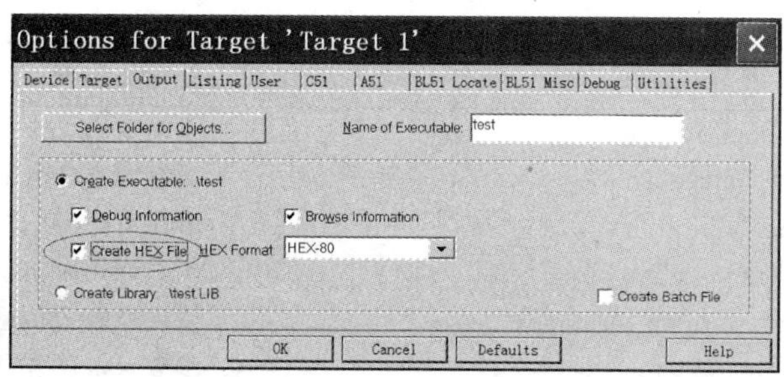

图 5-8　Output 选项卡

错误类型和行号，常见错误信息如表 5-1 所示；当编译连接无误时，在信息框中输出的信息如图 5-9 所示，完成对工程项目的编译和连接。

表 5-1　Keil 编译器常见编译错误列表

错误信息	错误说明
Argument list syntax error	参数表语法错误
Bad character in paramenters	参数中有不适当的字符
Bit field too large	位区域太长
Call of non-function	调用未定义的函数
Code has no effect	代码不可能被执行
Compound statement missing“{”	分程序漏掉“{”
Declaration syntax error	声明语法错误
Division by zero	除数为零
Expression syntax error	表达式语法错误
Function definition out of place	函数定义位置错误
Function should return a value	函数需要有返回值
Hexadecimal or octal constant too large	十六进制或八进制常数太大
Illegal initialization	非法的初始化
Illegal use of floating point	非法的浮点运算
Improper use of a typedef symbol	类型定义符号使用不恰当
In-line assembly not allowed	不允许使用行汇编
Incompatible storage class	存储类别不相容
Incompatible type conversion	不相容的类型转换
Incorrect number format	错误的数据格式
Invalid indirection	无效的间接操作
No declaration for function “xxx”	没有函数 xxx 声明
No stack	缺少堆栈
Not a valid expression format type	不合法的表达式格式
Not an allowed type	不允许使用的类型
Out of memory	内存不够用
Possibly incorrect assignment	赋值可能不正确

续表

错误信息	错误说明
Redeclaration of "xxx"	重复定义 xxx
Register allocation failure	寄存器寻址失败
Statement missing ";"	语句后缺少";"
Too few parameters in call	函数调用时实参数少于形参数
Too many error or warning messages	错误或警告信息太多
Type mismatch in parameter "xxx"	参数 xxx 类型不匹配
Undefined symbol "xxx"	没有定义的符号 xxx
Void functions may not return a value	Void 类型的函数没有返回值

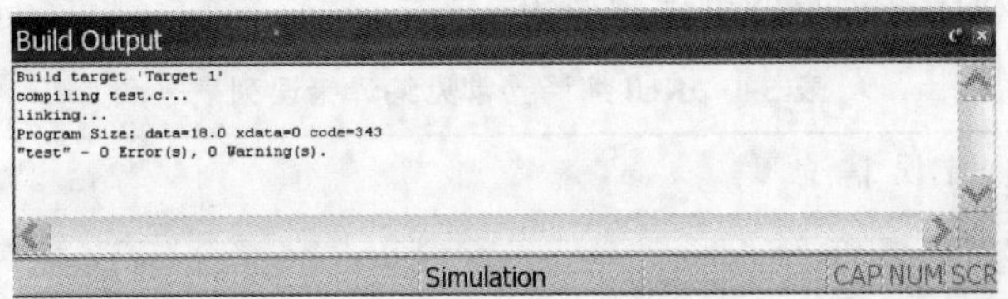

图 5-9 编译链接成功后的输出信息

5.3 在 Keil 环境中调试运行

一个工程项目在 Keil 环境中编译连接通过后，说明工程项目中源代码程序没有语句或语法等错误，但程序是否可实现预期结果则需要被执行后才能判断。Keil 环境提供了模拟连续或单步运行程序的功能，Keil 环境的各种调试窗口可观察到程序执行的结果，通过模拟运行程序可查找出程序运行时出现的错误，同时可返回程序源代码中加以修正。

5.3.1 Keil 环境调试前的设置

在 Keil 环境中模拟运行程序前需要完成必要的设置，首先根据单片机系统的实际工作频率设置模拟运行时使用的主频，单击 Keil 主菜单 Project→Options for Target 菜单项，在弹出的"Options for Target…"对话框中选择 Target 选项卡，在 Xtal(MHz)输入框中输入模拟运行时使用的主频，如图 5-7 所示；其次在"Options for Target…"对话框中选择 Debug 选项卡，如图 5-10 所示，依据实际单片机系统以及源程序情况(是否添加启动代码等)设置各个选项。

5.3.2 Keil 环境调试主界面

在 Keil 主菜单中选择 Debug→Start/Stop Debug Session 菜单项(快捷键 Ctrl+F5)进入程序模拟运行调试主界面，如图 5-11 所示。

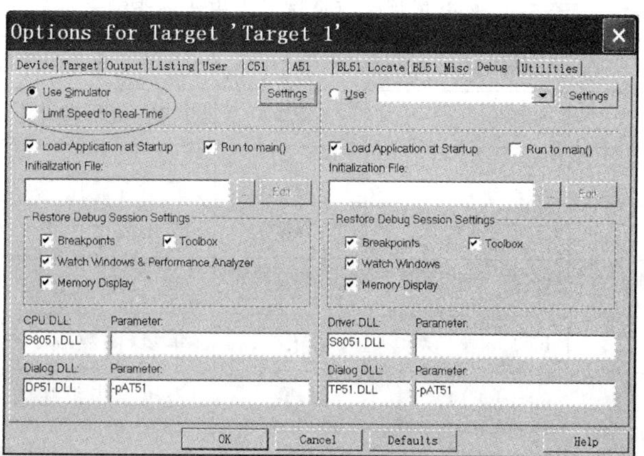

图 5-10 Debug 选项卡

图 5-11 Keil 环境调试主界面

在调试主界面中有调试操作按钮工具栏,方便调试操作;有源程序和反汇编程序代码窗口,方便观察程序将要执行的语句;有 CPU 寄存器窗口,方便查看寄存器内容;有源程序符号窗口,方便定位查找;有程序调用窗口,方便观察调用情况等。

5.3.3 Keil 环境调试操作

在 Keil 环境的模拟运行调试主界面中,其调试操作命令在 Keil 的主菜单 Debug 中,也可通过工具栏按钮或快捷键控制程序的运行以及在程序的运行途中设置断点等操作,Debug 菜单、工具栏主要按钮、快捷键的操作功能如表 5-2 所示。

表 5-2 Keil 模拟运行调试环境主要操作键表

Debug 菜单项	快 捷 键	按 钮 图 标	功 能 说 明
Reset CPU			CPU 执行程序复位
Run	F5		连续运行程序
Stop			停止运行程序
Step	F11		单步(每条指令)跟踪执行程序
Step Over	F10		单步(函数或子程序为 1 步)执行程序
Step Out	Ctrl+F11		退出单步跟踪执行程序
Run to Cursor Line	Ctrl+F10		程序执行到光标处
Show Next Statement			显示将要执行的下一条语句
Breakpoints…	Ctrl+B		显示设置断点对话框
Insert/Remove Breakpoint	F9		插入/消除断点
Enable/Disable Breakpoint	Ctrl+F9		断点有效/失效
Disable All Breakpoints			所有断点失效
Kill All Breakpoints	Ctrl+Shift+F9		解除所有断点

5.3.4 Keil 环境调试窗口

在 Keil 环境的调试界面中已经默认安排显示了一些调试窗口，通过在 Keil 主菜单中选择 Window→Reset View to Defaults 菜单项，可设置为默认显示位置，如图 5-11 所示，但这些调试窗口支持各种显示方式，任意安排窗口所显示的位置，方便观察。Keil 调试环境的所有调试窗口都可以通过选择 Keil 主菜单 View 中的菜单项打开，也可以通过工具栏按钮快速打开常用的、重要的调试窗口，调试窗口工具栏如图 5-12 所示。

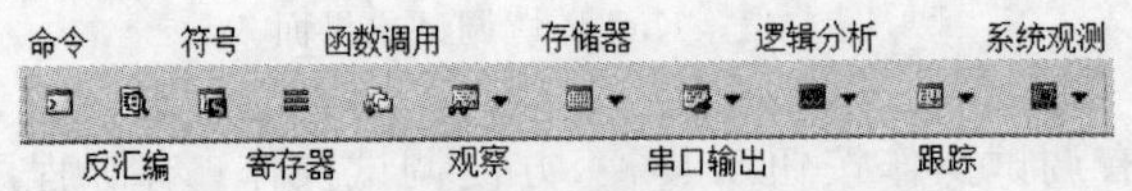

图 5-12 Keil 环境打开调试窗口工具栏

1. 符号浏览窗口 Symbol

在 Keil 调试环境主菜单中选择 View→Symbol Window 菜单项，可打开符号浏览窗口。该窗口显示工程项目中的各种符号名称，包括专有符号，用户自定义符号(函数名、变量名、标号)等，在 Name 显示的符号名处右击则弹出右键快捷菜单，通过相应命令可将该符号导出到其他需要观察的窗口中，如图 5-13 所示。

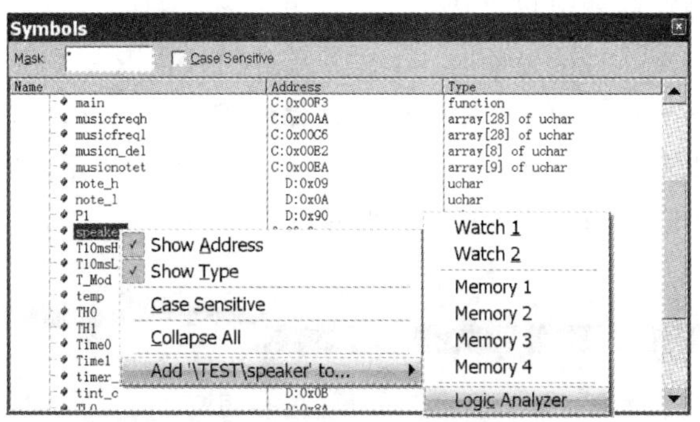

图 5-13　符号浏览显示窗口

2. CPU 寄存器窗口 Registers

在 Keil 调试环境主菜单中选择 View→Registers Window 菜单项，可打开 CPU 寄存器窗口，该窗口将动态显示程序运行时 CPU 寄存器某个时刻的内容，如图 5-14 所示。

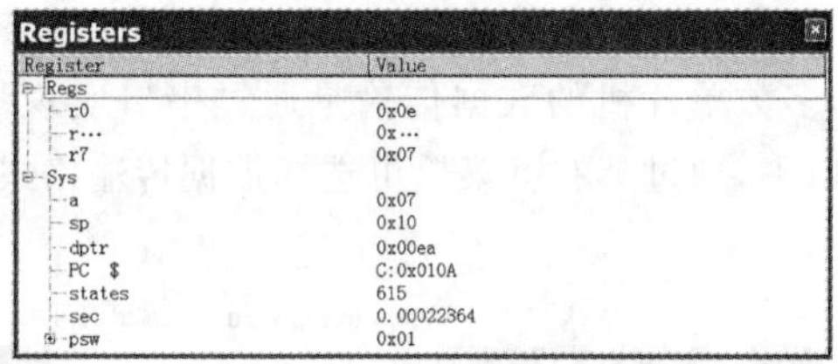

图 5-14　CPU 寄存器显示窗口

3. 观察窗口 Watch

在 Keil 调试环境中选择 View→Watch Windows→Watch1 菜单项，可打开观察窗口，在观察窗口中双击 Name 选项或按 F2 键可添加需要查看的变量等，在 Value 显示栏中动态显示程序运行时该变量某个时刻的内容，如图 5-15 所示。另外，右击 Name 栏中的内容弹出右键快捷菜单，通过 Number Base 项可设置数据显示格式，通过“Add… to…”项可将 Name 栏中的符号转送到其他显示窗口。

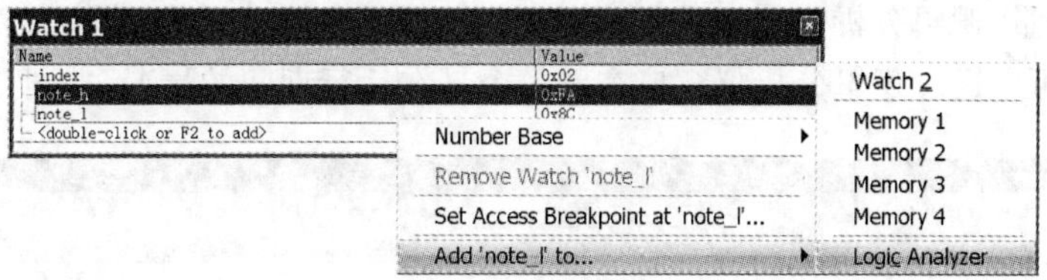

图 5-15　观察显示窗口

4. 存储器窗口 Memory

在 Keil 调试环境中选择，View→Memory Windows→Memory1 菜单项，可打开存储器窗口。Keil 调试环境提供 4 个存储器窗口，在存储器窗口的“Address：”输入框中输入“存储区代码：首地址”，则存储器窗口将从“首地址”开始逐一显示存储器中的内容，“存储区代码”有D(单片机片内RAM直接寻址区data)、I(单片机片内RAM间接寻址区idata)、X(单片机片外RAM数据区xdata)、C(单片机程序存储区ROM code)等，右击存储器窗口区数据则可以选择显示的数据格式，如图5-16所示。如果修改存储器内容，则双击数据区的数据(或选择右键菜单中的Modify项)实现数据修改。

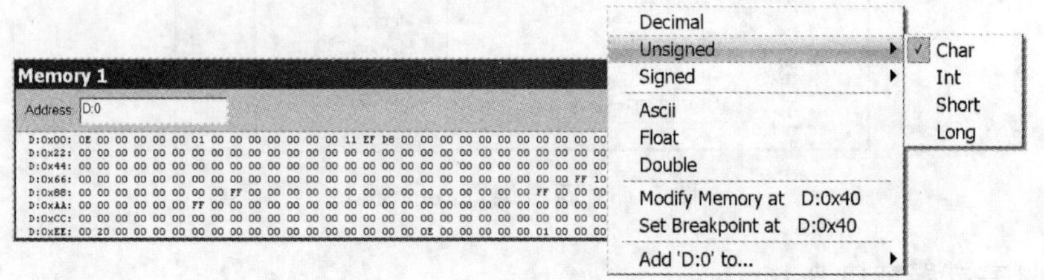

图5-16 存储器显示窗口

5. 串口模拟终端窗口Serial

在Keil调试环境中选择View→Serial Windows菜单项，可打开串口模拟终端窗口，显示通过串口传输的数据。另外，多数单片机的数据传输是通过串口实现的，C51语言函数printf()的输出内容则显示到该窗口中，通过其右键菜单可选择数据传输格式等，如图5-17所示。

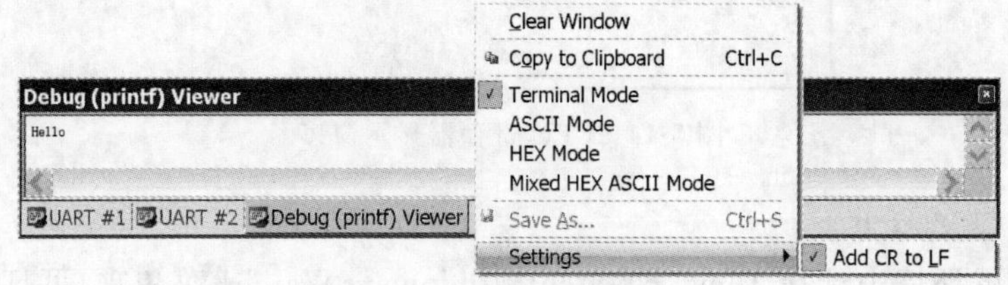

图5-17 串口输出显示窗口

6. 逻辑分析仪显示窗口Analysis

在Keil调试环境中选择View→Analysis Windows→Logic Analyzer菜单项，可打开逻辑分析仪窗口，在该窗口中通过单击Setup按钮输入需要分析和观察的量(符号名称)，或从其他窗口导入各种量，逻辑分析仪将记录程序运行期间所有时刻各个量的状态以及时序。在程序停止运行时，可以通过逻辑分析仪窗口查看各个量在运行期间的情况，如图5-18所示。

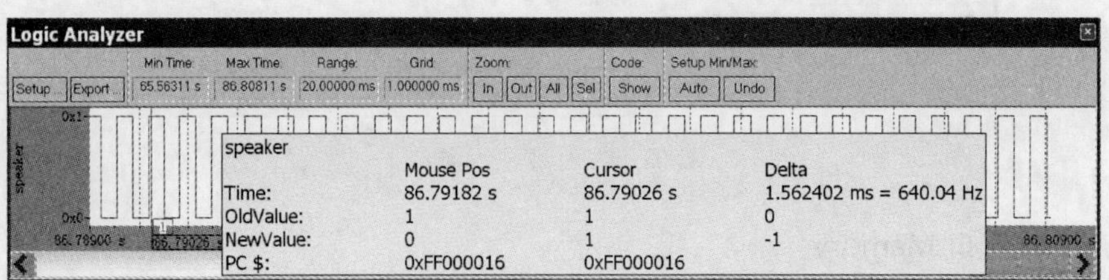

图5-18 逻辑分析仪显示窗口

5.3.5　Keil 调试环境中设置断点

在应用程序调试过程中，有时候不需要单步运行，观察每一条指令的运行结果，而是希望程序运行到某条指令后停止运行，观察程序运行到该指令处的运行结果，因此，需要在停止运行指令处设置断点，将光标移动到设置断点处，在 Keil 调试环境中选择 Debug→Insert/Remove Breakpoint 菜单项(或快捷键 F9)，实现插入断点，如图 5-19 所示。

test.c

```
void Time1(void) interrupt 3 using 2 {
  TR1 = 0;
  TL1 = T10msL;
  TH1 = T10msH;
  ic_tmp++;                    设置断点
  TR1 = 1;
}
void main() {
  while(1) {
    index = 0 ;                设置断点
    timer_initial();
    for(index=0; musicnotet[index]!=0 ;index++) {
```

图 5-19　在源程序中设置断点

在 Keil 调试环境中选择 Debug→Breakpoints 菜单项(或快捷键 Ctrl+B)，在弹出的断点(Breakpoints)对话框中可实现对断点的设置、删除等管理操作，如图 5-20 所示。

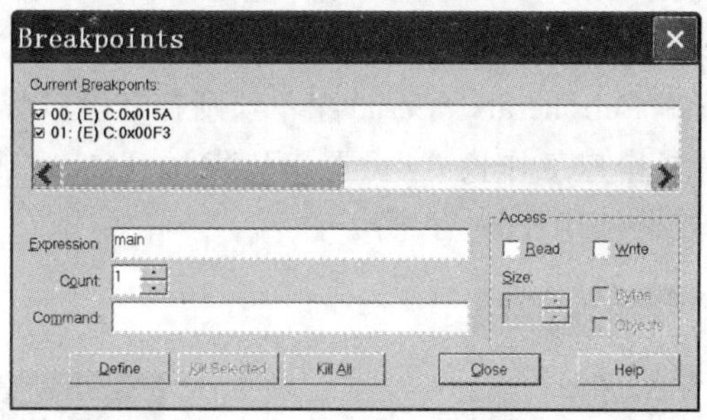

图 5-20　断点管理对话框

5.3.6　Keil 调试环境中可编程接口设备

在单片机系统中 CPU 外围一般配有多种可编程接口设备(外围设备)，使用汇编语言或 C51 语言编写的应用程序除指挥、控制 CPU 工作外，还可以通过 CPU 对外围设备实施控制或操作，标准的外围设备有输入/输出(I/O)、中断管理、定时器/计数器、串口等接口，在 Keil 环境处于调试状态时，这些外围设备都可以以独立窗口的形式打开。在 Keil 调试环境中选择 Peripherals 菜单中的 I/O-Ports、Interrupt、Timer、Serial 等菜单项打开对应的窗口，在应用程序调试运行过程中，通过窗口操作实现对可编程接口设备的控制。

1. 输入/输出并口控制窗口 Parallel Port

单片机系统一般有多个输入/输出并口，对于普通 51 单片机系统有 4 个并口(P0～P3)，在 Keil 调试环境中选择 Peripherals→I/O-Ports 菜单项，选择打开某个并口，如

图 5-21 所示(打开 P0 并口),通过该窗口可以控制某位为 1(√)或 0。

2. 中断控制窗口 Interrupt System

在 Keil 调试环境中选择 Peripherals→Interrupt 菜单项,打开中断管理、控制接口,如图 5-22 所示。当选择 Int0 中断源操作 EX0(√)项时,可实现该中断源的开中断操作。

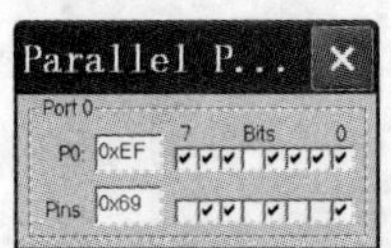

图 5-21 输入/输出并口控制窗口

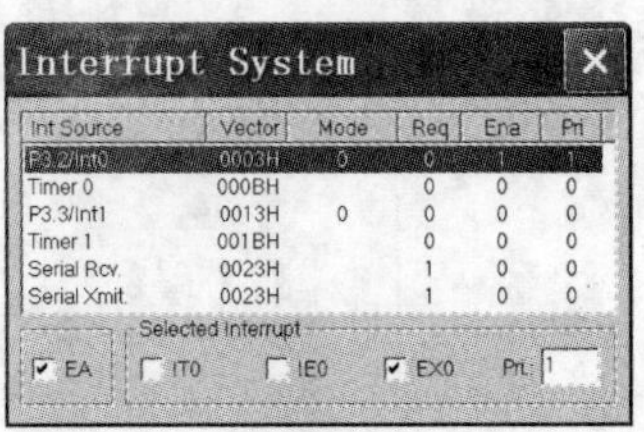

图 5-22 中断控制窗口

3. 定时器/计数器控制窗口 Timer/Counter

单片机系统一般有多个定时器/计数器,对于普通 51 单片机系统有 2 个定时器/计数器(T0、T1),在 Keil 调试环境中选择 Peripherals→Timer 菜单项,选择打开某个定时器/计数器接口设备,如图 5-23 所示(打开 T0),在该窗口中可以选择定时器/计数器的工作模式、设置定时器/计数器的初始值以及启动 TR0(√)或停止定时器/计数器等操作。

4. 串口控制窗口 Serial Channel

在 Keil 调试环境中选择 Peripherals→Serial 菜单项则打开串口管理、控制接口,如图 5-24 所示。在该窗口中可以选择串口工作模式、设置串口发送 TI(√)或接收 RI(√)中断等操作,以及观察串口传输的数据(SBUF 内容)等。

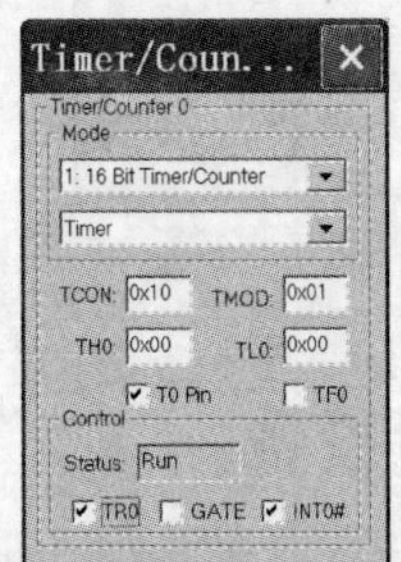

图 5-23 定时器/计数器控制窗口

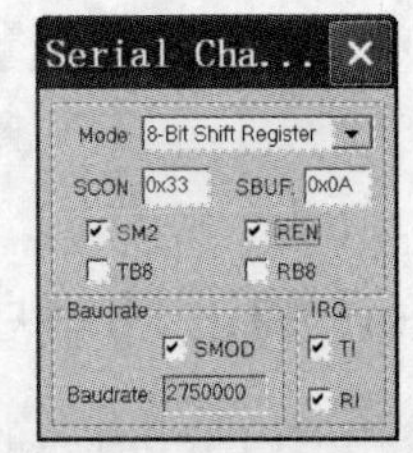

图 5-24 串口控制窗口

第 6 章

嵌入式系统的模拟仿真

Proteus 硬件设计环境提供了针对由单片机组成的电子系统(嵌入式系统)进行模拟仿真的功能,同时 Proteus 还可以与 Keil 软件开发环境联合模拟仿真和动态调试,因此,利用普通 PC 即可完成嵌入式系统的硬件设计、软件调试、系统仿真等功能,通过模拟仿真确保整个硬、软件系统逻辑的正确性。本章将介绍实现嵌入式系统的模拟仿真。

6.1 嵌入式系统在 Proteus 环境中模拟仿真

视频讲解

嵌入式系统仿真是建立在硬件系统环境基础上的。目前有各种形式的、针对不同型号微处理器的仿真器,而 Proteus 的模拟仿真是建立在嵌入式系统原理图基础上的,Proteus 为各种元器件建立了"虚拟系统模型"(Virtual System Model,VSM)以及"混合仿真模型"(Simulation Program with Integrated Circuit Emphasis,SPICE),在 VSM 和 SPICE 基础上设计的嵌入式系统实现了原理图级别的模拟仿真,即在没有实际硬件系统的情况下完成嵌入式系统的模拟仿真——软件仿真器。

6.1.1 在 Proteus 中模拟仿真前的准备工作

嵌入式系统在 Proteus 中需要模拟仿真时,首先在设计嵌入式系统原理图时注意选择元器件库中能够参与仿真的、VSM 或 SPICE 特性的元器件,以便保证嵌入式系统中任何模拟(Analogue Primitive)或数字(Digital Primitive)元器件的协同仿真;其次将控制单片机工作的应用程序机器代码导入 Proteus ISIS 环境中,使得单片机的工作由应用程序控制。

1. 电子元器件的选择

Proteus 环境建立了多种元器件的 VSM 和 SPICE 模型库,其中包括微控制器(单片机等)、标准电子元器件(三极管、二极管、电阻、电容等)、74 系列 TTL 和 4000 系列 CMOS 数字集成电路、存储器(RAM、ROM 等)、各种可编程接口器件(I/O 并口、串口等)、LED 和 LCD 显示器、通用矩阵键盘、按钮、开关、蜂鸣器、喇叭、直流步进和伺服电机、各种仪器仪表等模型,这些元器件在 Proteus 原理图设计环境(ISIS)中进行模拟仿真时是以动画的形式显示的,并可以使用鼠标对每个可操作的元器件实施操作,以便模拟人机交互。

在设计嵌入式系统原理图选择使用的元器件时，应选择具有模拟仿真能力的元器件才能够在原理图中实施嵌入式系统的模拟仿真。通过在 Proteus ISIS 环境主菜单中选择 Library→Pick Parts 菜单项可打开 Pick Devices 选择元器件对话框，该对话框“元器件原理图预览区”上方显示了选择的元器件是否可以模拟仿真，当显示 VSM Model 或 SPICE Model 等信息时，表明该元器件可用于模拟仿真，如图 6-1 所示；当显示 No Simulator Model 时，表明该元器件在 ISIS 环境中是不可模拟仿真的。

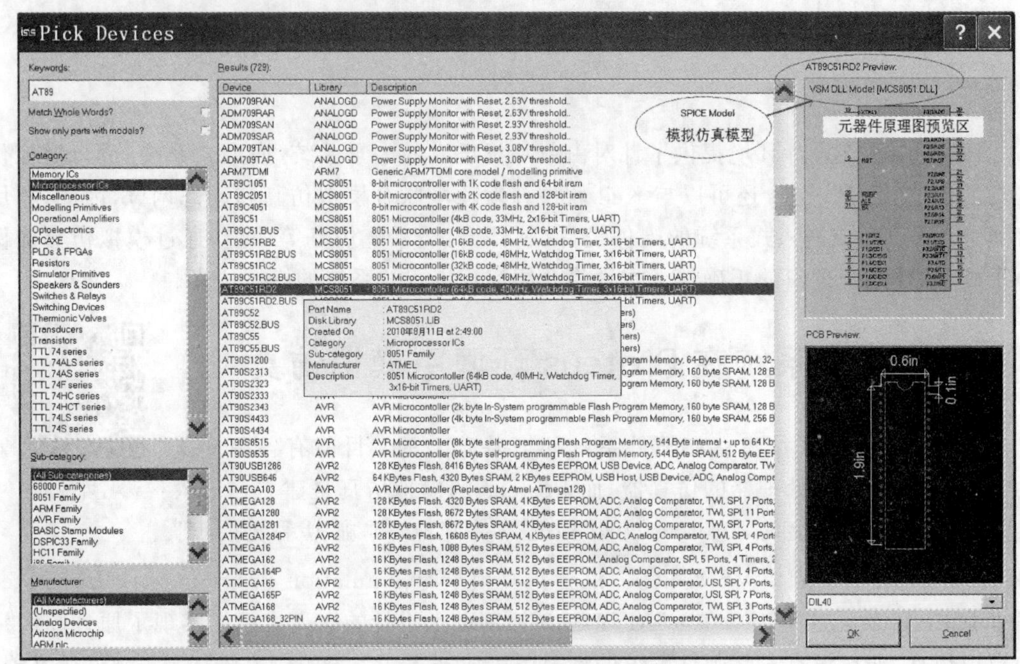

图 6-1 Pick Devices 选择元器件对话框

2. 单片机应用程序的导入

对于完整的嵌入式系统模拟仿真而言，需要有控制该系统的应用程序，Proteus ISIS 提供了两种加载应用程序的方式：一种是通过单片机元器件属性修改加载 HEX 格式的机器代码；另一种是加载汇编语言源程序代码，在 ISIS 中编译后生成可执行的机器代码。

加载 HEX 格式机器代码是通过双击单片机元器件(属于 VSM 或 SPICE 模型)，弹出其属性编辑(Edit Component)对话框，在“Program File：”中输入控制单片机工作的、HEX 格式的文件名，如图 6-2 所示，完成应用程序的导入。另外，在该对话框中通过“Advanced Properties：”还可以对仿真程序属性的设置；通过“Clock Frequency：”输入框设置嵌入式系统模拟仿真使用的频率。

加载汇编语言源程序代码是通过在 ISIS 主菜单中选择 Source→Add/Remove Source Files 菜单项，弹出的 Add/Remove Source Files 对话框中单击 New 按钮，输入汇编语言源程序代码文件名，单击 OK 按钮确认完成指定控制嵌入式系统模拟仿真使用的汇编语言程

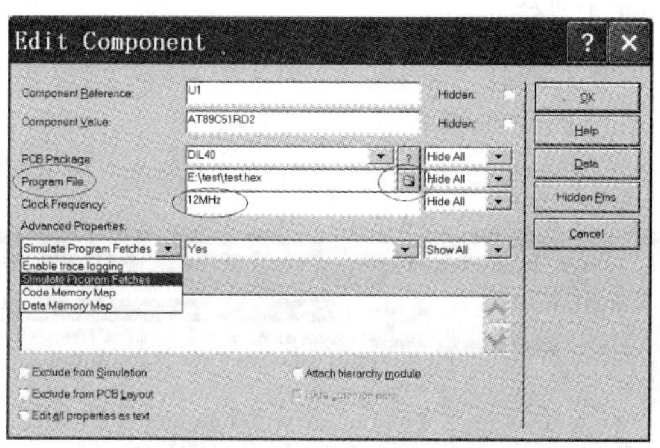

图 6-2　单片机元器件属性设置对话框

序，如图 6-3 所示。另外，通过 Add/Remove Source Files 对话框可以添加多个汇编语言源程序。Proteus ISIS 环境的模拟仿真可以仿真多个 CPU 的单独或协同工作。

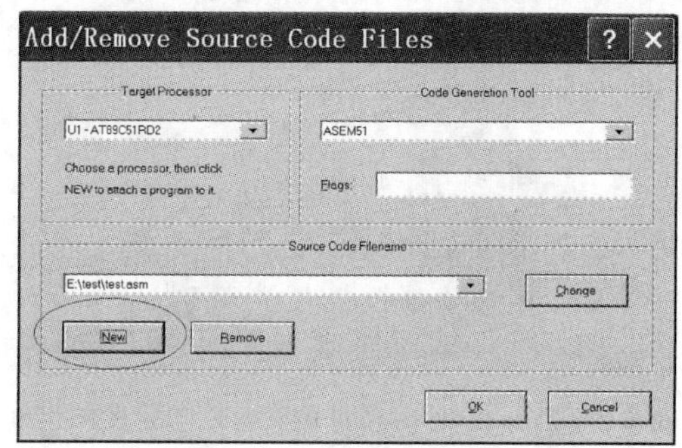

图 6-3　加载控制嵌入式系统模拟仿真汇编语言程序

在指定嵌入式系统模拟仿真使用的汇编语言程序后，还需要编译该汇编代码，通过选择 ISIS 主菜单 Source 中 Build All 菜单项完成编译工作。当汇编语言程序编译无误后，输出编译通过信息，如图 6-4 所示，至此，完成实现嵌入式系统模拟仿真使用的应用程序的导入。

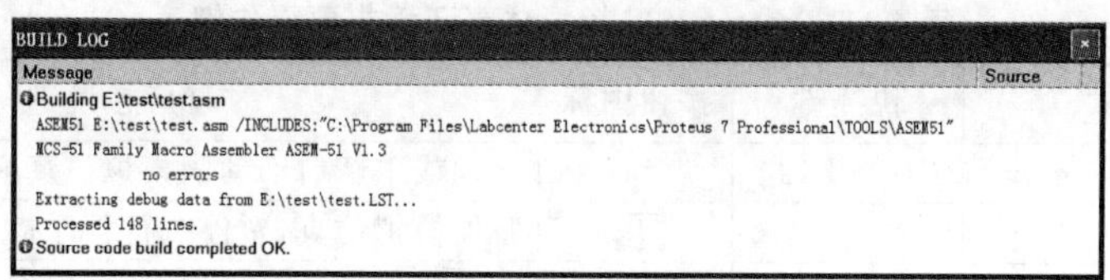

图 6-4　汇编语言程序编译后的输出信息

6.1.2　启动并操作 Proteus 模拟仿真

确认嵌入式系统在 Proteus ISIS 原理图设计中选择的元器件以及电气连接无错误，并成功导入模拟仿真使用的应用程序后，在 Proteus ISIS 环境中即可启动模拟仿真，同时可以控制并操作模拟仿真的过程。

1. 启动 Proteus 动画模拟仿真模式

在 Proteus ISIS 主菜单中选择 Debug→Start/Restart Debugging 菜单项,或按 Ctrl+F12 快捷键启动嵌入式系统的动画模拟仿真模式,如图 6-5 所示,动画模拟仿真模式启动后,嵌入式系统的各元器件以及测试仪器、仪表等将以动画的形式输出显示。

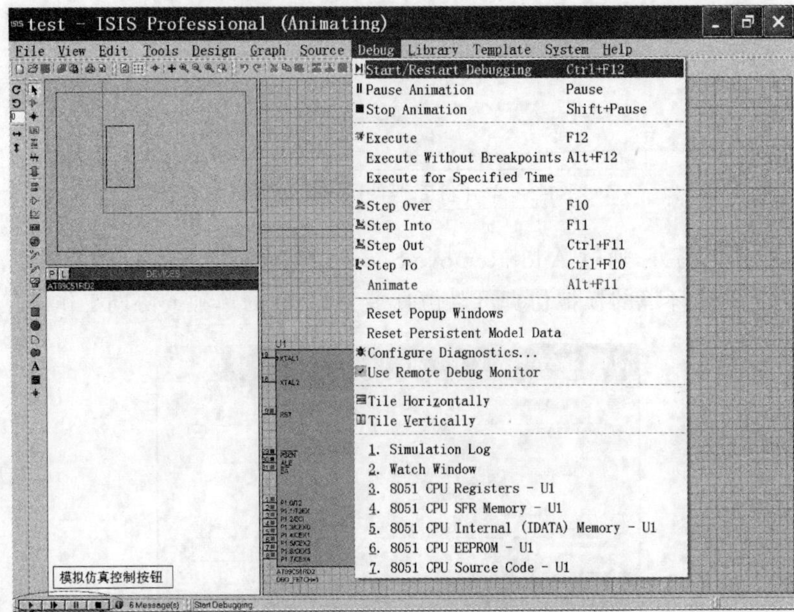

图 6-5 Proteus ISIS 模拟仿真的启动并操作菜单

2. Proteus 模拟仿真操作键

进入 Proteus ISIS 模拟仿真环境后,其控制模拟仿真进程的操作命令在 ISIS 主菜单 Debug 中,也可通过模拟仿真控制按钮或快捷键控制模拟仿真,Debug 菜单主要菜单项、模拟仿真控制按钮图标、快捷键的模拟仿真操作功能如表 6-1 所示。

表 6-1 Proteus ISIS 模拟仿真环境主要操作键表

Debug 菜单项	快捷键	按钮图标	功能说明
Start/Restart Debugging	Ctrl+F12		启动或重新启动动画模拟仿真模式
Pause Animation			暂停模拟仿真,暂停执行程序指令
Stop Animation			停止模拟仿真,退出动画模拟仿真模式
Execute	F12		动画模拟仿真,连续运行应用程序
Step Over	F10		单步(函数或子程序为 1 步)执行程序指令
Step Into	F11		进入单步(每条指令)跟踪执行程序指令
Step Out	Ctrl+F11		退出单步跟踪执行程序,转连续运行
Step to	Ctrl+F10		程序执行到光标处
Animation	Alt+F11		动画连续显示模拟仿真的单步跟踪执行程序指令

6.1.3　Proteus 模拟仿真调试窗口

为方便观察在 Proteus ISIS 模拟仿真环境中单片机 CPU 执行程序指令的结果，以及方便操作程序的调试，Proteus ISIS 模拟仿真环境支持一些不同型号 CPU 的程序调试窗口，在其主菜单 Debug 最下边的菜单项里列出了这些可打开的调试窗口，例如，8051CPU 列出的调试窗口如图 6-5 所示，调试窗口包括源代码调试窗口（Source Code）、观察窗口（Watch Window）、CPU 寄存器窗口（CPU Registers）、内部数据存储器显示窗口（Internal Memory）等。

1. 源代码调试窗口 Source Code

在 Proteus 环境加载了汇编语言源程序代码后，选择 Proteus ISIS 模拟仿真环境主菜单 Debug 中"…CPU Source Code - …"菜单项可打开源代码调试窗口，该窗口除显示 Code 区源程序代码外，还可以通过右键菜单或程序运行调试工具栏在该窗口中实现应用程序的动态单步、跟踪调试，如图 6-6 所示，在调试源程序中使用的右键菜单、工具栏按钮、快捷键的操作功能如表 6-2 所示。

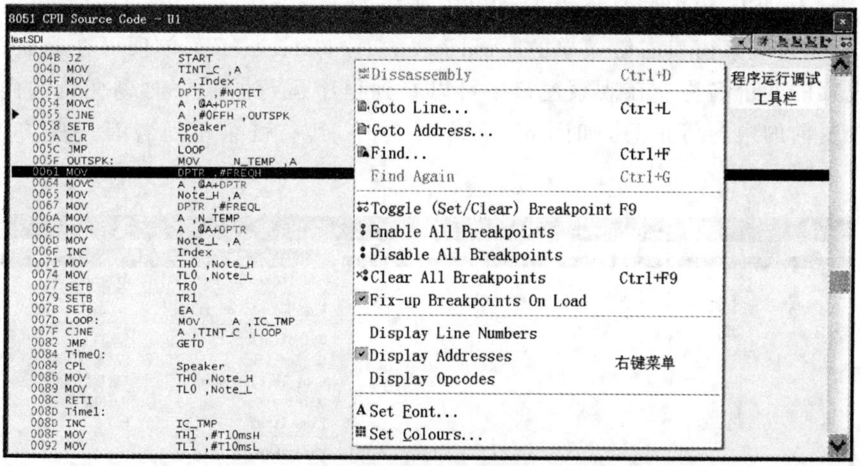

图 6-6　Proteus ISIS 模拟仿真源代码调试窗口

表 6-2　Proteus 模拟仿真环境中源代码窗口主要调试操作键表

右键菜单项	快捷键	工具栏按钮图标	功 能 说 明
	F12		连续运行程序
	F10		单步（函数或子程序为 1 步）执行程序
	F11		进入单步（每条指令）跟踪执行程序指令
	Ctrl＋F11		退出单步跟踪执行程序

续表

右键菜单项	快捷键	工具栏按钮图标	功能说明
	Ctrl+F10		程序执行到光标处
Goto Line…	Ctrl+L		程序执行到指定的行
Goto Address…			程序执行到指定的存储器 Code 地址处
Toggle Breakpoint	F9		设置或清除(Set/Clear)断点
Enable All Breakpoints			所有断点有效
Disable All Breakpoints			所有断点失效
Clear All Breakpoints	Ctrl+F9		清除所有断点

2. 观察窗口 Watch Window

在 Proteus ISIS 模拟仿真环境主菜单中选择 Debug→Watch Window 菜单项，可打开观察窗口，通过观察窗口右键菜单的“Add Items(By Name)…”菜单项可在观察窗口中添加需要观察的变量名称。在观察窗口中可以看到程序运行的某一时刻变量的内容，以及变量没改变前的内容等信息，如图 6-7 所示。另外，其右键菜单还含有一些方便观察的操作。

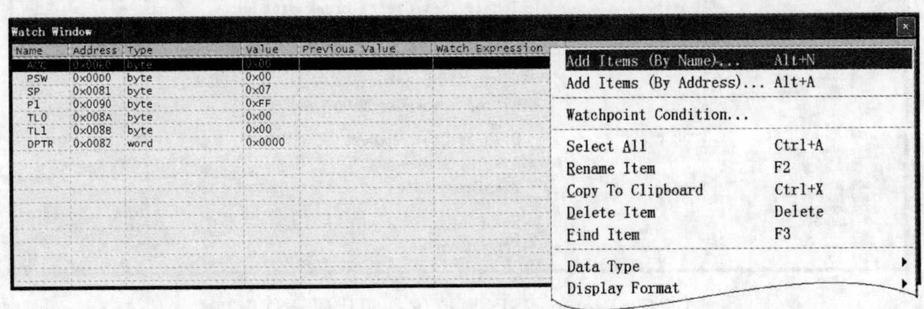

图 6-7 Proteus ISIS 模拟仿真观察窗口

3. CPU 寄存器窗口 CPU Registers

在 Proteus ISIS 模拟仿真环境主菜单中选择 Debug→…CPU Registers-…”或“…CPU SFR Memory-…”菜单项，可打开 CPU 寄存器查看窗口或 51 单片机特殊功能寄存器(SFR)查看窗口，如图 6-8 所示，在调试程序过程中通过这些窗口查看寄存器中的内容。

4. 内部数据存储器显示窗口 Internal Memory

在 Proteus ISIS 模拟仿真环境主菜单中选择 Debug 中“…CPU Internal Memory-…”菜单项，可打开 51 单片机片内存储器(RAM：Data、IDATA)查看窗口，如图 6-9 所示。

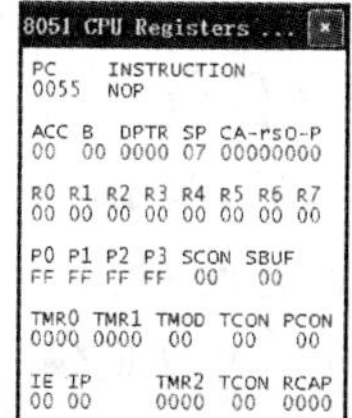

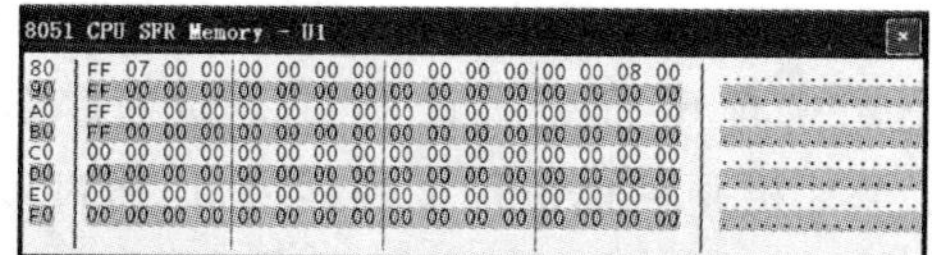

图 6-8　Proteus ISIS 模拟仿真 CPU 寄存器查看窗口

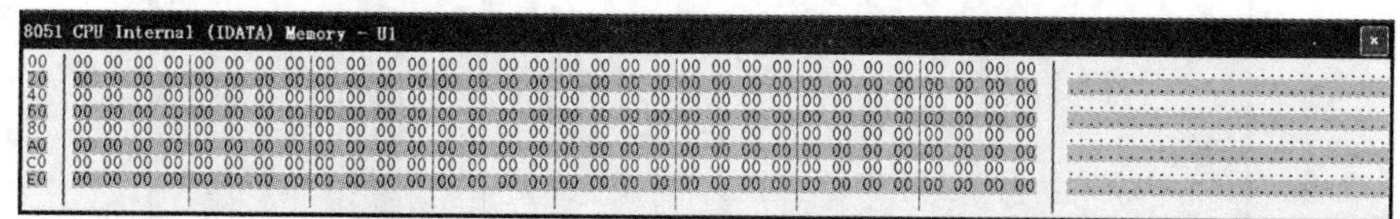

图 6-9　Proteus ISIS 模拟仿真 51 单片机片内 RAM 查看窗口

6.2　嵌入式系统在 Proteus 与 Keil 联合环境中模拟仿真

视频讲解

Proteus 硬件设计环境针对嵌入式系统的模拟仿真设计了远程(外部遥控)控制操作模式，并提供了数据交换接口驱动程序，而 Keil 软件开发环境设计了可加载外部接口驱动程序模式，当 Proteus 设置为外部控制模拟仿真以及 Keil 处于等待应用程序动态调试状态时，Keil 环境的调试状态将启动 Proteus 动画模拟仿真模式，在 Proteus 中操作可鼠标仿真操作的、具有动画模拟特性的元器件，其操作结果(数据)将返回到 Keil 中，为在 Keil 中动态调试的程序提供硬件的模拟操作，Proteus 与 Keil 联合实现了嵌入式系统硬、软件的联动仿真与调试。

6.2.1　设置 Proteus 远程控制模拟仿真

Proteus 为实现单片机硬件系统的外部远程控制模拟仿真模式提供了接口驱动组件(插件)，针对 Keil 开发环境的接口驱动程序可在 Proteus 或 Keil 网站上下载，例如，vdmagdi. exe(组件文件)是实现 51 单片机硬件系统的远程控制模拟仿真的接口驱动组件，安装该组件(执行 vdmagdi. exe)后可实现 51 单片机在 Proteus 与 Keil 环境中的联合模拟仿真与调试。

Proteus 与 Keil 环境开始联合模拟仿真与调试之前，需要设置 Proteus ISIS 为远程控制模拟仿真模式，在 Proteus ISIS 环境中选择 Debug→Use Remote Debug Monitor 菜单项，在该菜单项前显示"√"(见图 6-5)，表明 Proteus ISIS 动画模拟仿真将等待外部远程遥控启动。

另外，Proteus 针对不同单片机型号、不同元器件、实现不同功能设计了远程控制接口规范，其目的就是通过接口驱动程序(*. dll)与软件开发环境建立数据交换通道，例如，用于 Keil 环境 VDM51. dll(51 单片机)、LCD. dll、led_control. dll(LCD、LED 显示器)、I2C. dll(I^2C 总线)、TCPIP. dll(TCP/IP 协议)等,这些接口驱动程序可在 Proteus 或 Keil 网站上下载。当在 Keil 软件开发环境中加载某个接口驱动程序后,Keil 动态调试环境下的 Peripherals 设备菜单选项中将列出该接口驱动程序数据交换观察窗口菜单项,例如,图 6-10 所示为 51 单片机硬件模拟仿真观察窗口,通过该窗口可以观察 CPU 寄存器、硬件工作时序等,同样 LCD、LED、I^2C、TCP/IP 等都设计了方便查看的观察窗口。

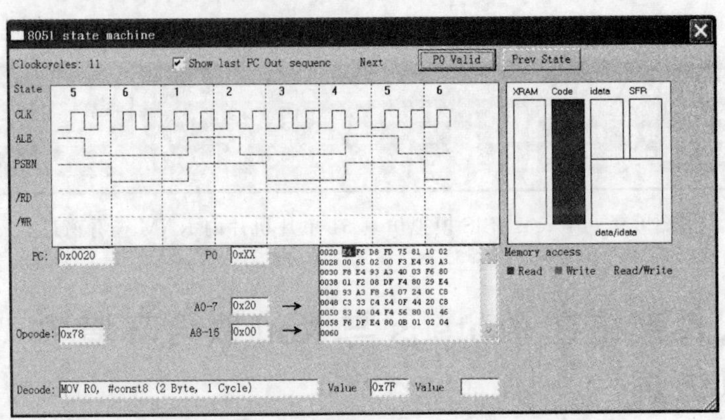

图 6-10 Proteus ISIS 模拟仿真 51 单片机观察窗口

6.2.2 配置 Keil 软件开发环境

Proteus 提供的接口驱动组件(例如,vdmagdi. exe)在安装向导中会提示选择 Keil 环境所在路径,当完成安装后,在…\Keil\C51(ARM)\BIN\路径中会安装上相应的接口驱动程序(*. dll),另外,该程序也会安装到 Proteus 的…\Labcenter Electronics\Proteus Professional\MODELS 路径中。有些接口驱动程序并没有提供安装向导,因此,需要手动安装加载。加载接口驱动程序的步骤如下。

(1) 在 Proteus 或 Keil 网站上下载所需要的接口驱动程序 *. dll(* =驱动程序名);

(2) 将这些驱动程序复制到…\Keil\ C51(ARM)\BIN\路径中;

(3) 使用 Windows 记事本工具修改…\Keil\路径下的初始化文件 TOOLS. INI;

(4) 如果接口驱动程序是针对 51 单片机而言的,则在 TOOLS. INI 文件的[C51]字段下添加 TDRVn=BIN\ *. dll(n=1,2,…与原有的不重复),指明 Keil 启动时初始化需要加载的接口驱动程序;

(5) 同步骤(4),在[C51]字段下添加 AGSIn= *. dll(" * Simulation")(n=1,2,…与原有的不重复),以备在 Keil 环境的 Peripherals 菜单中选择;

(6) 保存 TOOLS. INI 文件,重新启动 Keil 软件开发环境,完成接口驱动程序的加载。

6.2.3 设置并启动 Keil 环境远程调试

当 Keil 环境加载了远程控制 Proteus 动画模拟仿真接口驱动程序后,在开始应用程序动态调试之前，还需要做如下所述的设置步骤。

(1) 在 Keil 主菜单中选择 Project→Options for Target 菜单项，在弹出的"Options for Target…"对话框中选择 Debug 选项卡，如图 6-11 所示。

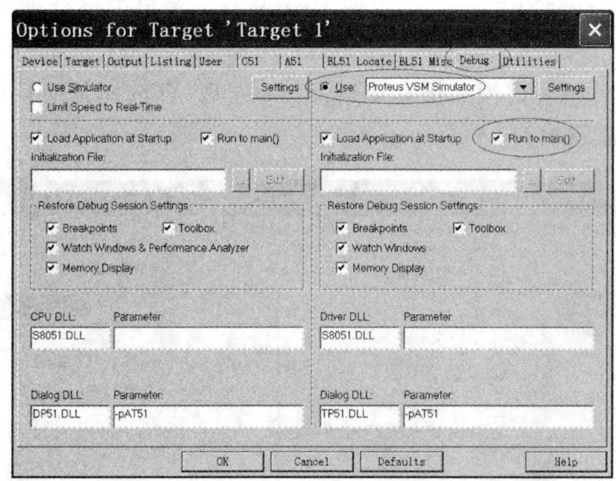

图 6-11　Options for Target 对话框 Debug 选项卡

(2) 选中 Debug 选项卡右侧的 Use 单选按钮。

(3) 当配置和加载接口驱动程序 *.dll 后，在 Use 对应的下拉列表框中将自动列出与接口驱动程序相对应的选项，如果选择 Proteus 为单片机硬件模拟仿真对象，则选择 Use 下拉列表框中的 Proteus VSM Simulator 选项。

(4) 如果动态调试为 C51 语言程序时，选择"Run to main()" 选项。

(5) Proteus 是通过网络实现数据传输的，单击 Settings 按钮，在弹出的 VDM51 Target Setup 对话框中设置网络参数(设置 Proteus 所在计算机的 IP 地址，端口号 Port 为 8000)，如果是单机模拟仿真与调试，其设置如图 6-12 所示。

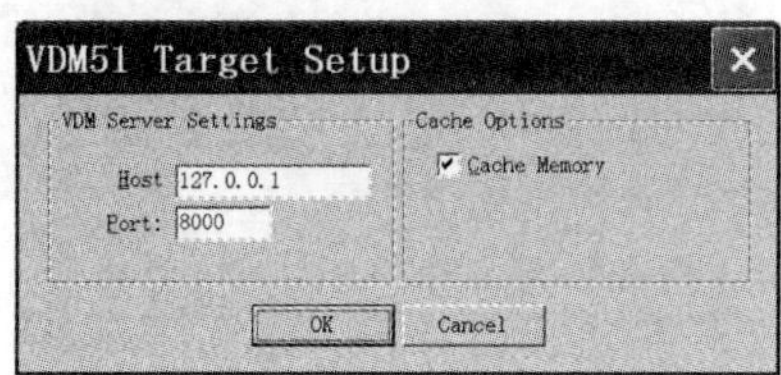

图 6-12　模拟仿真数据传输网络设置

(6) 单击"Options for Target…"对话框的 OK 按钮完成 Keil 环境的设置。

当 Keil 环境设置完成后，在 Keil 主菜单中选择 Debug→Start/Stop Debug Session 菜单项，则 Keil 环境进入应用程序模拟运行(等待)调试界面，同时启动 Proteus 动画模拟仿真模式。

6.2.4 打开 Keil 环境远程调试观察窗口

在 Keil 环境加载并配置了针对不同设备的、不同功能的接口驱动程序后，当 Keil 处于应用程序模拟运行调试环境时，Keil 环境的 Peripherals 菜单中将会列出相应设备的、调试时可以使用的观察窗口，如图 6-13 所示。例如，选择 8051 statemachine 菜单项时，弹出如图 6-10 所示的 51 单片机硬件模拟仿真观察窗口；同理，可选择其他设备(LCD、LED、I^2C、TCP/IP、A/D 等)的观察窗口。

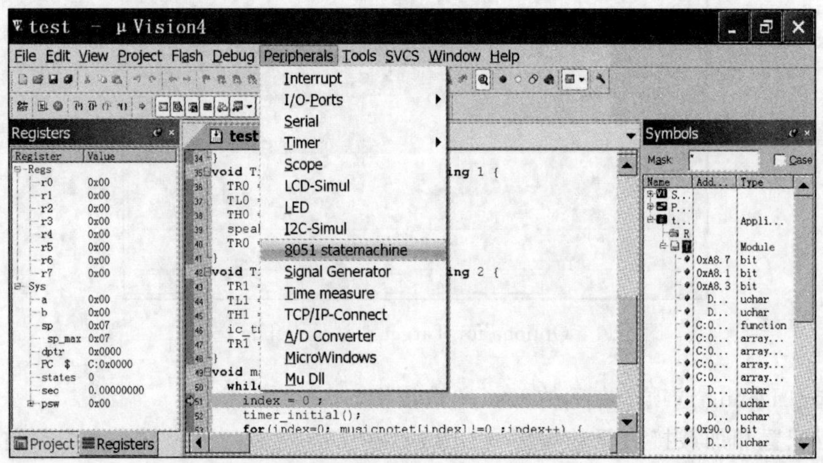

图 6-13 Keil 环境的 Peripherals 菜单

第 7 章

51 单片机并口应用

51 单片机的可编程并行输入/输出(I/O)接口的主要功能是实现 CPU 与外部器件或设备之间的并行数据交换,其并行输入/输出接口是一个集数据输入缓冲、数据输出驱动以及数据锁存等多项功能于一体的 I/O 接口电路。本章介绍 51 单片机的 4 个可编程 8 位的输入/输出接口,以及使用它们实现数据的并行输入/输出。

7.1 并口接口的工作原理

51 单片机共有 4 个可编程 8 位输入/输出接口,其名称分别为 P0、P1、P2、P3,4 个并行接口作为并行数据的输入/输出其功能是一样的。由于 51 单片机的总线主要信号也是通过并行接口 P0、P2、P3 的信号线对外连接的,总线信号和输入/输出接口信号共用该系统的对外信号连接线,另外,其他接口(例如,中断、计数器、串行通信等)的对外连接也是借用 P3 口的对外信号连接线的。P0、P2、P3 口的对外信号连接线是复用的,因为需要兼顾输入/输出、总线及其他接口的功能,因此,51 单片机的 P0～P3 口内部逻辑电路是不同的,P0、P2、P3 是具有双功能的接口,但非同时实现,某个时刻只能实现单一功能。

7.1.1 P0 可编程输入/输出接口

P0 可编程输入/输出接口由 8 组如图 7-1 所示的一位接口逻辑电路组成,对外信号连接线 PIN 为 P0.n(n=0～7),一位逻辑电路包括一个数据输出 D 锁存器、两个三态数据输入缓冲器 1、2,以及数据输出驱动 T1、T2 晶体管和多路开关、与门、非门等控制电路。

1. 数据输入/输出接口

当 P0 作为标准的数据输入/输出接口使用时,通过“读—修改—写”指令、数据传输指令、判断指令可对其编程实现数据的输入/输出操作功能。

1) P0 接口数据输出功能

P0 接口的输出驱动电路 T1 和 T2 具备了 3 种输出状态,即当 T1 导通、T2 截止时,P0.n 为高电平(逻辑 1);当 T1 截止、T2 导通时,P0.n 为低电平(逻辑 0);当 T1 和 T2 都截止时,P0.n 为高阻状态,因此,P0 输出信号连接线 PIN 具有 3 个输出状态。

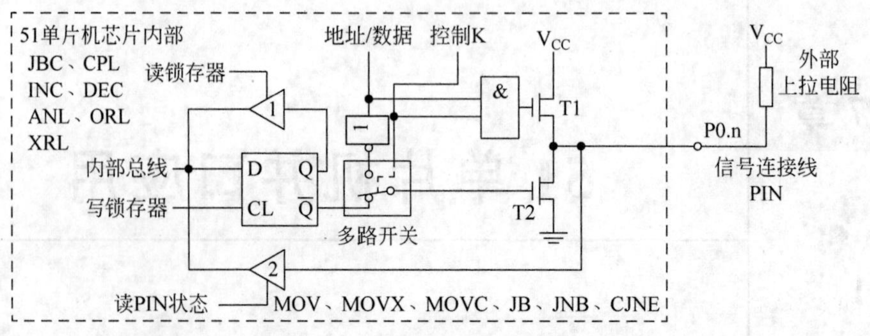

图 7-1　P0 输入/输出接口电路

当 P0 接口作为输出接口应用时，对 P0 接口进行写编程操作（向外部输出数据），则 CPU 内部控制器发出“写锁存器”脉冲加载到 D 触发器的 CL 端，将 CPU 内部总线的数据写到接口的输出锁存器 D 中，在该接口作为数据输出端口时，多路开关处在 T2 栅极与锁存器 $\overline{Q}$ 端相连接的状态，该状态使得接口中锁存器 $\overline{Q}$ 端控制 T2 的导通与截止，T2 的漏极输出 PIN（反向输出锁存器 $\overline{Q}$ 端信号）反映了锁存器 D 锁存的数据。

在 P0 接口作为数据输出应用时，CPU 内部控制器通过“控制 K”信号控制着多路开关的状态，当“控制 K”信号为逻辑 0 时，设置的多路开关状态为 T2 栅极与锁存器 $\overline{Q}$ 端连接，将锁存器 D 中的数据输出到对外信号连接线 PIN 上，同时“控制 K”的逻辑 0 信号通过与逻辑门电路加载到 T1 的栅极上，它使 T1 处于截止状态，为使 P0 输出信号不出现高阻状态，因此，当 P0 应用为数据输出接口时，在芯片外部需要外接一个上拉电阻，保证其能够输出有效的高电平。

图 7-2 显示了 P0 接口作为数据输出应用时“控制 K”的状态、外接上拉电阻以及数据传输方向。由于 P0 每一位接口电路中都有输出数据锁存器，输出的数据信息是直接与外部器件或设备连接的，因此，不需要在 P0 接口与外部器件或设备之间再加有数据锁存电路。

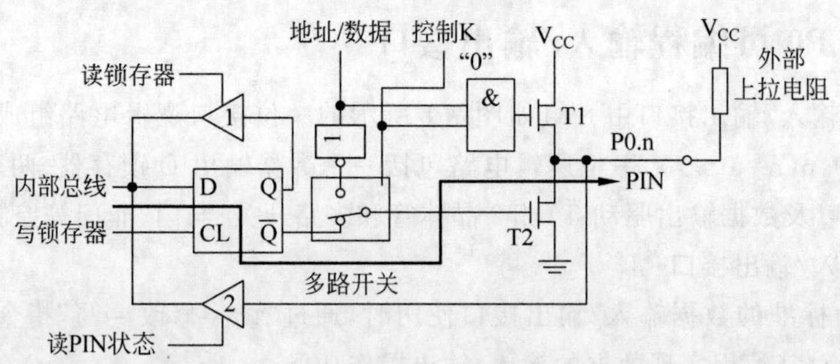

图 7-2　P0 输出控制以及数据传输方向

2）P0 接口数据输入功能

当 P0 接口作为输入接口应用时，其读数据是通过两个三态数据输入缓冲器 1 和输入缓冲器 2 实现的，读数据操作有两种模式：一是通过输入缓冲器 1 读接口电路锁存器 D 中的

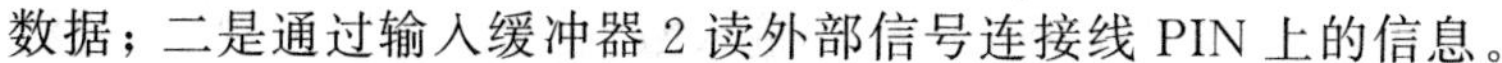

数据；二是通过输入缓冲器2读外部信号连接线PIN上的信息。

（1）读接口锁存器数据。

读接口锁存器D中存储的数据是指通过输入缓冲器1读锁存器Q端的状态，输入缓冲器1是否开放（是否被打开）受控于一些“读—修改—写”操作指令。“读—修改—写”指令的功能是从某一地址处读出数据，通过CPU运算器运算（修改）后，再输出（写）到该地址处，例如，“ANL　P0，A”指令是先将P0口的数据读到CPU，再同累加器A的内容做“逻辑与”操作后，再将结果送回P0口，即写回锁存器D中。另外，JBC（逻辑判断）、CPL（取反）、INC（递增）、DEC（递减）、ANL（逻辑与）、ORL（逻辑或）、XRL（逻辑异或）等均属于“读—修改—写”操作指令。“读—修改—写”指令的实质是根据当前存储器或接口锁存器保存的数据经过某种运算操作后再重新修改存储器或接口锁存器的内容。

在接口处于输出状态的情况下，接口中锁存器Q端的状态应该与外部信号连接线PIN上的状态是一致的。但当PIN上有干扰，或是与外部器件或设备的连接不匹配等情况发生时，有可能出现外部信号连接线PIN上的信息与接口中锁存器保持的信息不一致，这可能导致读外部信号连接线PIN上的状态出现错误，即从输入缓冲器2读回的数据并不一定是锁存器D保存的数据，而接口中锁存器D保持的输出状态是不会受外界的干扰的，其保存的输出数据将始终是不变的。因此，为避免读到错误的数据，对于“读—修改—写”这类操作指令，不是通过输入缓冲器2直接读取外部信号连接线PIN上的数据，而是CPU控制器发出“读锁存器”信号打开输入缓冲器1，读取接口中锁存器D保存的数据，完成运算后再送回锁存器D中。该读操作功能仅适用于“读—修改—写”类操作指令，其目的是通过某种运算后改变接口的输出状态，该读操作实质上是服务于数据输出的。P0接口应用于读接口锁存器数据操作时其“控制K”的状态以及数据传输方向如图7-3所示。

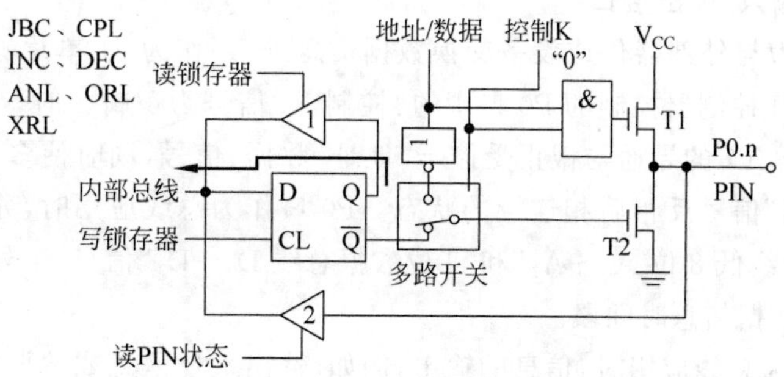

图7-3　P0读接口锁存器数据以及数据传输方向

（2）读外部信号连接线PIN状态。

读外部信号连接线PIN信息是真正的读外部信息的操作，它是通过打开输入缓冲器2实现的，属于正常的读端口操作，即读到外部真实的输入信息，输入缓冲器2是否打开受控于除“读—修改—写”指令之外的其他操作指令。例如，数据传输指令（MOV、MOVX、MOVC）、判断转移指令（JB、JNB）、比较指令（CJNE）等。这些指令使得CPU中的控制器通过“读PIN状态”信号将输入缓冲器2打开，外部信号连接线PIN上的数据经输入缓冲器2

到达内部总线上，并读到 CPU 中。P0 接口应用于读外部输入数据操作时其“控制 K”的状态、接口中 D 锁存器的设置以及数据传输方向如图 7-4 所示。

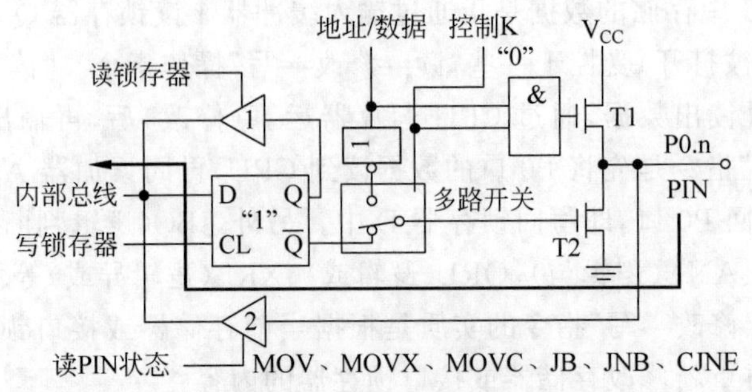

图 7-4　P0 读外部输入数据以及数据传输方向

读外部信号连接线 PIN 状态操作使接口真正处于对外部的输入状态，即接口作为输入数据被应用。一般将 P0 作为纯输入接口使用时，其外部信号连接线 PIN 应该处于高阻状态。由于“控制 K”信号为逻辑 0，因此，要求 P0 锁存器设置为逻辑 1，此时 T1 和 T2 晶体管都处于截止状态，PIN 呈现高阻状态，但为兼顾 P0 接口的输出模式，需要在外部连接一个上拉电阻，使其有稳定的高电平输出。在该情况下 P0 作为输入接口时，外部信号连接线 PIN 并非处于高阻状态，而是处于高电平（逻辑 1）状态，配合外部高电平状态，也应将接口内部 D 锁存器设置为逻辑 1，使内、外状态保持一致。由于接口的外部信号连接线 PIN 始终是处于高电平状态（常态状态）的，为使通过读操作指令可明确判断有效输入，因此，一般要求输入源应该是低电平（逻辑 0）为有效输入电平，读操作指令才能采集到非常态输入状态。

2. 总线信号输入/输出接口

P0 口除了作为与外部器件或设备交换数据信息外，还作为 51 单片机外部部分总线信号被应用。当 CPU 控制器控制的 P0 口中的“控制 K”信号为逻辑 1 时，与晶体管 T1 栅极连接的与门被打开，T1 的导通与截止受控于“地址/数据”信号，同时使多路开关切换到 T2 栅极与“地址/数据”信号反相后相连接的状态。P0 口作为总线应用时，分时地从“地址/数据”处输出“地址总线低 8 位 $A_0 \sim A_7$”和“8 位数据总线 $D_0 \sim D_7$”信息，由外部地址锁存信号 ALE 区分地址和数据信息时间段。

在 P0 接口作为总线应用时，信息的输出，例如，输出地址信息或数据信息，当输出数据（地址/数据）为逻辑 1 时，与晶体管 T1 栅极连接的与门输出为逻辑 1（“控制 K”和输出数据都为逻辑 1），它使 T1 导通，输出数据（地址/数据）信号经过反向器后使 T2 截止，此时的外部信号连接线 PIN 输出与“地址/数据”上的信号是相同的，同为逻辑 1，输出逻辑 0 的电路工作方式同理输出逻辑 1。P0 接口作为总线使用时，其“控制 K”的状态以及总线地址/数据传输（输出）方向如图 7-5 所示。

当 P0 接口作为总线应用于数据输入（在总线数据出现期间）时，CPU 控制器控制 P0 接口的外部信号连接线 PIN 处于高阻状态，只在数据输入期间“控制 K”信号为逻辑 0，D 锁存

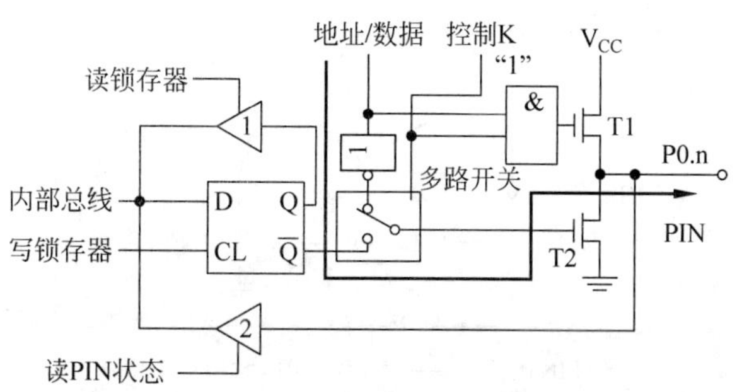

图 7-5　P0 作为总线数据输出以及数据传输方向

器设置为逻辑 1,P0 接口的设置以及数据传输(输入)的方向如图 7-4 所示,其数据信号(外部 ROM 指令码、外部 RAM 数据等)将直接从信号连接线 PIN 通过输入缓冲器 2 进入内部总线。由于 51 单片机通过总线与外部器件或设备实现数据输入的指令有控制器通过 PC 读取 ROM 中的指令码,以及通过 MOVX 和 MOVC 指令读取数据,因此,读取指令码和 MOVX 和 MOVC 指令将控制"读 PIN 状态"信号打开缓冲器 2,实现直接读取信号连接线 PIN 上的外部数据。图 7-6 显示了 P0 接口作为总线分时段输出地址信号和读/写数据信号的波形示意图,受控与控制器的"控制 K"信号是依据数据的读或写操作而变化输出时序的。

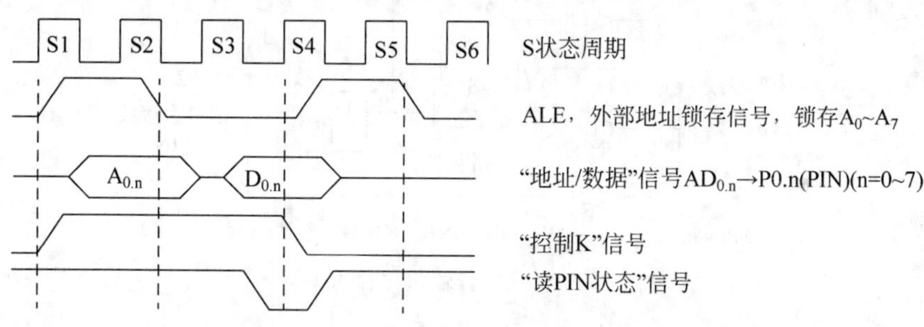

图 7-6　P0 作为总线应用时其内部电路时序图

7.1.2　P1 可编程输入/输出接口

P1 可编程输入/输出接口由 8 组如图 7-7 所示的一位接口逻辑电路组成,对外信号连接线 PIN 为 P1. n(n=0～7),一位逻辑电路包括一个数据输出 D 锁存器、两个三态数据输入缓冲器 1 和输入缓冲器 2,以及数据输出驱动晶体管 T 和上拉电阻等电路。

P1 是只有单一输入/输出功能的接口,当 P1 作为输出接口时,其输出(T)只有逻辑 0 和 1 两种输出状态,外部信号连接线 PIN 反映了接口内部 D 触发器的状态(T 的栅极与锁存器 $\overline{Q}$ 端相连接);当 P1 口作为输入接口应用时,其读数据操作模式与 P0 的读数据操作模式相同,"读—修改—写"指令(JBC、CPL、INC、DEC、ANL、ORL、XRL)是针对接口内部 D 触发器实施修改操作的,即根据 D 触发器的当前值通过某种运算后再修改 D 触发器的锁存值;而数据传输等指令则是实现读外部信号连接线 PIN 上信息的功能。

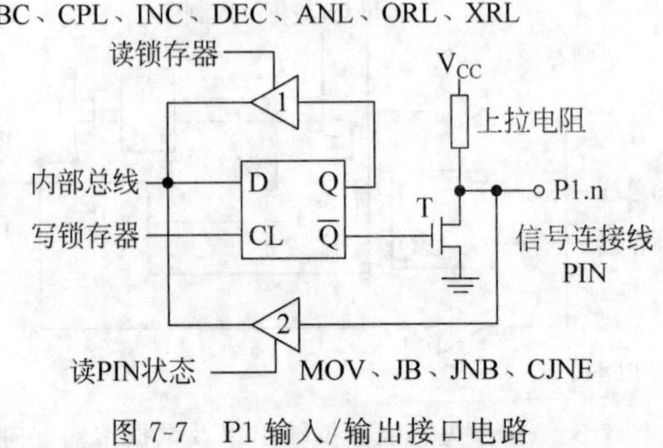

图 7-7 P1 输入/输出接口电路

7.1.3 P2 可编程输入/输出接口

P2 可编程输入/输出接口由 8 组如图 7-8 所示的一位接口逻辑电路组成，对外信号连接线 PIN 为 P2.n(n=0～7)，一位逻辑电路包括一个数据输出 D 锁存器、两个三态数据输入缓冲器 1 和输入缓冲器 2，以及数据输出驱动晶体管 T 和上拉电阻、反向器、多路开关等电路。

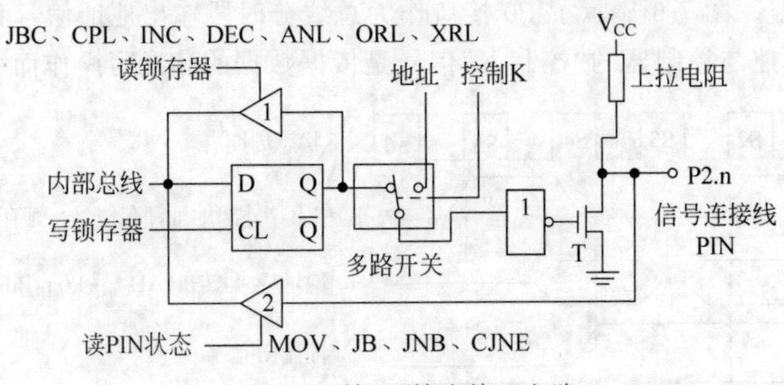

图 7-8 P2 输入/输出接口电路

P2 口的输入/输出结构与 P1 口基本一样，只是在 P1 口的基础上增加了一个反向器和一个多路开关，通过"控制 K"信号切换多路开关，使 P2 口可实现两种功能：当多路开关处于反向器的输入端与 D 触发器 Q 端相连接时，此时 CPU 控制器控制"控制 K"信号为逻辑 0，P2 口实现的功能是数据的输入/输出，与 P1 口功能完全一致；当 CPU 控制器控制"控制 K"信号为逻辑 1 时，多路开关将反向器的输入端与"地址"信号相连接，连接到 P2 口的"地址"信号为 51 单片机对外地址总线信号的高 8 位，即 P2 口作为总线应用时，该接口将输出 16 位地址总线的高 8 位地址信号 A_8～A_{15}，与 P0 接口配合实现 16 地址总线的输出。

7.1.4 P3 可编程输入/输出接口

P3 可编程输入/输出接口由 8 组如图 7-9 所示的一位接口逻辑电路组成，对外信号连接线 PIN 为 P3.n(n=0～7)，一位逻辑电路包括一个数据输出 D 锁存器、两个三态数据输入缓冲器 1 和输入缓冲器 2，以及数据输出驱动晶体管 T 和上拉电阻、输入缓冲器 3、与非门

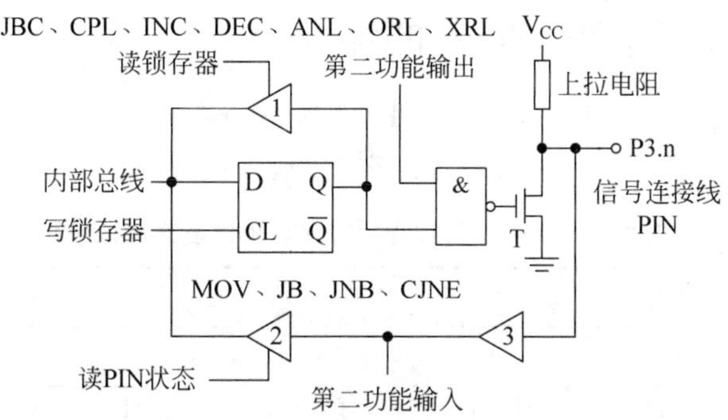

图 7-9　P3 输入/输出接口电路

等电路。P3 口同样具有两种功能(双功能接口)，作为输入/输出接口其功能与 P1 口相同，只是 P3 口内部的"第二功能输出"信号线始终保持高电平，其内部与非门开放，使 D 触发器的 Q 端信号正常输出；P3 口的第二功能为 51 单片机接收外部中断请求、输入计数脉冲、串行通信、总线读/写操作信号输出等，每个信号连接线是复用的，其定义如表 7-1 所示。

表 7-1　P3 口复用信号连接线定义表

信号连接线	符号名称	功能说明
P3.0	RxD	串行通信输入端
P3.1	TxD	串行通信输出端
P3.2	INT0	外中断 0 信号输入端
P3.3	INT1	外中断 1 信号输入端
P3.4	T0	计数器 0 外部输入端
P3.5	T1	计数器 1 外部输入端
P3.6	WR	总线写信号(写选通)输出端
P3.7	RD	总线读信号(读选通)输出端

当 P3 口作为第二功能应用时，要求其内部的 D 触发器设置为逻辑 1，将内部与非门开放，使得"第二功能输出"信号能够输出到信号连接线 PIN 上，实现第二功能信号的输出。当 P3 口作为第二功能输入端使用时，"第二功能输出"信号(无输出时)始终保持为逻辑 1，P3 口内部的与非门输出为逻辑 0，晶体管 T 处于截止状态，由于输入缓冲器 3 始终保持开放，外部有效信号(低电平信号或负跳沿信号)通过缓冲器 3 输入到 P3 口内部的"第二功能输入"信号线上，并输入到相应的功能处理(接口)电路中。

51 单片机的内部总线读/写信号通过 P3 口的 P3.7 和 P3.6 口的"第二功能输出"连接线将总线读/写(RD/WR)信号输出到芯片的外部，用于操作 51 单片机外部存储器等部件，而中断(INT0、INT1)、计数(T0、T1)、串行通信(RxD、TxD)功能则有专门的可编程接口来处理，它们控制着 P3 口每个"第二功能输出"信号的输出，同时接收 P3 口"第二功能输入"的输入信息，中断、计数、串行通信可编程接口只是借用 P3 口的对外信号连接线 PIN 实现这些接口与外部器件或设备的电气连接。

7.1.5 并口可编程寄存器的编址

51 单片机并行输入/输出接口中 P0～P3 可编程寄存器的编址方式采用的是存储器统一编址方式，它们占用存储器字节和位地址空间如表 7-2 所示。

表 7-2 P0～P3 可编程寄存器名称以及寻址地址表

名 称	字节地址	MSB			位 地 址				LSB
	汇编符号	MSB			汇 编 符 号				LSB
P0 口	80H	87H	86H	85H	84H	83H	82H	81H	80H
	P0	P0.7	P0.6	P0.5	P0.4	P0.3	P0.2	P0.1	P0.0
P1 口	90H	97H	96H	95H	94H	93H	92H	91H	90H
	P1	P1.7	P1.6	P1.5	P1.4	P1.3	P1.2	P1.1	P1.0
P2 口	A0H	A7H	A6H	A5H	A4H	A3H	A2H	A1H	A0H
	P2	P2.7	P2.6	P2.5	P2.4	P2.3	P2.2	P2.1	P2.0
P3 口	B0H	B7H	B6H	B5H	B4H	B3H	B2H	B1H	B0H
	P3	P3.7	P3.6	P3.5	P3.4	P3.3	P3.2	P3.1	P3.0

P0～P3 口既可以按 8 位数据宽度同时进行输入/输出操作，也可以按位进行位寻址操作，所有操作存储器的指令都适合操作 P0～P3 口中如表 7-2 所示的已分配地址的寄存器。在编写汇编语言程序时，操作 P0～P3 口的 8 位或寄存器的每 1 位绝对地址的格式和使用汇编符号（表示端口地址）的格式是等同的。

7.2 并口接口应用设计

51 单片机的可编程并行输入/输出接口 P0～P3 可以实现与外部器件或设备的信息交换，其方式有直接输入/输出方式、查询方式等。

视频讲解

7.2.1 单一端口输出方波信号

利用 51 单片机的可编程并行输入/输出接口的某一位，对该位进行编程操作，控制该位在一个固定延时期间输出逻辑 1，当延时时间到时，再控制该位在相同的固定延时期间输出逻辑 0，循环往复，则该位端口输出一个固定频率的方波信号。在该输出端口处连接一个发光二极管，当方波信号的固定频率小于 25Hz 时，则可观察到发光二极管的闪烁，51 单片机的 P1.1 口连接发光二极管应用电路设计如图 7-10 所示。

图 7-10 所示包含了 51 单片机外部晶体振荡器电路和复位电路，P1.1 口连接发光二极管的阴极（−），发光二极管的阳极（+）经过一个限流电阻后连接正电源，由于 51 单片机芯片的端口没有太大的功率输出，因此，发光二极管需要电源为其提供发光功率，而端口 P1.1 只起到控制发光二极管导通（亮）和截止（灭）的作用。当 P1.1 输出逻辑 0 时，发光二极管导

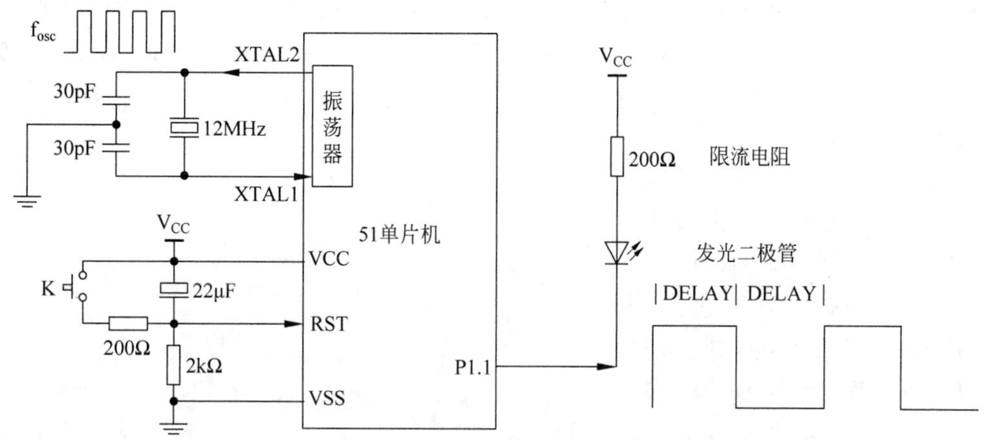

图 7-10　51 单片机最小工作系统以及 P1.1 连接发光二极管连线图

通；当 P1.1 输出逻辑 1 时，发光二极管截止，在 P1.1 口输出一个如图 7-10 所示的方波脉冲信号时，发光二极管则出现亮、暗交替闪烁状态。控制 P1.1 口输出方波脉冲信号的汇编语言程序如下。

```
LAMP    BIT     P1.1          ;定义输出端口
LEN     EQU     10H           ;确定延时长度常数
        ORG     0000H
        LJMP    START         ;程序开始
        ORG     0030H
START:  MOV     R5,#LEN       ;取延时长度常数
        LCALL   DELAY         ;调用延时子程序
        CPL     LAMP          ;对 P1.1 口的输出取反
        SJMP    START         ;循环往复
DELAY:  MOV     R7,#00H       ;延时子程序
        MOV     R6,#00H
LOOP:   DJNZ    R7,LOOP
        DJNZ    R6,LOOP
        DJNZ    R5,LOOP
        RET
        END
```

说明：延时子程序 DELAY 的延时时间计算公式为

$$DELAY=((1+1+(2\times256\times256+2\times256)\times LEN+2\times LEN+2)\times12)\div f_{osc}$$

当 f_{osc}=12MHz 时，DELAY 延时时间大约为 2 秒，该程序运行后发光二极管亮 2 秒，再灭 2 秒，循环闪烁。修改 LEN 值可改变延时时间，即改变了发光二极管的闪烁频率。

7.2.2　交通灯控制应用设计

视频讲解

交通十字路口红、绿灯示意如图 7-11 所示，由 51 单片机组成的模拟十

字路口红、绿灯控制电路如图 7-12 所示，红、绿灯使用红、绿发光二极管替代实现模拟显示，使用 P2 口控制 8 个灯(4 个方向)的亮、暗，P2 口每 1 位与十字路口红、绿灯的控制关系为

P2.7 — 控制→E_G(东_绿灯)

P2.6 — 控制→E_R(东_红灯)

P2.5 — 控制→S_G(南_绿灯)

P2.4 — 控制→S_R(南_红灯)

P2.3 — 控制→W_G(西_绿灯)

P2.2 — 控制→W_R(西_红灯)

P2.1 — 控制→N_G(北_绿灯)

P2.0 — 控制→N_R(北_红灯)

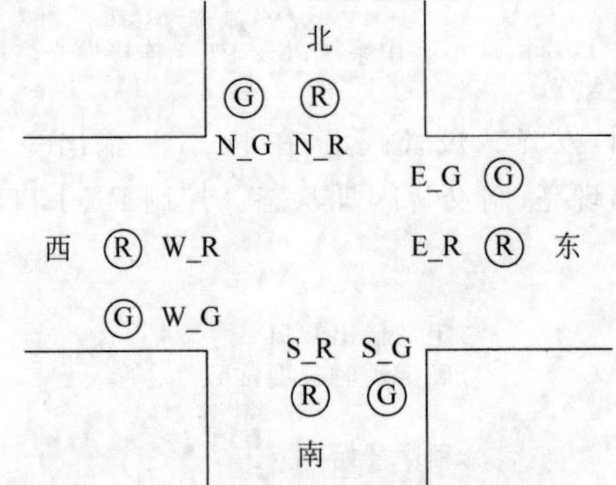

图 7-11 十字路口红、绿灯示意图

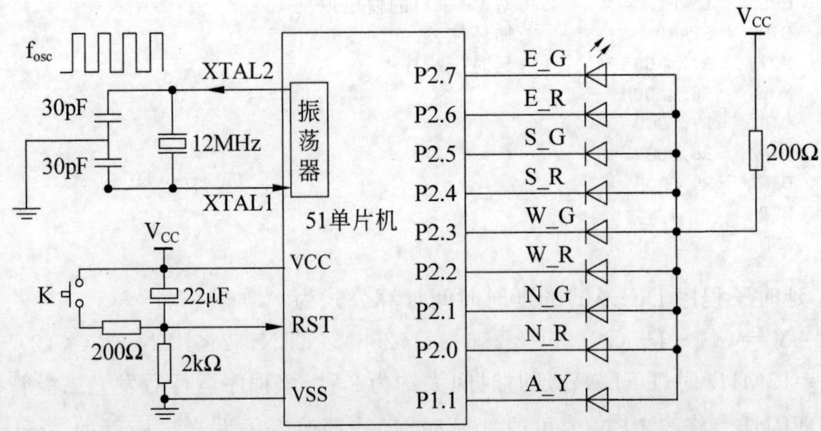

图 7-12 51 单片机组成的十字路口交通灯模拟控制系统连线图

图 7-12 为包含外部晶体振荡器和复位电路的 51 单片机应用系统，由 P2 口控制所有红、绿灯。P1.1 口连接一个黄发光二极管，可控制十字路口所有方向的黄灯(A_Y)，下面的汇编语言程序功能为间隔相同的时间实现东西绿灯(南北红灯)，以及南北绿灯(东西红灯)

操作。另外，在东西方向和南北方向红、绿灯转换期间黄灯亮，其他灯灭，正常红、绿灯显示期间黄灯灭。

```
E_G      BIT     P2.7             ;定义东_绿灯控制端口
E_R      BIT     P2.6             ;定义东_红灯控制端口
S_G      BIT     P2.5             ;定义南_绿灯控制端口
S_R      BIT     P2.4             ;定义南_红灯控制端口
W_G      BIT     P2.3             ;定义西_绿灯控制端口
W_R      BIT     P2.2             ;定义西_红灯控制端口
N_G      BIT     P2.1             ;定义北_绿灯控制端口
N_R      BIT     P2.0             ;定义北_红灯控制端口
A_Y      BIT     P1.1             ;定义所有黄灯控制端口
A_LAMP   EQU     P2               ;定义所有红、绿灯控制端口
LEN_GR   EQU     10H              ;确定红、绿灯显示延时长度常数
LEN_Y    EQU     8H               ;确定黄灯显示延时长度常数
         ORG     0000H
         LJMP    START            ;程序开始
         ORG     0030H
START:   LCALL   INIT             ;调用初始化子程序
MLOOP:   MOV     R5,#LEN_GR       ;取红、绿灯显示延时长度常数
         LCALL   DELAY            ;调用延时子程序
         CLR     A_Y              ;黄灯亮
         MOV     R5,#LEN_Y        ;取黄灯显示延时长度常数
         LCALL   DELAY            ;调用延时子程序
         SETB    A_Y              ;黄灯灭
         XRL     A_LAMP,#0FFH     ;转换东西和南北红、绿灯显示
         SJMP    MLOOP            ;循环往复
INIT:    CLR     E_G              ;东_绿灯亮
         SETB    E_R              ;东_红灯灭
         SETB    S_G              ;南_绿灯灭
         CLR     S_R              ;南_红灯亮
         CLR     W_G              ;西_绿灯亮
         SETB    W_R              ;西_红灯灭
         SETB    N_G              ;北_绿灯灭
         CLR     N_R              ;北_红灯亮
         SETB    A_Y              ;黄灯灭
         RET
DELAY:   MOV     R7,#00H          ;延时子程序
         MOV     R6,#00H
LOOP:    DJNZ    R7,LOOP
         DJNZ    R6,LOOP
         DJNZ    R5,LOOP
         RET
         END
```

说明："XRL　A_LAMP,#0FFH"指令的功能是先将A_LAMP(P2)中的数据读出，即读出P2口锁存器中锁存的数据，然后该数据同十六进制立即数0FF按位作逻辑异或操

作，再将运算结果写入 P2 口锁存器中。一个 8 位数据同 0FF 数据按位作逻辑异或操作相当于将该数据各位取反操作。

视频讲解

7.2.3 跑马灯控制应用设计

"跑马灯"指的是一种信息显示的方式，其方式为表示的信息是首尾相连的，向一个方向循环滚动地显示，例如，横向、纵向循环滚动显示的广告文字等。

如图 7-13 所示是由发光二极管组成的圆柱装饰信息条，发光二极管的亮、暗就可采用"跑马灯"方式进行控制显示。其方式为按顺时针方向或按逆时针方向逐个点亮每个灯，每个灯点亮相同的时间，其效果为一个光点沿着圆柱边缘按照一个方向在不停地跑。

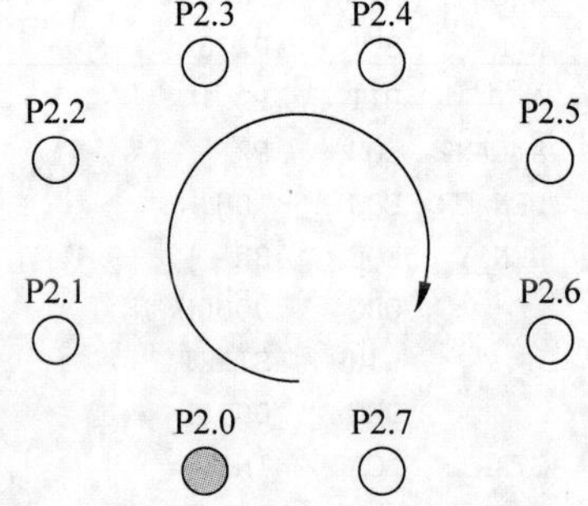

图 7-13　发光二极管组成的圆柱图

51 单片机组成的"跑马灯"控制电路如图 7-12 所示。P2 口控制所有圆柱边缘的 8 个发光二极管，P2 口的每个(位)连接线连接各位置上的发光二极管如图 7-13 所示。控制 8 个发光二极管按"跑马灯"方式显示的汇编语言程序如下。

```
LAMP    EQU   P2          ;定义控制灯的端口
INIT    EQU   0FEH        ;定义显示灯亮的初始值,P2.0 = 0
LEN     EQU   10H         ;确定灯亮延时长度常数
        ORG   0000H
        LJMP  START       ;程序开始
        ORG   0030H
START:  MOV   LAMP,#INIT  ;点亮最先亮的灯,P2.0 控制的灯
MLOOP:  MOV   R5,#LEN     ;取显示灯亮延时长度常数
        LCALL DELAY       ;调用延时子程序
        MOV   A,LAMP      ;读取当前灯亮的位置
        RL    A           ;顺时针循环左移 1 位(逆时针右移 1 位 RR A)
        MOV   LAMP,A      ;点亮下一个灯,关闭当前灯
        SJMP  MLOOP       ;循环显示
DELAY:  MOV   R7,#00H     ;延时子程序
        MOV   R6,#00H
LOOP:   DJNZ  R7,LOOP
        DJNZ  R6,LOOP
        DJNZ  R5,LOOP
        RET
        END
```

7.2.4 简单键盘输入应用设计

51 单片机的 P1～P3 口内部都有上拉电阻，在作为数据输入接口使用时，其端口平时(常态)是处于高电平(逻辑 1)状态的。因此，要求有效的输入电平为低电平(逻辑 0 或负跳

沿),使用一个金属开关SW连接到P1口对外信号连接线PIN的电气连接如图7-14所示。

当开关SW为非按下状态时,P1.n保持高电平。当开关SW(引脚2连接处)与P1.n的连接线较长时,为避免线路的干扰,在开关SW(2)处连接一个上拉电阻(10～100kΩ),该上拉电阻与P1口内部的上拉电阻为并联关系,使P1.n保持稳定的高电平状态;当开关SW为按下状态时,因开关SW(1)处连接到信号地(低电平),开关SW(1)与SW(2)两端为导通状态,低电平信号加载到P1.n口上。当开关SW按下与释放时,端口P1.n处的理想信号波形如图7-15所示,但是由于金属的接触并非是在一瞬间完全接触,或者由于人按键的方式不同,在开关SW被按下(或释放)的瞬间,开关的金属接触(或断开)会出现抖动,抖动产生的效果如图7-15所示。当51单片机查询指令执行的速度远大于开关金属接触抖动的频率时,将会产生判断多次按键出现的结果,因此,为消除开关金属接触抖动,一般在开关SW(2)处连接一个滤波电容(0.01～0.1μF),在硬件上消除高频抖动。另外,还可以通过软件(程序)消除按键产生的抖动。

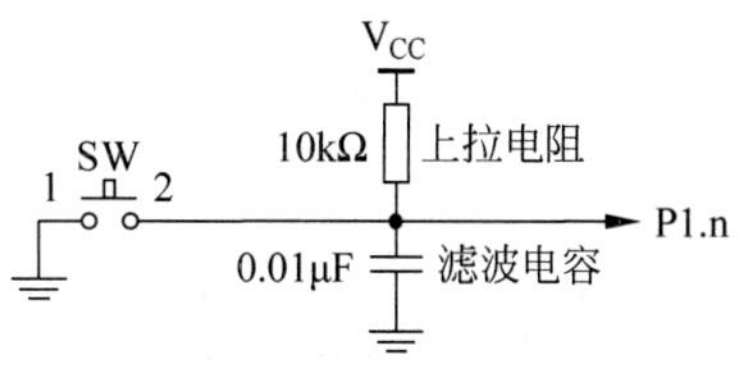

图7-14 按键连接电路

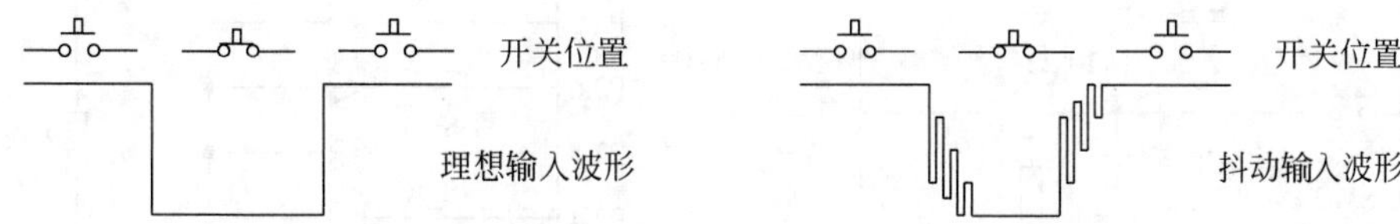

图7-15 开关SW按下与释放的波形图

图7-16是在由51单片机组成的十字路口交通灯模拟控制系统的基础上增加了按键控制管理功能,例如,通过按键控制十字路口交通灯的亮、暗情况。图7-16中有4个按键开关SW1～SW4,分别与P1.2～P1.5连接,设置P1.2～P1.5为输入接口,则可采集到按键开关SW1～SW4被按下的状态。

下面的汇编语言程序采用查询方式采集P1.2～P1.5输入端口,检查是否有键被按下。其实现的功能为当按SW1键后东方向为绿灯,其他方向为红灯;当按SW2键后南方向为绿灯,其他方向为红灯;当按SW3键后西方向为绿灯,其他方向为红灯;当按SW4键后北方向为绿灯,其他方向为红灯。

```
SW1      BIT     P1.2            ;定义按键 SW1 输入端口
SW2      BIT     P1.3            ;定义按键 SW2 输入端口
SW3      BIT     P1.4            ;定义按键 SW3 输入端口
SW4      BIT     P1.5            ;定义按键 SW4 输入端口
A_LAMP   EQU     P2              ;定义所有红、绿灯控制端口
E_G_D    EQU     01101010B       ;定义东方向绿灯、其他方向红灯控制数据
S_G_D    EQU     10011010B       ;定义南方向绿灯、其他方向红灯控制数据
W_G_D    EQU     10100110B       ;定义西方向绿灯、其他方向红灯控制数据
N_G_D    EQU     10101001B       ;定义北方向绿灯、其他方向红灯控制数据
```

```
        ORG     0000H
        LJMP    START                  ;程序开始
        ORG     0030H
START:  JB      SW1,NEXT1              ;采集开关 SW1 是否被按下,没有按下转到 NEXT1
        MOV     A_LAMP,#E_G_D          ;被按下,设置东方向绿灯,其他方向红灯
        SJMP    START                  ;重新开始查询开关被按下情况
NEXT1:  JB      SW2,NEXT2              ;采集开关 SW2 是否被按下,没有按下转到 NEXT2
        MOV     A_LAMP,#S_G_D          ;被按下,设置南方向绿灯,其他方向红灯
        SJMP    START                  ;重新开始查询开关被按下情况
NEXT2:  JB      SW3,NEXT3              ;采集开关 SW3 是否被按下,没有按下转到 NEXT3
        MOV     A_LAMP,#W_G_D          ;被按下,设置西方向绿灯,其他方向红灯
        SJMP    START                  ;重新开始查询开关被按下情况
NEXT3:  JB      SW4,START              ;采集开关 SW4 是否被按下,没有按下重新查询
        MOV     A_LAMP,#N_G_D          ;被按下,设置北方向绿灯,其他方向红灯
        SJMP    START                  ;重新开始查询开关被按下情况
        END
```

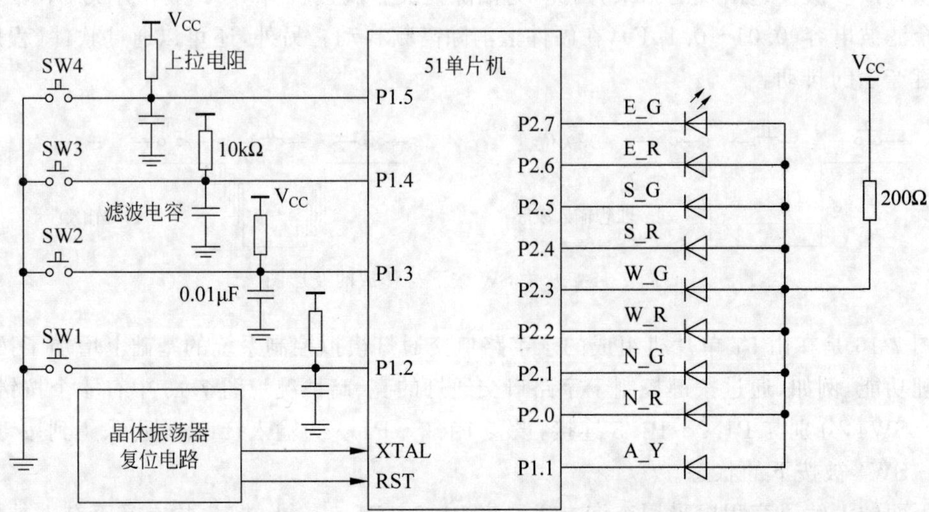

图 7-16　51 单片机组成的按键输入系统连线图

通过软件(程序)消除按键产生的抖动有多种方法,方法 1 程序查询按键流程如图 7-17 所示,源程序代码如下。

```
SW1     BIT     P1.2
START:  …
        JNB     SW1,NEXT       ;第一次查询
        SJMP    START
NEXT:   NOP                    ;短延时
        NOP                    ;消除抖动
        NOP
        JB      SW1,START      ;第二次查询
        …                      ;有按键
```

说明：当第一次查询有按键时，为保证按键持续一段时间，即键按下后 P1.2 口持续一段时间的稳定低电平，延时后再次确认是否键还被按着，得到确认说明按键有效。另外，可多次查询按键，查询次数可根据实际情况确定。

消除按键产生抖动的方法 2 程序查询按键流程如图 7-18 所示，源程序代码如下。

```
SW1       BIT     P1.2
START:    …
          JNB     SW1,NEXT        ;查询按键
          SJMP    START
NEXT:     NOP                     ;有按键,延时
          NOP                     ;消除抖动
          NOP                     ;短延时
LOOP:     JNB     SW1,LOOP        ;查键被释放
          …                       ;一次有效按键
```

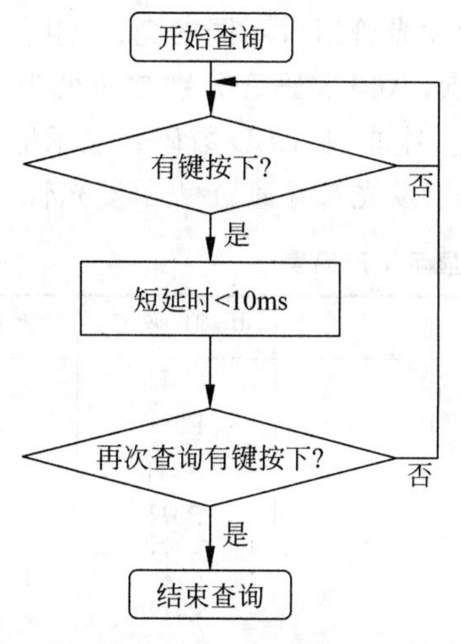

图 7-17　多次查询确认按键

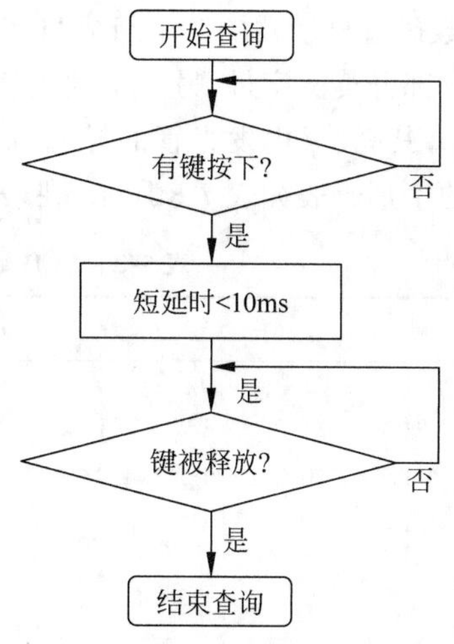

图 7-18　查询按键以及释放键

说明：当第一次查询有按键时，延时一段时间后检查按下的键是否被释放，当按键被释放后，说明完成了一次有效按键。另外，该方法还可以避免连击按键。

7.2.5　八段数码管 LED 显示设计

视频讲解

八段 LED 数码管显示器实际是由 7 段数码管（长条外形的发光二极管）和 1 个发光二极管组成，其中 7 个长条形的发光管排列成“日”字形，另一个发光二极管在数码管显示器的右下角作为显示小数点使用。八段 LED 数码管显示器外形以及引脚定义如图 7-19 所示。

LED 数码管显示器是由发光二极管组成的，其内部有两种连接形式：一种是 8 个发光二极管的阳极都连在一起，被称为共阳极 LED 数码管显示器；另一种是 8 个发光二极管的阴极都连在一起，被称为共阴极 LED 数码管显示器。两种连接形式如图 7-19 所示。

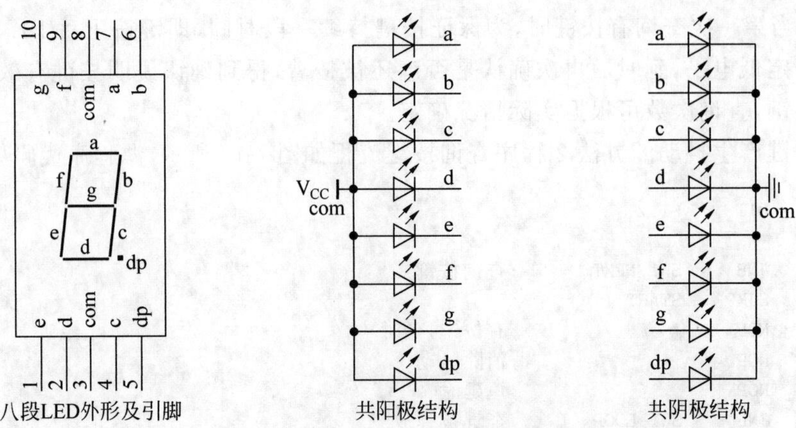

图 7-19 LED 显示器外形、共阳极 LED 和共阴极 LED 内部结构

LED 数码管显示器的 7 个组成“日”字的长条形发光管通过不同的亮、灭组合可以显示各种数字及部分英文字母，另一个发光管显示小数点，八段数码管分别被命名为 a、b、c、d、e、f、g 和 dp，其亮、灭由发光管的导通、截止来确定。例如，用 LED 数码管显示器显示十六进制数据的字形码表如表 7-3 所示，在表 7-3 中 0 表示发光管导通、1 表示发光管截止。

表 7-3 LED 数码管显示器显示字形码表

显示字形	dp	g	f	e	d	c	b	a	共阳极码	共阴极码
0	1	1	0	0	0	0	0	0	C0H	3FH
1	1	1	1	1	1	0	0	1	F9H	06H
2	1	0	1	0	0	1	0	0	A4H	5BH
3	1	0	1	1	0	0	0	0	B0H	4FH
4	1	0	0	1	1	0	0	1	99H	66H
5	1	0	0	1	0	0	1	0	92H	6DH
6	1	0	0	0	0	0	1	0	82H	7DH
7	1	1	1	1	1	0	0	0	F8H	07H
8	1	0	0	0	0	0	0	0	80H	7FH
9	1	0	0	1	0	0	0	0	90H	6FH
A	1	0	0	0	1	0	0	0	88H	77H
b	1	0	0	0	0	0	1	1	83H	7CH
C	1	1	0	0	0	1	1	0	C6H	39H
d	1	0	1	0	0	0	0	1	A1H	5EH
E	1	0	0	0	0	1	1	0	86H	79H
F	1	0	0	0	1	1	1	0	8EH	71H
“灭”	1	1	1	1	1	1	1	1	FFH	00H

由 51 单片机 P2 口控制一个共阳极八段 LED 数码管显示器的硬件设计原理如图 7-20 所示。

图 7-20 系统可以通过 LED 显示器显示所按键的标号。当按下 SW1 时 LED 显示器显

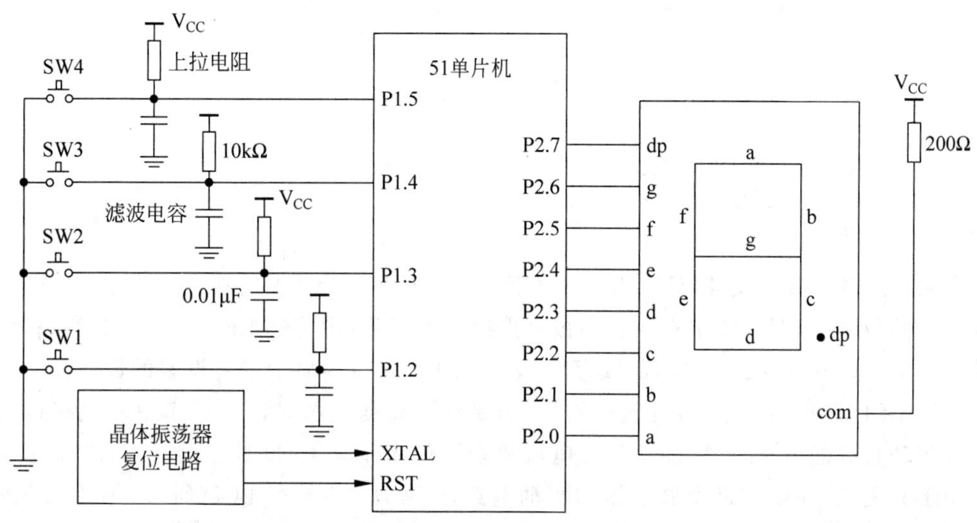

图 7-20　51 单片机 P2 口控制共阳极八段 LED 数码管显示器连线图

示 1、当按下 SW2 时 LED 显示器显示 2、当按下 SW3 时 LED 显示器显示 3、当按下 SW4 时 LED 显示器显示 4。其汇编语言源程序如下。

```
SW1      BIT      P1.2                ;定义按键 SW1 输入端口
SW2      BIT      P1.3                ;定义按键 SW2 输入端口
SW3      BIT      P1.4                ;定义按键 SW3 输入端口
SW4      BIT      P1.5                ;定义按键 SW4 输入端口
C_LED    EQU      P2                  ;定义控制 LED 显示器的端口
         ORG      0000H
         LJMP     START               ;程序开始
         ORG      0030H
START:   JB       SW1,NEXT1           ;采集开关 SW1 是否被按下,没有按下转到 NEXT1
         MOV      A,#1                ;SW1 被按下,输入参数 A = 1
         LCALL    DISP                ;调用 LED 显示器显示子程序
         SJMP     START               ;重新开始查询开关被按下情况
NEXT1:   JB       SW2,NEXT2           ;采集开关 SW2 是否被按下,没有按下转到 NEXT2
         MOV      A,#2                ;SW2 被按下,输入参数 A = 2
         LCALL    DISP                ;调用 LED 显示器显示子程序
         SJMP     START               ;重新开始查询开关被按下情况
NEXT2:   JB       SW3,NEXT3           ;采集开关 SW3 是否被按下,没有按下转到 NEXT3
         MOV      A,#3                ;SW3 被按下,输入参数 A = 3
         LCALL    DISP                ;调用 LED 显示器显示子程序
         SJMP     START               ;重新开始查询开关被按下情况
NEXT3:   JB       SW4,START           ;采集开关 SW4 是否被按下,没有按下重新查询
         MOV      A,#4                ;SW4 被按下,输入参数 A = 4
         LCALL    DISP                ;调用 LED 显示器显示子程序
         SJMP     START               ;重新开始查询开关被按下情况
DISP:    MOV      DPTR,#WTAB          ;LED 显示器显示子程序,取字形码表存放首地址
```

```
        MOVC    A,@A+DPTR              ;根据显示数字查字形码表
        MOV     C_LED,A                ;设置 LED 显示器显示数字
        RET
WTAB:   DB      0C0H,0F9H,0A4H,0B0H    ;定义共阳极字形码表,显示字符 0~F
        DB      099H,092H,082H,0F8H
        DB      080H,090H,088H,083H
        DB      0C6H,0A1H,086H,08EH
        END
```

说明:控制 LED 显示器显示为一个子程序,累加器 A 为子程序的输入参数,A 中存放需要显示的数字,根据该数字查找共阳极字形码表 WTAB 中控制 LED 的显示数码,将该数码输出到 P2 口,由于 P2 口有内部锁存器,因此,LED 将持续显示最后设置的数字。

由于 LED 显示器属于电/光转换器件,当要求高亮度显示时,普通 51 单片机接口没有大电流驱动负载能力,需要增加专门的电流驱动器件来驱动 LED 显示器。CD4511 芯片是专门用于共阴极 LED 数码管显示器的驱动电路,CD4511 还具有 BCD 码(A、B、C、D)到七段显示码(a、b、c、d、e、f、g)的译码器,即 CD4511 的输入是 BCD 码。CD4511 芯片引脚以及与共阴极 LED 显示器的连接如图 7-21 所示,CD4511 芯片 BCD 码转换七段显示码的译码真值表(输入/输出)如表 7-4 所示。

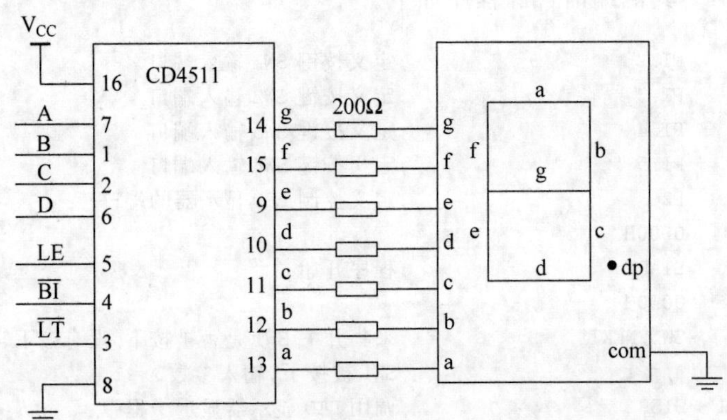

图 7-21 CD4511 芯片引脚以及与共阴极 LED 显示器连接图

表 7-4 CD4511 芯片 BCD 码转七段显示码译码真值表

输入信号							输出信号							
LE	$\overline{BI}$	$\overline{LT}$	D	C	B	A	a	b	c	d	e	f	g	显示
x	x	0	x	x	x	x	1	1	1	1	1	1	1	8
x	0	1	x	x	x	x	0	0	0	0	0	0	0	*
0	1	1	0	0	0	0	1	1	1	1	1	1	0	0
0	1	1	0	0	0	1	0	1	1	0	0	0	0	1
0	1	1	0	0	1	0	1	1	0	1	1	0	1	2
0	1	1	0	0	1	1	1	1	1	1	0	0	1	3

续表

输入信号							输出信号							
LE	$\overline{BI}$	$\overline{LT}$	D	C	B	A	a	b	c	d	e	f	g	显示
0	1	1	0	1	0	0	0	1	1	0	0	1	1	4
0	1	1	0	1	0	1	1	0	1	1	0	1	1	5
0	1	1	0	1	1	0	0	0	1	1	1	1	1	6
0	1	1	0	1	1	1	1	1	1	0	0	0	0	7
0	1	1	1	0	0	0	1	1	1	1	1	1	1	8
0	1	1	1	0	0	1	1	1	1	0	0	1	1	9
0	1	1	1	0	1	0	0	0	0	0	0	0	0	*
0	1	1	1	0	1	1	0	0	0	0	0	0	0	*
0	1	1	1	1	0	0	0	0	0	0	0	0	0	*
0	1	1	1	1	0	1	0	0	0	0	0	0	0	*
0	1	1	1	1	1	0	0	0	0	0	0	0	0	*
0	1	1	1	1	1	1	0	0	0	0	0	0	0	*
1	1	1	x	x	x	x	*	*	*	*	*	*	*	*

注：x为任意值，*为消隐(不显示)。

CD4511芯片引脚A～D为BCD码输入端、LE为数据锁定控制端、$\overline{BI}$为输出消隐控制端、$\overline{LT}$为测试端、a～g为数据输出端，使用51单片机并口的4位连接CD4511引脚A～D即可控制一个八段LED数码管显示器显示数字0～9。

使用C51语言实现八段LED数码管显示程序(功能同汇编语言程序)如下。

```
#include <reg51.h>                                  //引入51单片机特殊功能寄存器定义
#define LEDPort P2                                  //声明LED输出端口
sbit sw1 = P1^2;                                    //声明读键sw1输入端口
sbit sw2 = P1^3;                                    //声明读键sw2输入端口
sbit sw3 = P1^4;                                    //声明读键sw3输入端口
sbit sw4 = P1^5;                                    //声明读键sw4输入端口
unsigned char code Seg_Code[] = {                   //定义共阳极字形码表,显示字符0～F
        0x0c0,0x0f9,0x0a4,0x0b0,0x099,0x092,0x082,0x0f8,
        0x080,0x090,0x088,0x083,0x0c6,0x0a1,0x086,0x08e};
void main() {                                       //定义主函数
  while(1) {                                        //控制程序无限循环
    if(sw1 == 0) LEDPort = Seg_Code[0x1];           //如果是sw1按下,LED显示1
    if(sw2 == 0) LEDPort = Seg_Code[0x2];           //如果是sw2按下,LED显示2
    if(sw3 == 0) LEDPort = Seg_Code[0x3];           //如果是sw3按下,LED显示3
    if(sw4 == 0) LEDPort = Seg_Code[0x4];           //如果是sw4按下,LED显示4
  }
}
```

第 8 章

51 单片机中断应用

可编程中断 I/O 接口器件是外部 I/O 设备异步发生事件的管理器。计算机 CPU 通过它实现对外部 I/O 设备产生事件的处理。51 单片机的中断处理能力是由 CPU 和可编程中断 I/O 接口器件配合工作体现的,它也是单片机功能强弱的重要标志之一。本章介绍 51 单片机的可编程中断处理接口的工作机制,以及中断的应用。

8.1 中断接口的工作原理

计算机系统设计的完整中断机制包括中断申请、中断响应、中断处理、中断返回以及中断优先级等几部分。51 单片机可编程中断 I/O 接口是实现辅助 CPU 管理中断功能的,普通 51 单片机的中断接口可管理 5 个外部中断源。

8.1.1 51 单片机中断管理流程

51 单片机可编程中断 I/O 接口器件主要包括中断方式控制寄存器、中断标志寄存器、中断允许控制寄存器、中断优先级控制寄存器等。CPU 通过对这些寄存器的读、写操作可以实现管理外部的中断源,其管理流程如图 8-1 所示。

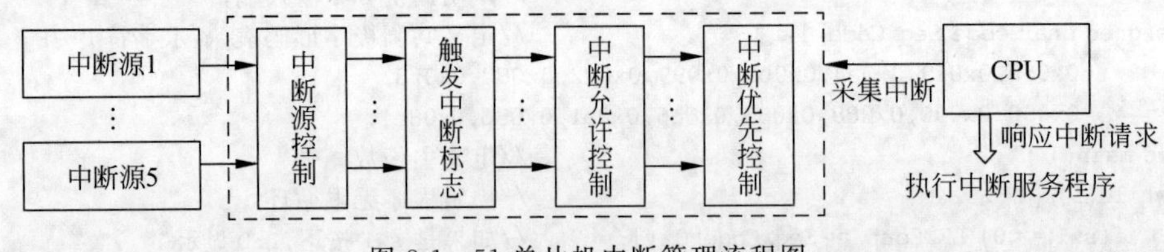

图 8-1 51 单片机中断管理流程图

51 单片机允许固定的 5 个中断源产生中断,在相同的优先级别上其排列顺序也是固定的,可编程中断接口就是管理这 5 个中断源的。中断接口中主要包括中断源控制、中断标志、中断允许控制、中断优先控制 4 组寄存器,其管理和控制流程为:当中断源按照“中断源控制”寄存器指出的中断方式产生中断后,该中断源产生的中断触发中断标志寄存器,当该中断被“中断允许控制”寄存器所允许时,则按照“中断优先控制”寄存器排列的顺序,等待

CPU 的处理。

8.1.2　51 单片机的中断源

51 单片机有 5 个固定的中断源：2 个中断源来自 51 单片机芯片外部、3 个中断源来自 51 单片机芯片内部的定时器/计数器接口(2 个中断源)和串行通信接口(1 个中断源)。中断源的固定顺序、表示符号、名称、来源、产生中断的条件等如表 8-1 所示。

表 8-1　51 单片机中断源列表

固定序号	表示符号	名　称	中断产生根源	产生中断条件
1	INT0	外中断 0	外部 P3.2	在 P3.2 上产生低电平或负跳沿
2	T0	定时器/计数器 0	内部定时器/计数器 0 接口	内部定时器/计数器 0 溢出
3	INT1	外中断 1	外部 P3.3	在 P3.3 上产生低电平或负跳沿
4	T1	定时器/计数器 1	内部定时器/计数器 1 接口	内部定时器/计数器 1 溢出
5	IS(TX/RX)	串行通信	内部串行通信接口	内部串口完成接收或发送数据

51 单片机芯片内部的可编程中断接口就是用于管理这 5 个中断源的。

8.1.3　可编程中断接口的结构

51 单片机芯片内部可编程中断接口的电路结构框图如图 8-2 所示。

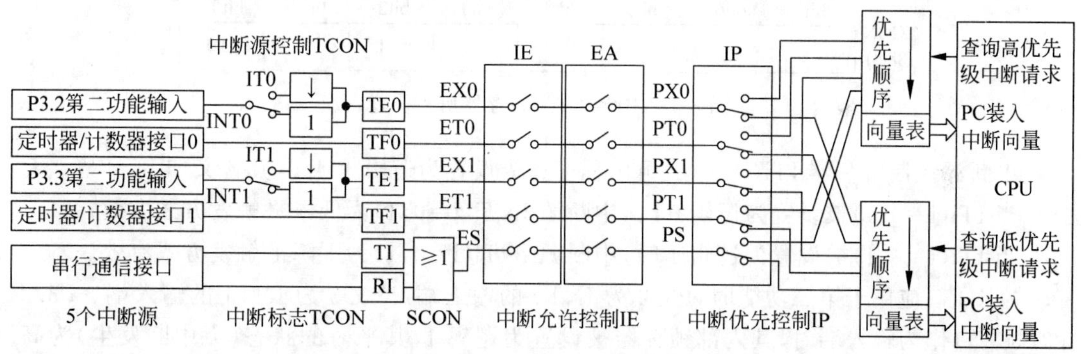

图 8-2　51 单片机可编程中断接口电路结构框图

51 单片机中断接口电路主要由可按位操作编程的寄存器组成，与中断源相对应的寄存器名称以及它们所属的特殊功能寄存器的名称等如表 8-2 所示。

表 8-2　中断接口可按位操作编程寄存器列表

中 断 源	中断源控制	中 断 标 志	中 断 标 志	中断允许控制	中 断 总 控	中断优先控制
INT0	IT0	IE0		EX0	EA	PX0
T0	T0 接口	TF0		ET0	EA	PT0
INT1	IT1	IE1		EX1	EA	PX1

续表

中断源	中断源控制	中断标志	中断标志	中断允许控制	中断总控	中断优先控制
T1	T1 接口	TF1		ET1	EA	PT1
IS(TX/RX)	串行通信接口		TI	ES	EA	PS
			RI			
SFR(8bit)	TCON	TCON	SCON	IE	IE	IP

51 单片机中断接口可按位编程寄存器有中断源控制寄存器 IT0、IT1,中断标志寄存器 IE0、IE1、TF0、TF1、TI、RI,中断允许控制寄存器 EX0、ET0、EX1、ET1、ES、EA,以及中断优先控制寄存器 PX0、PT0、PX1、PT1、PS。

8.1.4 中断接口可操作寄存器的定义

51 单片机中断系统是依赖接口中可编程寄存器的编程操作控制和管理中断源的,每个寄存器在中断接口中都有明确的定义和用途。

1. 中断源控制寄存器

中断源控制寄存器 IT0 和 IT1 是用于设置 51 单片机外部中断源 INT0(P3.2)、INT1(P3.3)触发方式的,它们被安排在特殊功能寄存器组的定时器/计数器控制寄存器 TCON 中,其所在位置如图 8-3 所示。

	bit7	bit6	bit5	bit4	bit3	bit2	bit1	bit0
TCON (88H)						IT1		IT0

图 8-3 中断源控制寄存器所在位置

中断源控制寄存器 ITi(i=0,1)可由程序指令设置为逻辑 1 或 0,其含义如下:

当 ITi(i=0,1)被设置为逻辑 0 时,中断源 INTi(i=0,1)为低电平触发方式有效;

当 ITi(i=0,1)被设置为逻辑 1 时,中断源 INTi(i=0,1)为下降沿触发方式有效。

在 P3 口应用于第二功能时,P3.2 为 INT0 的输入端。P3.3 为 INT1 的输入端。P3.2 和 P3.3 口作为输入端时,其内部锁存器被设置为逻辑 1,其平时的状态(无中断发生)为高电平。当 P3.2(或 P3.3)口被外部器件或设备强置为低电平或从高电平到低电平产生下降沿时,则发生中断。中断具体是低电平有效还是下降沿有效需要视 ITi 设置的状态而定。

另外 3 个中断源(T0、T1、IS)则由可编程定时器/计数器接口和串行通信接口实施控制。

2. 中断标志寄存器

中断标志寄存器是指示是否有中断发生。当有中断发生时,中断标志寄存器被设置为逻辑 1,6 个中断标志寄存器 IE0、IE1、TF0、TF1、TI、RI 分别对应 5 个中断源,它们代表了对应的中断源产生了中断请求,IE0、IE1、TF0、TF1 标志寄存器被安排在特殊功能寄存器 SFR 组的定时器/计数器控制寄存器 TCON 中,其所在位置如图 8-4 所示;TI、RI 标志寄存器被安排在特殊功能寄存器 SFR 组的串行口控制寄存器 SCON 中，其所在位置如图 8-5 所示。

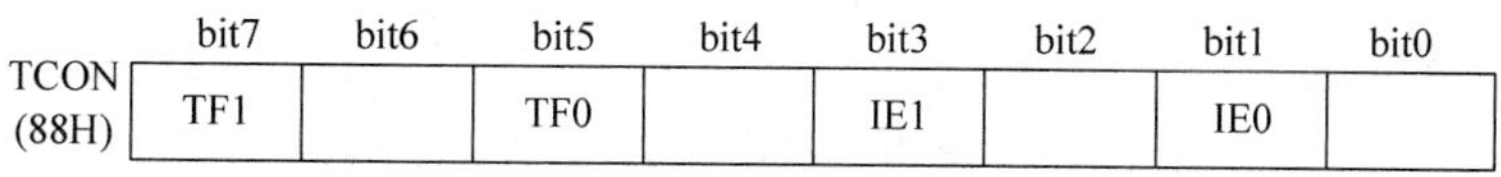

图 8-4　中断标志寄存器所在位置

SCON (98H)	bit7	bit6	bit5	bit4	bit3	bit2	bit1	bit0
							TI	RI

图 8-5　中断标志寄存器所在位置

中断标志寄存器在中断发生时由 51 单片机硬件设置为逻辑 1。每个中断标志寄存器代表的各自中断源以及该寄存器的清除处理如下所述。

当 IEi(i=0,1)被设置为逻辑 1 时，指示外部 INTi(i=0,1)中断源产生了中断，当 CPU 响应该中断，调用对应 INTi 的中断服务程序时，对应的中断标志寄存器(IE0 或 IE1)被硬件自动清为逻辑 0，以保证下次中断的正常产生。

当 TFi(i=0,1)被设置为逻辑 1 时，指示定时器/计数器接口 Ti(i=0,1)中断源产生了中断，当 CPU 响应该中断，调用对应 Ti 的中断服务程序时，对应的中断标志寄存器(TF0 或 TF1)被硬件自动清为逻辑 0，以保证下次中断的正常产生。

IEi 和 TFi 中断标志器是可以通过 CLR 指令清除的，当一个中断标志在没有得到 CPU 响应之前就被清除时，该中断被 CPU 忽略。

串行通信(RS-232)接口产生的中断有两个中断标志寄存器 TI 和 RI 指示其中断的发生。当 TI 被设置为逻辑 1 时，指示串行通信接口完成一帧数据的发送；当 RI 被设置为逻辑 1 时，指示串行通信接口完成一帧数据的接收。注意，当 CPU 响应串行通信接口中断，调用对应串行通信接口的中断服务程序时，TI 和 RI 不会自动清为逻辑 0。因为串行通信接口的中断在 51 单片机中并不能自动判断是发送完成还是接收完成所产生的，所以需要在程序中根据发送完成或接收完成使用指令清除对应的 TI 或 RI 寄存器，以便保证下次该接口中断的正常产生。TI 或 RI 寄存器清 0 的指令如下：

```
CLR    TI                ；清除 RS－232 接口发送完成中断标志
```

或

```
CLR    RI                ；清除 RS－232 接口接收完成中断标志
```

3. 中断允许控制寄存器

中断允许控制寄存器是指示是否允许 CPU 响应中断请求。当该寄存器被设置为逻辑 1 时，表明允许 CPU 响应中断请求，设置为逻辑 0 表示屏蔽中断请求，中断允许控制寄存器 EX0、ET0、EX1、ET1、ES、EA 被安排在特殊功能寄存器 SFR 组的中断允许寄存器 IE 中。

其所在位置如图 8-6 所示。

	bit7	bit6	bit5	bit4	bit3	bit2	bit1	bit0
IE (A8H)	EA			ES	ET1	EX1	ET0	EX0

图 8-6 中断允许控制寄存器所在位置

51 单片机中断的开放与关闭是通过中断允许控制寄存器实施两级控制的，即一个总控开关 EA 和分别控制每个中断源是否允许中断的开关 EX0、ET0、EX1、ET1、ES。每个中断允许控制寄存器的含义如下所述。

EA 为中断允许总控制位。当 EA＝0 时，屏蔽所有的中断请求；当 EA＝1 时，允许 CPU 响应中断请求，CPU 是否响应各中断源的中断请求，还要取决于各中断源对应的中断允许控制寄存器的状态。

EX0 为外部中断源 INT0 允许控制位。当 EX0＝0 时，屏蔽 INT0 的中断请求；当 EX0＝1 时，允许 INT0 的中断请求，同时 EA＝1 时 CPU 才能响应 INT0 的中断请求。

ET0 为定时器/计数器接口中断源 T0 允许控制位。当 ET0＝0 时，屏蔽 T0 的中断请求；当 ET0＝1 时，允许 T0 的中断请求，同时 EA＝1 时 CPU 才能响应 T0 的中断请求。

EX1 为外部中断源 INT1 允许控制位。当 EX1＝0 时，屏蔽 INT1 的中断请求；当 EX1＝1 时，允许 INT1 的中断请求，同时 EA＝1 时 CPU 才能响应 INT1 的中断请求。

ET1 为定时器/计数器接口中断源 T1 允许控制位。当 ET1＝0 时，屏蔽 T1 的中断请求；当 ET1＝1 时，允许 T1 的中断请求，同时 EA＝1 时 CPU 才能响应 T1 的中断请求。

ES 为串行通信接口中断源 IS 允许控制位。当 ES＝0 时，屏蔽 IS 的中断请求；当 ES＝1 时，允许 IS 的中断请求，同时 EA＝1 时 CPU 才能响应 IS 的中断请求。

中断允许控制寄存器的两级控制是逻辑与的关系，例如，允许 INT0 和 INT1 两个中断源请求中断的设置程序片段为

```
SETB    EX0        ;允许 INT0 请求中断,第一级控制
SETB    EX1        ;允许 INT1 请求中断,第一级控制
SETB    EA         ;CPU 开放中断,第二级控制
```

4. 中断优先级控制寄存器

中断优先级控制寄存器用于排列 CPU 响应各中断源中断请求顺序。当该寄存器被设置为逻辑 1 时，表明 CPU 优先响应对应该寄存器的中断源的中断请求，中断优先级控制寄存器 PX0、PT0、PX1、PT1、PS 被安排在特殊功能寄存器 SFR 组的中断优先级寄存器 IP 中，其所在位置如图 8-7 所示。

	bit7	bit6	bit5	bit4	bit3	bit2	bit1	bit0
IP (B8H)				PS	PT1	PX1	PT0	PX0

图 8-7 中断优先级控制寄存器所在位置

51 单片机的中断优先级分为两级：高级别和低级别。中断优先级控制寄存器 PX0、PT0、PX1、PT1、PS 是分别设置每个中断源的优先级别。每个优先级寄存器的具体含义如下所述。

PX0 为外部中断源 INT0 优先级别控制位。当 PX0=1 时，INT0 为高级别中断源；当 PX0=0 时，INT0 为低级别中断源。

PT0 为定时器/计数器接口中断源 T0 优先级别控制位。当 PT0=1 时，T0 为高级别中断源；当 PT0=0 时，T0 为低级别中断源。

PX1 为外部中断源 INT1 优先级别控制位。当 PX1=1 时，INT1 为高级别中断源；当 PX1=0 时，INT1 为低级别中断源。

PT1 为定时器/计数器接口中断源 T1 优先级别控制位。当 PT1=1 时，T1 为高级别中断源；当 PT1=0 时，T1 为低级别中断源。

PS 为串行通信接口中断源 IS 优先级别控制位。当 PS=1 时，IS 为高级别中断源；当 PS=0 时，IS 为低级别中断源。

51 单片机的中断系统通过中断优先级控制寄存器可以实现中断服务程序的嵌套，高级别的中断源请求中断可以打断低级别正在进行的中断服务。CPU 的中断嵌套响应过程如图 8-8 所示。

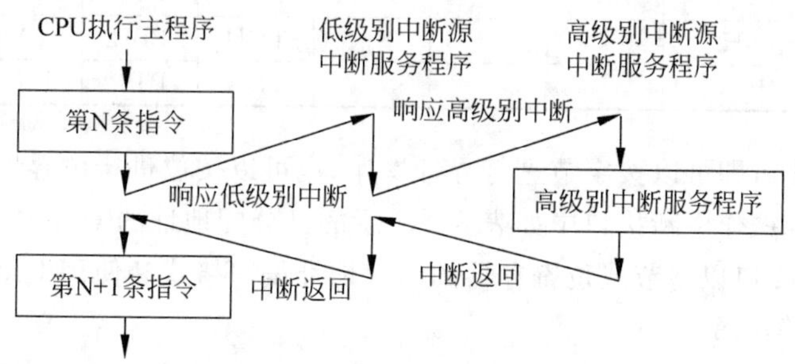

图 8-8 CPU 的中断嵌套响应过程

51 单片机的中断系统只可以实现两级中断嵌套——中断优先级控制寄存器被设置为 1 的中断源请求的中断可以中断另外的中断优先级控制寄存器被设置为 0 的中断源正在进行的中断服务。因此，当 CPU 执行高级别的中断服务程序时将不再查询是否有中断发生。在 CPU 执行低级别的中断服务程序时，还需要查询是否有高级别的中断发生，但是相同级别的中断源请求中断时将不发生中断的嵌套响应。

当相同级别的中断源在不同的时间向 CPU 请求中断服务时，哪个中断源先请求中断，则 CPU 为该中断源服务，后请求中断的中断源需要等待 CPU 完成同级别的中断服务再为其提供服务；当相同级别的中断源在同一时刻同时向 CPU 请求中断服务时，51 单片机中断系统的设计是 CPU 响应哪个中断源的请求取决于其硬件查询中断的顺序。硬件查询中断的顺序是固定的，也可称之为同级内的优先级，其优先级从高到低的顺序为外中断 INT0、定时器/计数器接口 T0、外中断 INT1、定时器/计数器接口 T1、串行通信接口 IS，与

表 8-1 中中断源“固定序号”一致。例如，当中断源 INT0 和 T0 同时请求中断服务时，CPU 将先为同级内高级别的 INT0 提供中断服务，服务完成后再为 T0 提供中断服务。

8.1.5 中断接口可编程寄存器的编址

51 单片机中断接口中可编程寄存器的编址方式采用的是存储器统一编址方式，它们占用存储器字节和位地址空间如表 8-3 所示。

表 8-3 中断接口可编程寄存器名称以及寻址地址表

名 称	字节地址	MSB			位 地 址				LSB
	汇编符号	MSB			汇 编 符 号				LSB
中断源控制 TCON	88H						8AH		88H
	TCON						IT1		IT0
中断标志 TCON	88H	8FH		8DH		8BH		89H	
	TCON	TF1		TF0		IE1		IE0	
中断标志 SCON	98H							99H	98H
	SCON							TI	RI
中断允许控制 IE	A8H	AFH			ACH	ABH	AAH	A9H	A8H
	IE	EA			ES	ET1	EX1	ET0	EX0
中断优先级控制 IP	B8H				BCH	BBH	BAH	B9H	B8H
	IP				PS	PT1	PX1	PT0	PX0

可编程中断接口即可以按字节进行寻址操作，也可以按位进行位寻址操作，所有操作存储器的指令都适合操作中断接口中如表 8-3 所示的已分配地址的寄存器。在编写汇编语言程序时，操作中断接口以字节或位寄存器的绝对地址编写格式和使用汇编符号（表示端口地址）的编写格式是等同的。

8.1.6 CPU 响应中断请求

当中断源产生中断请求时，51 单片机 CPU 响应中断是由控制器硬件处理的，即在 CPU 执行指令的同时，其控制器完成中断的采样、查询中断标志、程序转移执行（响应中断）3 个步骤。CPU 控制器在指令执行期间完成中断响应的过程分布在如图 8-9 所示的机器周期内。一般正常情况 CPU 响应中断请求都需要大于或等于 3 个机器周期的时间。

1. 外中断采样

外中断的采样主要是针对外中断源 INT0（P3.2）、INT1（P3.3）而言的，即控制器为中断源提供输入脉冲，在每个机器周期的第五个状态周期中第二个节拍周期（S_5P_2）期间采集外中断源 INT0、INT1 的有效中断触发信号，采集电路如图 8-9 所示。当中断触发信号为有效时，设置对应的中断标志寄存器 IE0、IE1 为逻辑 1。中断触发信号有效有如下两种情况。

1）低电平有效

当中断源控制寄存器 ITi(i=0,1)设置为逻辑 0 时，则 51 单片机外部信号连接线 P3.2

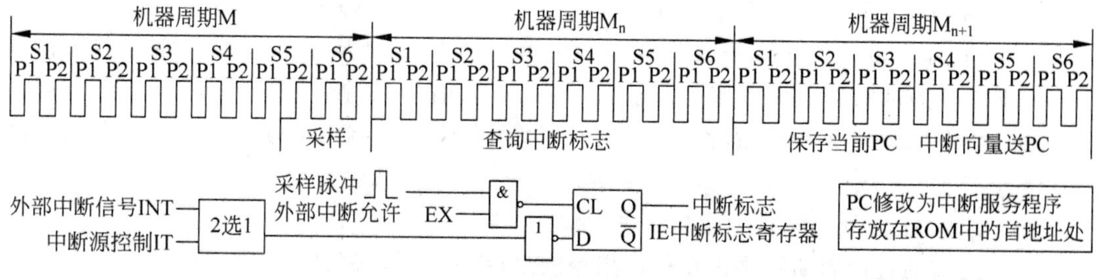

图 8-9　中断响应过程

或 P3.3 上由外部器件或设备产生低电平将有外中断发生，其过程是当中断允许寄存器设置为 1 时，CPU 控制器为如图 8-9 所示的采集电路提供采样脉冲(S_5P_2)信号。当 P3.2 或 P3.3 上是低电平时，经过一个反向器后该信号直接送入中断标志寄存器(一般为 D 触发器)，将相应的中断标志寄存器 IE0 或 IE1 设置为逻辑 1。在中断请求过程中，要求外中断有效信号(低电平)一直持续到该中断被响应后才能失效，当 CPU 正在执行与外中断源同级或高级的中断服务程序期间，或者在 CPU 执行不可被中断的指令(例如 RETI 等)期间，外中断有效信号失效(变为高电平)，则外中断请求将得不到 CPU 的响应，即当外中断低电平信号持续时间太短，CPU 将不会响应外中断请求。

2) 下降沿有效

当中断源控制寄存器 ITi(i=0,1)设置为逻辑 1 时，51 单片机外部信号连接线 P3.2 或 P3.3 上由外部器件或设备产生从高电平到低电平跳变的下降沿信号将有外中断发生。其设置相应中断标志寄存器 IE0 或 IE1 为逻辑 1 的采集电路和实现过程如图 8-9 所示，但要求外部器件或设备产生的下跳后其低电平保持时间要大于 1 个机器周期，即宽度大于 1 个机器周期的负脉冲信号，以便 S_5P_2 脉冲信号能够采集到(此时每个机器周期都会为采集电路发出 S_5P_2 采样信号)，实现设置中断标志寄存器。当外中断被响应后，则清除中断标志寄存器。如果不希望 CPU 响应外中断，则需要使用清除指令 CLR 清除中断标志寄存器。

2. 查询中断标志

51 单片机的 5 个中断源共有 6 个中断标志寄存器，外中断标志寄存器 IE0 和 IE1 是由外部 P3.2 和 P3.3 上产生中断有效逻辑电平后被设置的，表明 51 单片机外部器件或设备需要中断服务；定时器/计数器中断标志寄存器 TF0 和 TF1 是由定时器/计数器接口 T0 和 T1 设置的，表明定时器/计数器接口需要中断服务；串行通信中断标志寄存器 TI 和 RI 是由串行通信接口 IS 设置的，表明串行通信接口需要中断服务。

51 单片机 CPU 控制器在每个机器周期中都将对所有中断标志寄存器进行查询，其查询是按优先级顺序进行的。首先在高级别中按中断源固定顺序进行查询，然后在低级别中按中断源固定顺序再次进行查询，同级别中断源优先级顺序为 INT0→T0→INT1→T1→IS，查询中断标志寄存器的顺序为 IE0→TF0→IE1→TF1→TI→RI，当按顺序查询到某个中断标志寄存器为逻辑 1 时，CPU 将立即开始进入响应中断请求的过程(进入执行中断服务程序前的处理过程)，已经请求中断服务的固定顺序靠后的中断源则需要等到前面同级别的中断服务完成后才能被响应。

CPU 控制器在查询中断标志寄存器的机器周期中，当查询到中断标志寄存器被设置为 1，CPU 准备进入响应中断服务之前，需要判断目前 CPU 执行指令所处于的指令周期的状态，当出现下列 3 种情况之一时，CPU 将暂时不进入响应中断过程（暂不响应中断请求）。

(1) CPU 正在处理同级别或高优先级别的中断；

(2) 当前的查询周期不是正在执行指令的最后一个机器周期；

(3) 当前执行的指令是 RETI（中断返回）或访问 IE、IP 寄存器指令。

当 CPU 正在执行的指令周期是上述 3 种情况时，CPU 将不响应中断请求，而是推后一个机器周期再准备进入响应中断请求的过程，直到 CPU 正在执行的指令周期不是上述 3 种情况之一时，CPU 才开始真正进入响应中断的过程。

另外，中断标志寄存器被设置为逻辑 1 后，如果在没有得到 CPU 响应之前就已经使用指令（CLR）将其清除，则对应的中断源将得不到 CPU 的响应，如同没有发生中断一样。

3. 程序转移执行（响应中断）

当 51 单片机 CPU 满足响应中断的条件（非上述 3 种情况）时，CPU 将在下一个机器周期里响应中断请求，其响应中断的准备过程如下。

(1) 将 CPU 准备执行的指令（将要执行的指令）的存储地址保存到堆栈；

(2) 将响应中断源的对应中断向量地址送入程序计数器 PC 中；

(3) 清除 TI 和 RI 以外的将要响应的中断标志寄存器，CPU 转向执行对应中断源的中断服务程序。

CPU 转向执行中断服务程序相当于长跳转（LCALL）指令，是由硬件完成的。当执行中断服务程序的最后一条 RETI（中断返回）指令时，将堆栈中保存的源程序将要执行的指令存储地址送回到程序计数器 PC 中，清除 CPU 控制器内部对应的中断标志，CPU 将重新执行原来未执行完的指令。另外，中断嵌套的过程与上述相同。

在 51 单片机中，每个中断源都有与之对应的固定中断向量（中断服务程序入口地址）。在 CPU 响应中断的过程中，是否将中断向量地址送入程序计数器 PC 中是根据中断源确定的，所有中断向量（入口地址）都被安排在指令存储器（ROM）中，每个中断源对应的中断向量以及预留的存储指令的空间范围如表 8-4 所示。

表 8-4　51 单片机中断向量表

固定序号	表示符号	名　称	中断向量（入口地址）	预留存储器空间范围
1	INT0	外中断 0	0003H	0003H～000AH
2	T0	定时器/计数器 0	000BH	000BH～0012H
3	INT1	外中断 1	0013H	0013H～001AH
4	T1	定时器/计数器 1	001BH	001BH～0022H
5	IS(TX/RX)	串行通信	0023H	0023H～002AH

例如，当 INT0 中断源产生中断请求并满足 CPU 中断响应条件时，指令存储器（ROM）的地址 0003H 将被送入程序计数器 PC 中，CPU 将从 ROM 地址 0003H 处开始执行指令，为 INT0 服务的中断服务程序应安排在 0003H～000AH 空间内。当中断服务程序所含指令的字节数大于该空间的字节数时，可使用跳转指令将程序转移到其他存储区域。下面的汇编语言程序是一个转移存放中断服务程序代码的示例。

```
        ORG     0003H       ;声明 INT0 中断向量地址
        LJMP    INT0_S      ;跳转到中断服务程序
        …
        ORG     0xxxxH      ;声明存放中断服务程序代码的地址 xxxx
INT0_S: …                   ;中断服务程序代码
        RETI                ;中断返回指令
```

8.1.7　中断服务程序框架

中断服务程序是 CPU 响应中断后不再执行源程序，转向执行处理中断事务的程序代码。中断服务程序的编写与其他程序的编写是一样的，它是 CPU 处理与中断源相关事务的程序。

当在中断服务程序中需要用到 CPU 的资源时，例如，累加器、程序状态字寄存器以及其他寄存器等，由于 CPU 内部的资源是共用的，没有进入中断服务程序之前的源程序已经处于正在使用当中。为不影响（破坏）源程序的执行结果，在中断服务程序真正处理中断事务之前需要保护一些资源，保护哪些资源需视中断服务程序使用到的资源而定，对在中断服务程序中需要使用的或者是影响到的资源进行保护。例如，在中断服务程序中需要用到累加器，或者进行运算操作影响到了程序状态字寄存器，则需要保护累加器和程序状态字寄存器，当中断服务程序完成中断处理事务后以及中断返回之前则需要恢复保存的 CPU 资源。

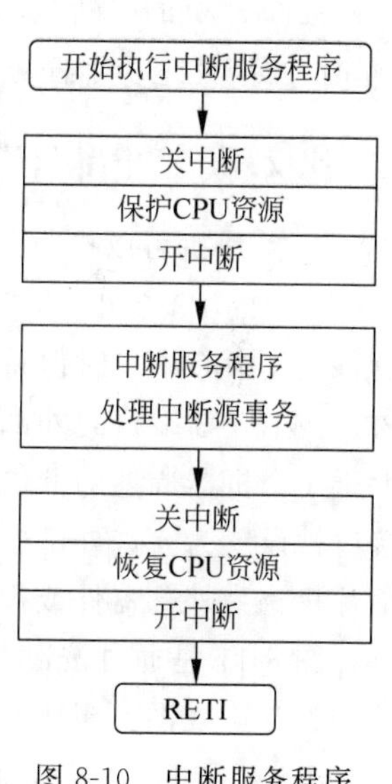

图 8-10　中断服务程序处理流程图

另外，在保存和恢复 CPU 资源期间不应该再有高级别的中断发生，以避免造成 CPU 唯一资源使用的混乱。因此，在该期间需要关中断。

中断服务程序处理流程如图 8-10 所示。汇编语言程序代码框架如下。

```
        ORG     0xxxxH      ;中断服务程序
INT0_S: CLR     EA          ;关总中断
        PUSH    PSW         ;保护程序状态字
        PUSH    A           ;保护累加器
```

```
        SETB    EA          ;开总中断
        …                   ;中断服务程序
        MOV     A,#0        ;使用 A
        SETB    RS0         ;使用另外一组 Rn
        MOV     R0,#0       ;使用 R0
        …                   ;中断服务程序
        CLR     EA          ;关总中断
        POP     A           ;恢复累加器
        POP     PSW         ;恢复程序状态字
        SETB    EA          ;开总中断
        RETI                ;中断返回
```

注：保护的 CPU 资源指的是在中断服务程序中需要使用到的公共资源。

8.2 中断接口应用设计

51 单片机的中断机制提高了该单片机处理事务的能力和灵活性，并为该单片机提供了"同时并行"处理多个任务的可能性。

8.2.1 外部中断系统硬件设计

51 单片机可以接收两个外部中断源 INT0 和 INT1 的中断请求，它们借助于 P3 输入/输出接口的 P3.2 和 P3.3 端口连接线实现外部中断源的输入。该单片机要求外部器件或设备在无中断请求时保持高电平（逻辑 1）。当需要向单片机申请中断服务时，要求连接到 P3.2 或 P3.3 端口的外部器件或设备产生低电平或高电平到低电平转换的下降沿（并保持大于 1 个机器周期的低电平），才能实现外部器件或设备的中断请求。当单片机可编程中断接口被设置为允许外部中断源的中断请求，并且提供了针对外部中断源的中断服务程序时，单片机将为外部器件或设备提供中断服务。

图 8-11 是通过按键开关模拟外部器件或设备产生中断请求的 51 单片机外中断输入系统的设计连线图。当按键开关没有被按下时，由于上拉电阻的作用，因此，单片机外中断输入端 P3.2 和 P3.3 始终保持为高电平。当按键开关被按下时，由于按键开关的另一端连接到低电平（逻辑地），因此，在 P3.2 或 P3.3 端口处将产生低电平或高电平到低电平转换的下降沿，即代表外部器件或设备向单片机 CPU 提出中断请求。

另外，图 8-11 中的滤波电容为防止按键开关产生抖动而设计的，单片机的 P2 输入/输出接口连接 4 个红色发光二极管和 4 个绿色发光二极管，P1.1 端口连接 1 个黄色发光二极管，模拟十字路口交通灯状况，并且通过发光二极管的不同显示组合来表示外部中断源 INT0 或 INT1 发生的中断请求。

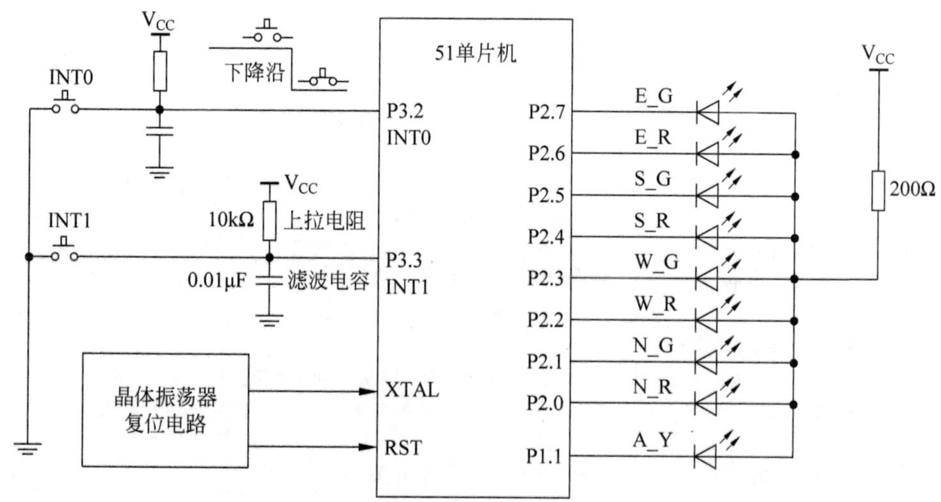

图 8-11　51 单片机按键模拟外部中断输入系统连线图

8.2.2　外部中断服务程序设计

当控制 51 单片机可编程中断接口允许中断请求时，CPU 响应中断的措施是从对应中断源的中断向量处开始执行程序代码(指令)。其程序设计主要分两个部分：初始化设计和中断服务程序设计，初始化程序代码是针对可编程中断接口而言的，即设计中断源是否被允许、对外部中断源触发产生中断方式的设置、中断优先级的设置等；中断服务程序则是根据中断源硬件电路以及相应的服务而设计的。

1. 响应外部中断请求

视频讲解

实现 51 单片机 CPU 响应外部中断请求首先需要设置可编程中断接口对应中断源 INT0 和 INT1 的控制寄存器，使其满足产生中断的条件。然后需要设计对应外部中断源的中断服务程序，对应外部中断源 INT0 的中断服务程序代码需要存放在从程序存储器 ROM 的 0003H 地址处开始递增的存储单元中；对应外部中断源 INT1 的中断服务程序代码需要存放在从 ROM 的 0013H 地址处开始递增的存储单元中。

下面是在图 8-11 中按下 INT0 按键开关产生外部中断的汇编程序源代码。51 单片机的工作过程是在没有外部中断源 INT0 发生中断请求时，P2 输入/输出接口控制十字路口交通灯的显示为东西绿灯、南北红灯显示 2 秒后转换为南北绿灯、东西红灯显示 2 秒，循环往复；当按下 INT0 按键开关时，发生 INT0 中断请求，要求中断服务程序实现十字路口 4 个方向的红灯亮，所有绿灯灭，延时 2 秒后退出中断服务程序。其汇编程序源代码如下。

```
A_LAMP    EQU    P2              ;定义所有红、绿灯控制端口
EW_G      EQU    01100110B       ;定义东西绿灯亮、南北红灯亮操作数据
A_RED     EQU    10101010B       ;定义所有红灯亮、绿灯灭操作数据
LEN_GR    EQU    10H             ;确定红、绿灯显示延时长度常数(约 2 秒)
```

```
        ORG     0000H
        LJMP    START           ;程序开始
        ORG     0003H           ;定义 INT0 中断向量地址
        LJMP    INT0_S          ;跳转到中断服务程序存储地址处
        ORG     0030H
START:  MOV     SP,#60H         ;为使用多组通用寄存器 Rn,重新调整堆栈存储区域
        LCALL   INIT            ;调用初始化子程序
MLOOP:  MOV     R5,#LEN_GR      ;取红、绿灯显示延时长度常数
        LCALL   DELAY           ;调用延时子程序
        XRL     A_LAMP,#0FFH    ;转换东西和南北红、绿灯显示
        SJMP    MLOOP           ;循环往复
INIT:   MOV     A_LAMP,#EW_G    ;初始化程序代码,控制东西绿灯亮、南北红灯亮
        SETB    IT0             ;设置外部中断源触发方式,IT0 = 1 为下降沿触发
        SETB    EX0             ;允许 INT0 中断
        SETB    EA              ;打开总中断控制开关
        RET
DELAY:  MOV     R7,#00H         ;延时子程序代码
        MOV     R6,#00H
LOOP:   DJNZ    R7,LOOP
        DJNZ    R6,LOOP
        DJNZ    R5,LOOP
        RET
INT0_S:                         ;中断服务程序代码
        CLR     EA              ;关总中断
        PUSH    PSW             ;保护程序状态字
        MOV     A,A_LAMP        ;读当前红、绿灯显示状态
        PUSH    A               ;保存当前红、绿灯显示状态
        CLR     RS1             ;使用第 1 组通用寄存器 Rn
        SETB    RS0             ;使用第 1 组通用寄存器 Rn
        SETB    EA              ;开总中断
        MOV     A_LAMP,#A_RED   ;设置所有红灯亮、绿灯灭
        MOV     R5,#LEN_GR      ;取显示延时长度常数
        LCALL   DELAY           ;调用延时子程序
        CLR     EA              ;关总中断
        POP     A               ;恢复中断前红、绿灯显示状态
        MOV     A_LAMP,A        ;恢复中断前红、绿灯显示状态
        POP     PSW             ;恢复程序状态字
        SETB    EA              ;开总中断
        RETI                    ;中断返回
        END
```

程序说明：

(1) 当发生 INT0 中断请求时，其中断标志寄存器 IE0 被自动设置为逻辑 1，在 CPU 响应外部中断源 INT0 的中断请求后，即 CPU 跳转到执行中断服务程序指令时，将自动清除中断标志寄存器 IE0(逻辑 0)。

(2) 外部中断源 INT0 触发方式控制寄存器 IT0 设置为逻辑 1，表示下降沿触发产生中

断；IT0 设置为逻辑 0(指令为 CLR　IT0)，表示低电平触发产生中断。

(3) 51 单片机 CPU 中堆栈指针寄存器 SP 在开机后的初始值为 07H，堆栈使用的内部 RAM 存储空间占用了第 1～3 组通用寄存器 R_n 的内部 RAM 空间。为在应用程序中使用第 1～3 组通用寄存器 R_n，将堆栈指针重新调整到内部 RAM 地址为 60H 处(MOV　SP，#60H)，使堆栈的存储区域调整到从内部 RAM 地址为 60H 处开始的递增存储空间中。

(4) 在主程序正常工作(东西绿灯、南北红灯→南北绿灯、东西红灯→东西绿灯、南北红灯)的过程中，因为 51 单片机 CPU 中程序状态字寄存器 PSW 在开机后的初始值为 00H。因此，主程序工作时调用延时子程序使用的是第 0 组通用寄存器 R_5～R_7，在中断服务程序中也需要调用延时子程序。为不破坏主程序正在使用的通用寄存器 R_5～R_7 中的数值，在中断服务程序中将使用第 1 组通用寄存器 R_5～R_7，当中断返回时恢复 PSW，使得主程序继续使用第 0 组的通用寄存器 R_5～R_7。

2. 中断的嵌套响应

视频讲解

下面是在图 8-11 中按下 INT0 和 INT1 按键开关产生外部中断的汇编程序源代码。外部 INT0 设置为低级别中断源。当 INT0 产生中断请求时，P2 口控制的模拟十字路口交通灯 4 个方向的红灯亮，绿灯灭；外部 INT1 设置为高级别中断源，当 INT1 产生中断请求时，在不影响原十字路口交通灯显示的情况下，P1.1 端口控制的模拟交通黄灯亮 2 秒，表示有外部高级别中断源 INT1 产生了中断请求，其汇编程序源代码如下。

```
A_LAMP   EQU    P2            ;定义所有红、绿灯控制端口
EW_G     EQU    01100110B     ;定义东西绿灯亮、南北红灯亮操作数据
A_RED    EQU    10101010B     ;定义所有红灯亮、绿灯灭操作数据
A_Y      BIT    P1.1          ;定义黄灯控制端口
LEN_GR   EQU    10H           ;确定红、绿灯显示延时长度常数(约 2 秒)
         ORG    0000H
         LJMP   START         ;程序开始
         ORG    0003H         ;定义 INT0 中断向量地址
         LJMP   INT0_S        ;跳转到中断 INT0 服务程序存储地址处
         ORG    0013H         ;定义 INT1 中断向量地址
         LJMP   INT1_S        ;跳转到中断 INT1 服务程序存储地址处
         ORG    0030H
START:   MOV    SP, #60H      ;为使用多组通用寄存器 Rn,重新调整堆栈存储区域
         LCALL  INIT          ;调用初始化子程序
MLOOP:   MOV    R5, #LEN_GR   ;取红、绿灯显示延时长度常数
         LCALL  DELAY         ;调用延时子程序
         XRL    A_LAMP, #0FFH ;转换东西和南北红、绿灯显示
         SJMP   MLOOP         ;循环往复
INIT:    MOV    A_LAMP, #EW_G ;初始化程序代码,控制东西绿灯亮、南北红灯亮
         SETB   A_Y           ;黄灯灭
         SETB   IT0           ;设置外部中断源触发方式,IT0 = 1 为下降沿触发
         SETB   PX1           ;设置 INT1 为高级别中断源
```

```
        SETB  EX0         ;允许 INT0 中断
        SETB  EX1         ;允许 INT1 中断
        SETB  EA          ;打开总中断控制开关
        RET
DELAY:  MOV   R7,#00H     ;延时子程序代码
        MOV   R6,#00H
LOOP:   DJNZ  R7,LOOP
        DJNZ  R6,LOOP
        DJNZ  R5,LOOP
        RET
INT0_S:                   ;INT0 中断服务程序代码
        CLR   EA          ;关总中断
        PUSH  PSW         ;保护程序状态字
        MOV   A,A_LAMP    ;读当前红、绿灯显示状态
        PUSH  A           ;保存当前红、绿灯显示状态
        CLR   RS1         ;使用第 1 组通用寄存器 Rn
        SETB  RS0         ;使用第 1 组通用寄存器 Rn
        SETB  EA          ;开总中断
        MOV   A_LAMP,#A_RED ;设置所有红灯亮、绿灯灭
        MOV   R5,#LEN_GR  ;取显示延时长度常数
        LCALL DELAY       ;调用延时子程序
        CLR   EA          ;关总中断
        POP   A           ;恢复中断前红、绿灯显示状态
        MOV   A_LAMP,A    ;恢复中断前红、绿灯显示状态
        POP   PSW         ;恢复程序状态字
        SETB  EA          ;开总中断
        RETI              ;中断返回
INT1_S:                   ;INT1 中断服务程序代码
        CLR   EA          ;关中断,在高级别中断服务程序中可以不关中断
        PUSH  PSW         ;保护程序状态字
        SETB  RS1         ;使用第 2 组通用寄存器 Rn
        CLR   RS0         ;使用第 2 组通用寄存器 Rn
        SETB  EA          ;开中断,也可在该服务程序执行完毕后再开中断
        CLR   A_Y         ;黄灯亮
        MOV   R5,#LEN_GR  ;取显示延时长度常数
        LCALL DELAY       ;调用延时子程序
        SETB  A_Y         ;黄灯灭
        CLR   EA          ;关总中断
        POP   PSW         ;恢复程序状态字
        SETB  EA          ;开总中断
        RETI              ;中断返回
        END
```

程序说明：针对 51 单片机而言中断源只有两个优先级别，因此，在高级别中断源服务程序中可以不需要关(CLR EA)、开(SETB EA)中断操作，因为该系列单片机只有两个优先级别，只有两级嵌套，所以没有更高级别的中断源再发生中断请求了。

8.2.3 外部中断应用实例

目前，在许多场合都会用到红外报警系统，由 51 单片机以及红外发送和接收器件就可组成这类报警系统，采用外部中断接收红外触发信号体现了报警的实时性。

1．报警系统的硬件设计

由 51 单片机以及红外发送(电/光转换)和红外接收器件(光/电转换)、发声(蜂鸣)器件组成的报警系统硬件设计如图 8-12 所示。

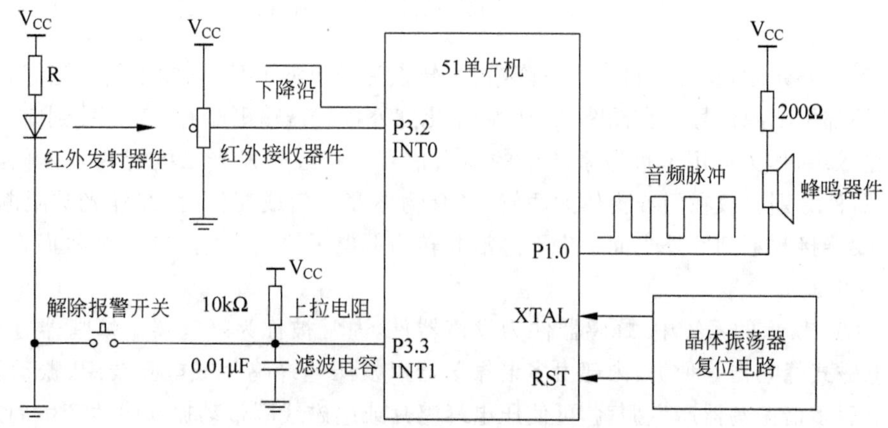

图 8-12 由 51 单片机组成红外报警系统硬件设计图

在图 8-12 所示的系统中，红外发射器件通常使用红外发射管，或红外发光二极管，在加电后该管将发出红外光，或称为红外线，其频率范围为 10^{12}～5×10^{14} Hz，红外发光二极管外形与其他类型的发光二极管 LED 相似，其使用(电路的连接等)也相同，红外发光二极管有多种型号，例如，LN502、LN465、LN303(SE303、PH303)等，主要体现在红外发光二极管功率的不同导致发射距离有所不同。在图 8-12 中为适应不同工作电压的红外发光二极管，与电源连接中串联了一个限流电阻 R，其阻值依据红外发光二极管的性能确定。

在图 8-12 所示的系统中，红外接收器件通常使用一体化红外接收器，它是一种特殊的红外接收电路，由红外接收管和信号放大电路组成，并集成在一起。红外接收管专门用于接收红外光，并将之转换为电信号，信号放大电路将红外接收管输出的电信号进行放大等处理，再输出到一体化红外接收器外部。一体化红外接收器也有多种型号，例如，SFH506-38、RPM-638 等，一般该器件有 3 条外部连接线，即电源线 V_{CC}、地线 GND、信号输出线 OUT。一体化红外接收器的外形与对外连接线的定义如图 8-13 所示。

一体化红外接收器是一个高灵敏度、具有抗干扰能力的器件，专门用于接收红外光。该器件在加电后其输出端 OUT 的输出反映了接收红外光的情况，为配合数字电路，其输出一般为逻辑电平。例如，当接收到红外光时，输出端 OUT 输出高电平(逻辑 1)，当没有接收到红外光时，输出端 OUT 输出低电平(逻辑 0)。在图 8-12 所示的系统中，用一体化红外接收器接收红外发光二极管发出的红外光，当始终能接收到红外光时，其输出始终保持高电平；

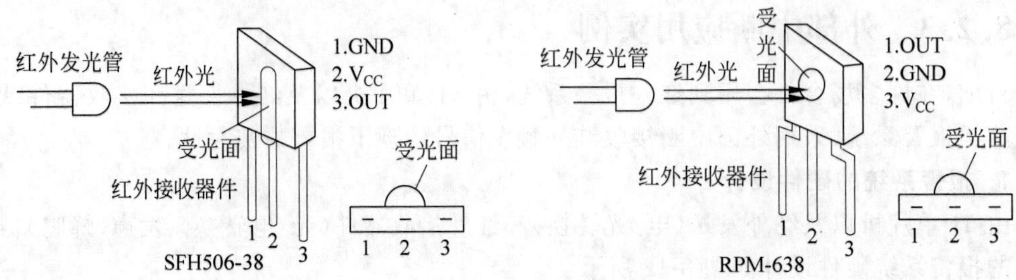

图 8-13　一体化红外接收器的外形与对外连接线定义

当接收不到红外光时，其输出将产生下降沿，并转换为输出低电平，该输出信号正好为 51 单片机提供外部中断源信号。在图 8-12 中，一体化红外接收器输出端 OUT 连接到 51 单片机 INT0 的输入端，作为应用于报警系统中的输入信号。将红外发光二极管和一体化红外接收器两个器件分别安放在门或窗体的两侧，当有物体穿过门或窗体时，红外光被阻断，一体化红外接收器接收不到红外光而产生下降沿并转为低电平输出，对于 51 单片机而言将产生外部 INT0 中断源信号。

在图 8-12 所示的系统中，蜂鸣器件为发声器件，通常被称为蜂鸣器。蜂鸣器有压电式蜂鸣器、电磁式蜂鸣器等种类，内部由多谐振荡器以及压电蜂鸣片或电磁线圈、振动膜片组成，当加电后多谐振荡器产生振荡，可使压电蜂鸣片或电磁线圈带动振动膜片产生周期性振动，导致发出单一频率的声音。一般蜂鸣器有两个外部连接线，由 51 单片机输入/输出 P1.0 口控制蜂鸣器的电路连接如图 8-12 所示。当在 P1.0 口输出 20Hz～20kHz 音频频率的脉冲信号时，蜂鸣器可发出指定频率的声音，产生报警声。

在图 8-12 所示的系统中，51 单片机外部中断 INT1 连接了一个解除报警的开关。当产生报警后需要解除时，按下该开关，则实现报警解除功能。

2. 报警系统的软件设计

根据图 8-12 所示的红外报警系统，其控制程序的功能为：当没有报警信号(无 INT0 中断)时，蜂鸣器不发声；当有报警信号时，蜂鸣器发声；当按下解除报警开关时，蜂鸣器不发声，回到初始状态。其汇编程序源代码如下。

```
ALARM_F   BIT    00H        ;定义报警标志位存储单元位地址
SOUND_C   BIT    P1.0       ;定义蜂鸣器控制端口
LEN_D     EQU    80H        ;确定音频脉冲需要的延时时间常数
          ORG    0000H
          LJMP   START      ;程序开始
          ORG    0003H      ;定义 INT0 中断向量地址
          SETB   ALARM_F    ;设置报警标志位为逻辑 1
          RETI              ;中断返回
          ORG    0013H      ;定义 INT1 中断向量地址
          CLR    ALARM_F    ;清除报警标志位(逻辑 0)
          SETB   SOUND_C    ;终止蜂鸣器发声
```

```
        RETI                      ;中断返回
        ORG     0030H
START:  LCALL   INIT              ;调用初始化子程序
MLOOP:  JNB     ALARM_F,MLOOP     ;无报警信号,循环等待
        CPL     SOUND_C           ;输出报警声,将端口信号反向后输出,产生脉冲
        MOV     R6,#LEN_D         ;取延时时间长度常数
        LCALL   DELAY             ;调用延时子程序
        SJMP    MLOOP             ;循环往复
INIT:                             ;初始化程序代码
        CLR     ALARM_F           ;清除报警标志位
        SETB    IT0               ;设置外部中断源触发方式,IT0 = 1 为下降沿触发
        SETB    EX0               ;允许 INT0 中断
        SETB    EX1               ;允许 INT1 中断
        SETB    EA                ;打开总中断控制开关
        RET
DELAY:  MOV     R7,#00H           ;延时子程序代码
LOOP:   DJNZ    R7,LOOP
        DJNZ    R6,LOOP
        RET
        END
```

程序说明：当有报警信号时，外部中断 INT0 服务程序设置报警标志位 ALARM_F 为逻辑 1；解除报警信号时，外部中断 INT1 服务程序设置报警标志位 ALARM_F 为逻辑 0。主程序根据报警标志位 ALARM_F 决定是否输出音频脉冲信号。

使用 C51 语言实现红外报警系统控制程序（功能同汇编语言程序）如下。

```
#include <reg51.h>                //引入 51 单片机特殊功能寄存器定义
sbit speaker = P1^0;              //声明发声控制端口
bit alarm_flag;                   //声明布尔型变量 alarm_flag
void int_initial(void) {          //定义外中断初始化函数
  alarm_flag = 0;                 //报警标志清 0
  IT0 = 1;                        //设置外部中断源触发方式为下降沿触发
  EX0 = 1;                        //允许 INT0 中断
  EX1 = 1;                        //允许 INT1 中断
  EA = 1;
}
void delay(int k) {               //定义延时函数
  while(k--);
}
void int0s(void) interrupt 0 {    //定义 INT0 中断服务程序
  alarm_flag = 1;                 //设置报警标志为 1
}
void int1s(void) interrupt 2 {    //定义 INT1 中断服务程序
  alarm_flag = 0;                 //报警标志清 0
  speaker = 1;                    //终止蜂鸣器发声(依据蜂鸣器特性设置)
}
```

```
void main() {                    //定义主函数
  int_initial();                 //调用初始化函数
  while(1) {                     //控制程序无限循环
    delay(0x200)                 //延时 XXX 毫秒(依据单片机主频设置)
    if(alarm_flag)               //如果有报警
      speaker = ~speaker;        //输出报警声
  }
}
```

第 9 章

51 单片机定时器/计数器应用

在计算机系统中均配置有可编程定时器/计数器硬件接口电路，计数器的功能是对外部事件(脉冲)进行计数，定时器的功能是为 CPU 以及 I/O 部件或设备提供实时时钟，实现定时中断、定时检测、定时扫描、定时显示等定时控制。本章介绍 51 单片机的可编程定时器/计数器接口的工作机制，以及定时器/计数器的应用。

9.1 定时器 T/计数器 C 接口的工作原理

51 单片机可编程定时器 T(Timer)/计数器 C(Counter)接口是由相对独立工作的数字逻辑电路组成的。通过该接口可实现对时间的定时操作或对外部脉冲个数的计数操作功能，并可采用中断方式请求 CPU 提供服务。

9.1.1 定时器 T/计数器 C 逻辑电路

51 单片机可编程定时器/计数器接口由正(加 1)计数器电路组成。普通 51 单片机的该接口中有两套可编程控制的加 1 计数器电路，分别命名为 T0 和 T1。计数器以及控制电路框图如图 9-1 所示。

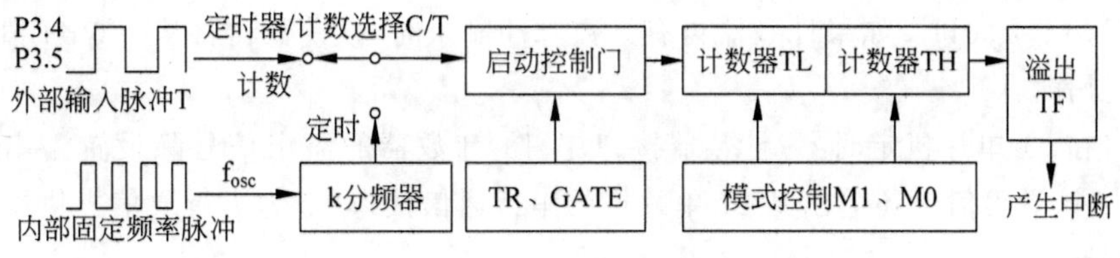

图 9-1　计数器以及控制电路框图

定时器/计数器接口中计数器由 TL(低 8 位)和 TH(高 8 位)组成的联合计数器，该计数器是对数字脉冲个数进行计数的，当“启动控制门”被打开后，计数器开始对脉冲个数进行计数，“启动控制门”受控于 TR 启动信号和 GATE 控制信号(通过外部 INT 信号启动计数器)。计数器有 4 种工作模式，通过控制 M1 和 M0 位选择计数器工作在某种模式下。

计数器的输入计数脉冲有两个脉冲源供选择，通过定时器/计数器选择 C/T 开关控制选择计数器使用的脉冲源。一个脉冲源是借助于51单片机P3口的对外连接P3.4(对应T0)和P3.5(对应T1)端口分别为定时器/计数器接口中的两套计数器(T0和T1)提供输入脉冲;另一个脉冲源是51单片机通过对其振荡频率 f_{osc} 进行k分频后为计数器提供输入脉冲。

当计数器对外部脉冲源进行计数时,定时器/计数器接口实现计数器功能;当计数器对内部固定频率脉冲源进行计数时,振荡频率 f_{osc} 的周期值是确定(固定)的,计数器每计数加1表明已经有一个 f_{osc} 脉冲k分频后的脉冲出现,或者是经过一个 $k\times1/f_{osc}$ 周期的时间计数器加1。计数器的每个加1操作对应的是一个确定的时间段,如图9-2所示。因此,计数器针对内部固定频率脉冲源进行计数操作的功能被称为"定时器"。51单片机定时器/计数器接口中的分频器为12分频,即k=12,例如,当 f_{osc}=12MHz时,12分频后的脉冲频率为1MHz,输入到计数器输入端的脉冲周期(即机器周期)为1μs,计数器计1个数需要1μs的时间。计数器计m个数需要m微秒的时间;反之,当需要定时(延时)m微秒的时间时。可设置计数器计m个脉冲数据,当计数器完成m个脉冲计数时,说明定时(延时)m微秒时间到。

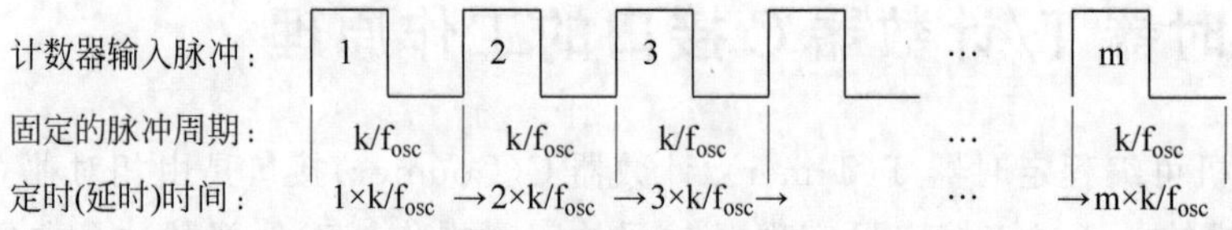

图9-2 计数器实现定时功能原理图

当定时器/计数器接口中加1计数器计满,如果计数器(TL和TH)是两个8位计数器,则TH=0FFH,TL=0FFH;再有一个输入脉冲输入时,计数器将产生溢出。计数器产生的溢出信号即是该计数器最高位的输出信号,在定时器/计数器接口中溢出信号将自动设置定时器/计数器的溢出标志寄存器TF(最高进位)为逻辑1,TF也是定时器/计数器的中断标志寄存器,TF被设置为逻辑1反映为连动地向CPU发出中断请求,同时计数器归0,即TH=00H,TL=00H。如果计数器再有计数脉冲输入时,该计数器将从0000H值开始继续加1计数操作。

另外,在51单片机定时器/计数器接口中T1计数器的溢出信号除设置溢出标志寄存器TF1外,该溢出信号还输出到51单片机的串行通信接口中,为串行通信提供本地使用的波特率信号。

定时器/计数器接口内部计数器TH和TL是可通过指令读/写操作的计数器,普通51单片机在该接口中有两个16位计数器,TH和TL分别对应一个计数器的高8位和低8位。

9.1.2 定时器T/计数器C接口可操作寄存器的定义

51单片机定时器/计数器的工作情况依赖于该接口中可编程寄存器的编程操作,该接口中的寄存器管理着其计数器的计数功能。在接口电路中有定时器/计数器控制寄存器

TCON(8 位)和计数器工作模式管理寄存器 TMOD(8 位)。接口中每一位寄存器都有明确的定义和用途。另外,接口中的计数器是可读/写操作的。

1. 定时器/计数器控制寄存器 TCON

8 位定时器/计数器控制寄存器 TCON 中包括计数器启动控制寄存器 TR、计数器溢出标志寄存器 TF。TCON 是 51 单片机中特殊功能寄存器 SFR 成员之一,它可以通过字节寻址操作,也可以针对每一位进行位寻址操作。寄存器各位所在位置如图 9-3 所示。

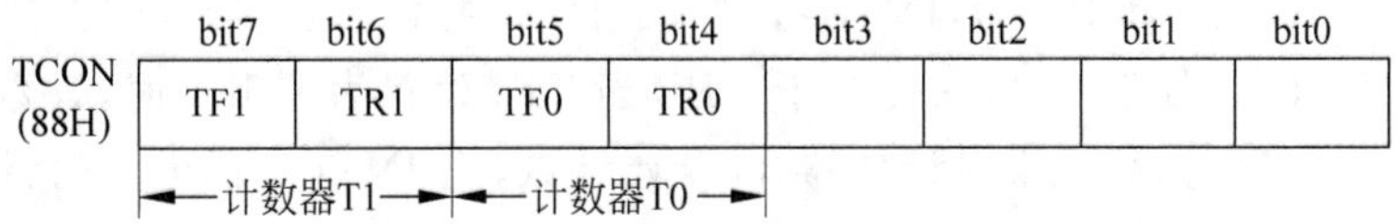

图 9-3 定时器/计数器接口中控制寄存器 TCON 所在位置

计数器启动控制寄存器 TRi(i=0,1)可由程序指令设置为逻辑 1 或 0,其含义如下:

当 TRi(i=0,1)被设置为逻辑 1 时,定时器/计数器接口中的计数器 Ti 开始计数;

当 TRi(i=0,1)被设置为逻辑 0 时,定时器/计数器接口中的计数器 Ti 停止计数。

TRi 寄存器控制接口内部计数器 Ti 启动与停止计数的逻辑关系如图 9-5 所示。

计数器溢出(最高进位位)标志寄存器 TFi(i=0,1)是计数器 Ti 产生溢出时由定时器/计数器接口电路硬件自动设置为逻辑 1 的。该寄存器被置为逻辑 1 则意味着定时器/计数器 Ti 计数产生溢出(计满),该位也是向 CPU 请求中断的标志位。当 CPU 响应中断后将该标志位自动清为逻辑 0,也可以通过指令清除 TF i 标志位寄存器。

2. 计数器工作模式管理寄存器 TMOD

8 位计数器工作模式管理寄存器 TMOD 中包括计数器工作模式控制位 M1 和 M0、定时器/计数器选择位 C/T、计数器启动控制位 GATE。TMOD 的高 4 位管理计数器 T1、低 4 位管理计数器 T0,TMOD 寄存器只能通过字节寻址方式操作,不能按位寻址操作。TMOD 是 51 单片机中特殊功能寄存器 SFR 成员之一,其各位的定义如图 9-4 所示。

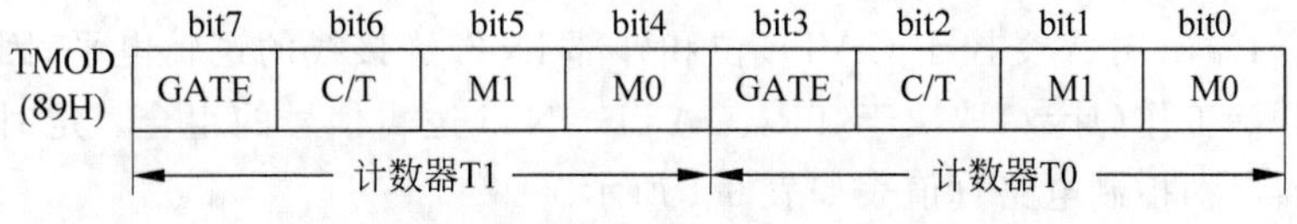

图 9-4 计数器工作模式管理寄存器 TMOD 各位的定义

工作模式控制位 M1 和 M0 用于控制计数器的工作模式,M1 和 M0 两位可形成 4 种编码。因此,可选择计数器工作在 4 种不同的工作模式,即计数器有模式 0~3 共 4 个工作模式。每个工作模式的功能如表 9-4 所示。

C/T 为定时器/计数器选择位,当该位被设置为逻辑 1 时,表示选择定时器/计数器接口电路工作在计数方式。当该位被设置为逻辑 0 时,表示选择定时器/计数器接口电路工作在定时方式。C/T 位实际上是定时器/计数器接口内部计数器输入脉冲的选择开关,当 C/T=1 时,计数器的输入脉冲来自于 51 单片机外部,借助输入/输出端口 P3.4 为 T0 计数器提供计数脉冲的输入，借助输入/输出端口 P3.5 为 T1 计数器提供计数脉冲的输入；当 C/T=0 时，计数器的输入脉冲来自于 51 单片机内部，即对机器周期（振荡频率 f_{osc} 的 12 分频）脉冲进行计数，实现定时的目的。

GATE 为计数器启动控制位，定时器/计数器接口内部计数器的开始计数受控于 GATE 位。当 GATE 被设置为逻辑 0 时，计数器 Ti(i=0,1)的启动受控于 TRi，该控制方式属于内部控制模式；当 GATE 被设置为逻辑 1 时，计数器 Ti(i=0,1)的启动受控于外中断请求信号 INTi(P3.2 和 P3.3)，INT0 控制 T0，INT1 控制 T1。当外部连接线 INTi 为高电平（逻辑 1）时，计数器 Ti 的启动受控于 TRi，当 TRi 设置为逻辑 1 时，计数器 Ti 的启动受控于 INTi，当 INTi 为高电平时计数器 Ti 开始计数，当 INTi 为低电平时计数器 Ti 停止计数。该控制方式属于外部控制模式，其接口中的控制电路框图如图 9-5 所示。

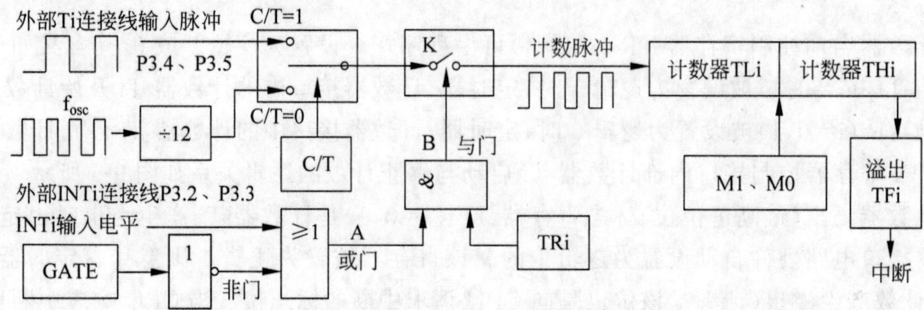

图 9-5 计数器以及具体控制电路原理图

图 9-5 所示为定时器/计数器接口内部计数器输入脉冲源控制以及计数器启动控制电路图，C/T 位控制着计数器输入脉冲源的选择。C/T=1 接口功能为计数器，C/T=0 接口功能为定时器。内部计数器的启动受控于开关 K，当开关 K 闭合后，接口内部计数器 Ti 开始（启动）计数，开关 K 闭合的条件是要求与门输出端 B 为逻辑 1，当或门输出端 A 为逻辑 1 时，与门输出端 B 受控于 TRi 寄存器、当 TRi 设置为逻辑 1 时，与门输出端 B 受控于或门输出端 A，而或门输出端 A 受控于 GATE 位和外部 INTi 连接线的逻辑电平，因此，接口内部计数器是否开始工作（计数）取决于 TRi、GATE、INTi 逻辑信号的组合。定时器/计数器接口内部计数器启动控制电路真值表如表 9-1 所示。

表 9-1 定时器/计数器接口内部控制逻辑电路真值表

控制信号			输出信号以及控制状态			
TRi	GATE	INTi	A	B	K	计数器状态
0	0	0	1	0	断开	停止计数
0	0	1	1	0	断开	停止计数
0	1	0	0	0	断开	停止计数
0	1	1	1	0	断开	停止计数
1	0	0	1	1	闭合	启动计数

续表

控制信号			输出信号以及控制状态			
TRi	GATE	INTi	A	B	K	计数器状态
1	0	1	1	1	闭合	启动计数
1	1	0	0	0	断开	停止计数
1	1	1	1	1	闭合	启动计数

3. 计数器 TH 和 TL 的读/写操作

定时器/计数器接口内部计数器 TH 和 TL 是可通过指令读/写操作的计数器。普通 51 单片机该接口中的两个 16 位计数器是通过字节寻址操作的，而且是分别对高 8 位 TH 和低 8 位 TL 实施读/写操作的。其操作地址在特殊功能寄存器 SFR 地址范畴，T0 计数器的操作地址汇编表示符为 TH0 和 TL0，T1 计数器的操作地址汇编表示符为 TH1 和 TL1。

1）确定计数值或定时长度

在已知需要计数的脉冲个数或定时时间长度时，则可通过设置加 1 计数器的初始值实现计数或定时。由于反映“计数完成”或“定时到”的表现形式是计数器溢出，因此，可通过查询溢出标志位 TF 或中断管理判断是否“计数完成”或“定时到”。

当该接口作为计数器应用时，如果计数器(TL 和 TH 是联合计数的)是 n 位计数器，则需要计 m 个脉冲数据。写入 TH 和 TL 数值的计算公式为

$$(TH)(TL) = 2^n - m$$

例如，当 n＝16(16 位计数器)，m＝1(计 1 个脉冲数据)时，则设置 TH＝0FFH，TL＝0FFH；m＝2(计 2 个脉冲数据)，则设置 TH＝0FFH，TL＝0FEH……另外，16 位计数器的最大计数值为 65 536，设置 TH＝00H，TL＝00H 时，m＝65 536，因此，m ⩽ 65 536。

当该接口作为定时器应用时，需要定时时间长度为 t，写入 TH 和 TL 数值的计算公式为

$$(TH)(TL) = 2^n - m = 2^n - t \times f_{osc}/k \quad (其中\ t = m \times k/f_{osc}\ 计\ m\ 个脉冲周期)$$

例如，当 n＝16(16 位计数器)，f_{osc}＝12MHz，k＝12 时，计数固定脉冲周期为 1μs，当定时 t＝1μs(计 1 个脉冲后定时到)时，则设置 TH＝0FFH，TL＝0FFH；当定时 t＝2μs(计 2 个脉冲后定时到)时，则设置 TH＝0FFH，TL＝0FEH；……由于 16 位计数器计数最大值为 65 536，因此，其最大定时时间长度为 65 536×1μs＝65 536μs。当定时时间长度 t 超过定时器的最大定时长度时，则需要使用累加等方法来实现。

2）不确定计数值或定时长度

在有些情况下，需要使用计数器来记录脉冲个数或者测量时间长度。此时，定时器/计数器接口内部计数器 TH 和 TL 则需要设置为初始值 0000H，通过控制接口电路中开关 K 的闭合与断开来实现记录脉冲个数或测量时间长度的功能。当控制开关 K 关闭后，n 位加 1 计数器开始计数；控制开关 K 断开后，计数器停止计数，通过指令读操作读取计数器 TH 和 TL 中的数值，该数值即是记录的脉冲个数。当计数器的计数脉冲源是固定周期 C 的脉

冲时，通过换算可得到需要测量的时间长度 t，计算公式为

t=C×[(TH)(TL)] （TH、TL 为读取计数器中的数值）

9.1.3 定时器 T/计数器 C 接口可编程寄存器的编址

51 单片机定时器/计数器接口中可编程寄存器的编址方式采用的是存储器统一编址方式。其可编程控制寄存器占用存储器字节和位地址空间如表 9-2 所示。

表 9-2 定时器/计数器接口可编程控制寄存器名称以及寻址地址表

名　称	字节地址	MSB			位　地　址				LSB
	汇编符号	MSB			表 示 符 号				LSB
模式控制寄存器 TMOD	89H								
	TMOD	GATE	C/T	M1	M0	GATE	C/T	M1	M0
控制寄存器 TCON	88H	8FH	8EH	8DH	8CH				
	TCON	TF1	TR1	TF0	TR0				

在可编程定时器/计数器接口中，控制寄存器 TCON 可以按字节进行寻址操作，也可以按位进行位寻址操作。TR0、TR1、TF0、TF1 是位寻址操作的汇编地址表示符，而模式控制寄存器 TMOD 只能按字节进行寻址操作。TMOD 是字节寻址操作的汇编地址表示符，因为该 8 位寄存器不能按位进行位寻址操作。因此，GATE、C/T、M1、M0 不是汇编地址表示符。在编写汇编语言程序中，操作定时器/计数器接口中 TMOD 寄存器时应注意使用字节寻址方式进行操作。

在普通 51 单片机的定时器/计数器接口中有两个 16 位计数器(T0 和 T1)，通过指令对其读/写操作需要分别读/写高 8 位 TH 和低 8 位 TL 计数器，TH 和 TL 只能通过字节寻址方式进行访问(操作)。在该接口中，两个 16 位计数器(T0 和 T1)的寻址地址以及汇编符号表示的地址如表 9-3 所示。

表 9-3 计数器汇编符号及地址分配表

名　称	汇编符号	字节地址
定时器/计数器 T1(高字节)	TH1	8DH
定时器/计数器 T0(高字节)	TH0	8CH
定时器/计数器 T1(低字节)	TL1	8BH
定时器/计数器 T0(低字节)	TL0	8AH

9.1.4 计数器的 4 种工作模式

定时器/计数器接口中的计数器有 4 种工作模式(方式)，选择哪种工作模式是通过该接口的模式控制寄存器 TMOD 中 M1 和 M0 位管理的。两个计数器(T1 和 T0)的管理位 M1 和 M0 在 TMOD 寄存器中的位置如图 9-4 所示。T1 的管理位 M1 和 M0 占 TMOD 中 bit5

和 bit4 位，T0 的管理位 M1 和 M0 占 TMOD 中 bit1 和 bit0 位。该接口中计数器的 4 种工作模式实现的功能如表 9-4 所示。

表 9-4　计数器的 4 种工作模式

工作模式	M1	M0	功　　能
模式 0	0	0	13 位计数器
模式 1	0	1	16 位计数器
模式 2	1	0	自动加载 8 位计数器
模式 3	1	1	计数器 T0 分为两个 8 位计数器，计数器 T1 停止工作

1. 计数器工作模式 0

当定时器/计数器接口的模式控制寄存器 TMOD 中 M1 位设置为 0、M0 位设置为 0 时，其计数器工作在模式 0。计数器是由 TH(8 位)和 TL(5 位)联合组成的 13 位计数器，计数过程为：当 TL 低 5 位计数产生溢出时，将向 TH 产生进位，当 TH(8 位)计数产生溢出时，将向溢出(中断)标志寄存器 TF 产生进位，TF 进位位连动中断请求，13 位计数器各位的数值为逻辑 0。当计数器没有被停止计数操作时，计数器将从该计数初始值(各位为逻辑 0)继续进行计数操作。

工作在模式 0 的计数器可计数最大值为 $2^{13}=8192$，最大定时长度为 $2^{13}\times 12/f_{osc}$(51 单片机该接口中分频比 k=12)，当 $f_{osc}=12$MHz 时，模式 0 定时器最大定时长度为 8192μs。

2. 计数器工作模式 1

当定时器/计数器接口的模式控制寄存器 TMOD 中 M1 位设置为 0、M0 位设置为 1 时，其计数器工作在模式 1。计数器是由 TH(8 位)和 TL(8 位)联合组成的 16 位计数器，计数过程与模式 0 相同。

工作在模式 1 的计数器可计数最大值为 $2^{16}=65\,536$，最大定时长度为 $2^{16}\times 12/f_{osc}$(51 单片机该接口中分频比 k=12)。当 $f_{osc}=12$MHz 时，模式 1 定时器最大定时长度为 65 536μs。

3. 计数器工作模式 2

当定时器/计数器接口的模式控制寄存器 TMOD 中 M1 位设置为 1、M0 位设置为 0 时，其计数器工作在模式 2。在模式 2 中计数器的 TH 和 TL 被配置成可自动装载的 8 位计数器，其工作过程如图 9-6 所示。

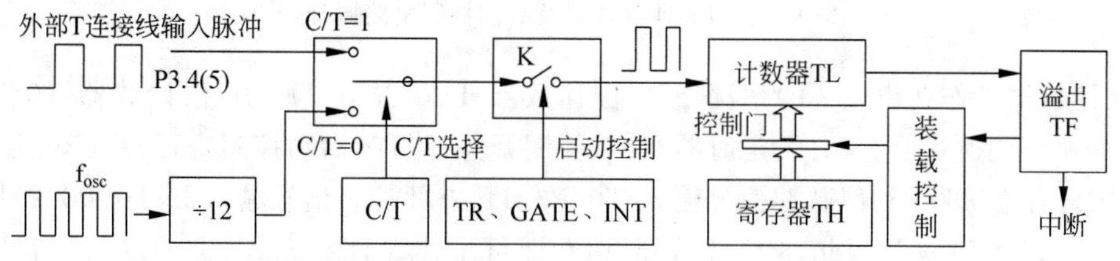

图 9-6　计数器工作模式 2 电路原理图

计数器工作模式 2 是将接口中的 16 位计数器分为两个 8 位的使用：一个(TL)作为 8 位计数器使用，在该模式中计数器是 8 位的，最大计数值为 256；另一个(TH)作为 8 位寄存器使用。模式 2 的工作原理是根据计数的要求在设置 8 位计数器 TL 的计数初始值时，同时需要将计数初始值设置到 8 位寄存器 TH 中，当计数器 TL 计数溢出时(此时 TL 各位的输出值为逻辑 0)，其内部控制电路(装载控制)得到溢出信号 TF 后，将寄存器 TH 中寄存的数据通过控制门电路自动重新装载到计数器 TL 中，使得计数器 TL 再次从设定的计数初始值开始进行计数操作，从而实现重新加载计数器 TL 计数初始值的功能。

计数器工作模式 0 和 1 在实现定时或计数功能时，其特点是当计数器计数溢出后，无论是 13 位或是 16 位计数器，其各位计数输出数值全部归 0，如果实现循环定时或循环计数应用，则需要重新(反复)设置计数初始值，通过指令(需要执行时间以及中断需要响应时间)在循环定时的过程中设置计数器初始值可能会影响到定时精度。计数器工作模式 2 避免了定时精度产生误差的可能，同时也简化了程序的编写。

计数器工作模式 2 的典型应用是为 51 单片机可编程串行通信接口提供本地通信使用的波特率信号，在该单片机芯片内部定时器/计数器接口中的 T1 计数器的最高位信号(被称为溢出信号/溢出率信号)直接连接到了串行通信接口中，作为本机串口接收和发送数据使用的波特率信号。

4. 计数器工作模式 3

当定时器/计数器接口的模式控制寄存器 TMOD 中 M1 位设置为 1、M0 位设置为 1 时，其计数器工作在模式 3。在模式 3 中计数器 T0 的 TH 和 TL 被拆分成两个独立的 8 位计数器 TL0 和 TH0，计数器 TL0 电路原理如图 9-7 所示，计数器 TH0 电路原理如图 9-8 所示。

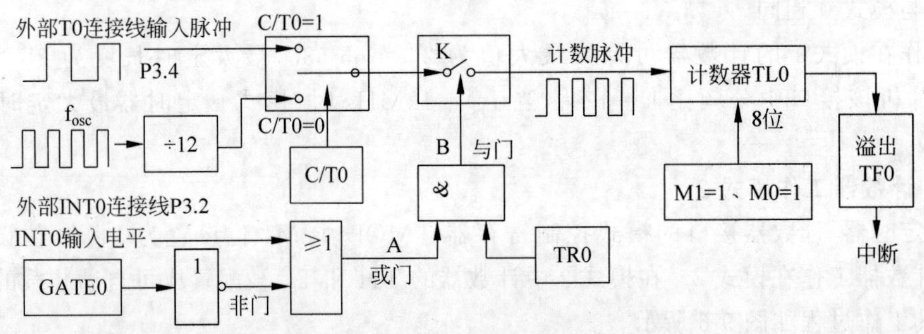

图 9-7　TL0 计数器以及具体控制电路原理图

在计数器工作在模式 3 的情况下，8 位计数器 TL0 占用了原 16 位计数器 T0(TL0＋TH0)的所有硬件资源。例如，定时器/计数控制开关 C/T0、启动控制寄存器 TR0、溢出(中断)标志寄存器 TF0、外部脉冲信号输入 T0(P3.4)、外部控制信号输入 INT0(P3.2)以及门控寄存器 GATE0 等。因此，8 位计数器 TL0 即可工作在计数方式，也可以工作在定时方式，与计数器工作在模式 0 和 1 相比较只有计数器位数的不同。

图 9-8 所示为计数器工作在模式 3 的 8 位 TH0 电路原理图。由于 TL0 占用了计数器 T0 的资源，因此，8 位计数器 TH0 只能占用计数器 T1 的硬件资源。为简化硬件电路，TH0 只占用计数器 T1 的启动控制寄存器 TR1 和溢出(中断)标志寄存器 TF1，计数器 TH0 的脉冲输入源被固定在只接收固定频率(f_{osc}/12)脉冲的状态，因此，TH0 只作定时器被使用。

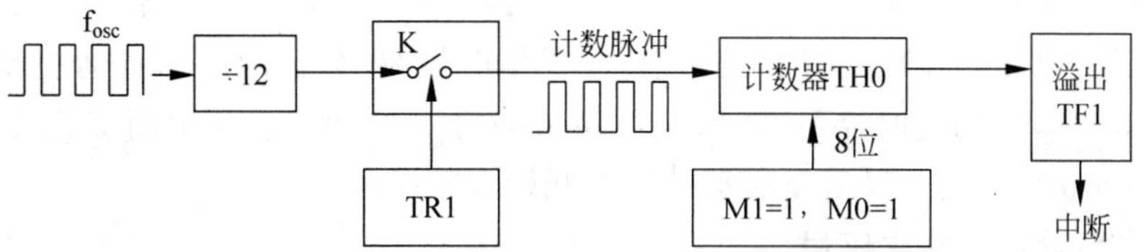

图 9-8 TH0 计数器以及具体控制电路原理图

当定时器/计数器接口中 T0 计数器设置为模式 3 应用时，TH0 占用了计数器 T1 的部分硬件资源，但是计数器 T1 还可以工作在除模式 3 外的其他工作模式中。由于计数器 T1 的溢出标志寄存器 TF1 被占用，因此，TF1 并不反映计数器 T1 是否计数溢出，计数器 T1 最高位的溢出实际是输出到串行通信接口中，只作为串行通信的波特率发生器被应用。在计数器 T0 工作在模式 3 时计数器 T1 工作在模式 0 和模式 1 的硬件电路如图 9-9 所示，工作在模式 2 的硬件电路如图 9-10 所示。

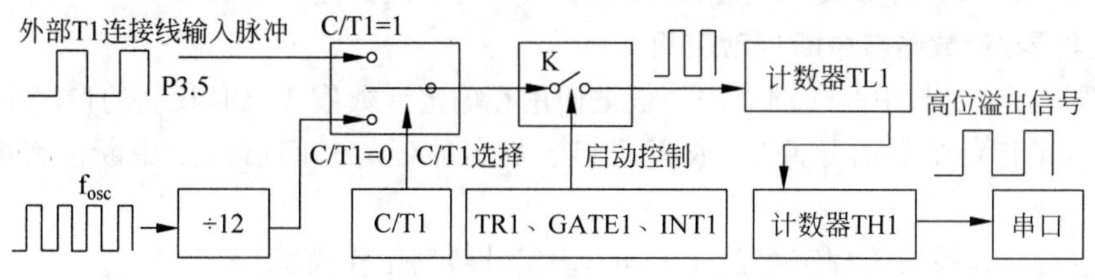

图 9-9 计数器 T1 工作模式 0 和 1 的电路原理图

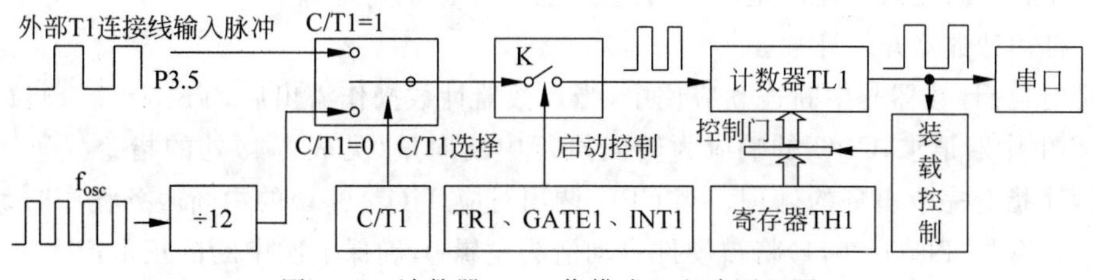

图 9-10 计数器 T1 工作模式 2 电路原理图

在计数器 T0 工作在模式 3 的情况下，计数器 T1 只能工作在模式 0～2，且仅作为串行通信的波特率发生器被使用。当设置好计数器 T1 的工作模式(0～2)后，计数器 T1 则自动开始计数操作，并且循环往复地实施计数操作，如果需要停止计数器 T1 的计数操作，则将计数器 T1 的计数模式设置为模式 3。因为计数器 T1 是不能工作在模式 3 的，因此，其计数操作将被停止。

9.1.5 CPU 对定时器 T/计数器 C 接口的管理

51 单片机内部可编程定时器/计数器接口一般有两类应用方式：独立应用和与中断连动应用方式。CPU 可以通过读/写操作指令实现控制和管理定时器/计数器接口。在应用该接口时首先需要设置其工作模式管理寄存器 TMOD,确定计数器的工作模式；其次根据应用设置计数器 TL 和 TH 的计数初始值,如果定时器/计数器的应用连动中断,还需要设置可编程中断接口中与定时器/计数器接口相关的寄存器(例如,开中断 ET、中断优先 PT 等)以及中断向量的管理；最后是启动计数器开始计数操作。

1. 定时器/计数器独立应用

定时器/计数器独立应用一般被使用在不确定计数值或定时长度的情况下。例如,在规定的时间内测试外部输入脉冲的个数,或者测量正脉冲的(时间)宽度等。其操作步骤如下。

(1) 设置工作模式管理寄存器 TMOD,确定计数器工作模式。

(2) 设置计数器 TL 和 TH 的计数初始值,TL=00H,TH=00H；

(3) 启动计数器开始计数；

(4) 在达到规定的时间后停止计数器计数。

在定时器/计数器独立应用中,当停止计数器计数操作后,读取当前计数器的计数值,则可得到外部输入脉冲的个数,或根据脉冲周期换算为时间间隔。

2. 定时器/计数器与中断连动应用

定时器/计数器与中断连动应用一般被使用在确定计数值或定时长度的情况下。例如,当外部输入了指定个数的脉冲后,或者达到了规定的延时时间后产生中断。其操作步骤如下。

(1) 设置工作模式管理寄存器 TMOD,确定计数器工作模式。

(2) 根据确定的计数值或定时长度设置计数器 TL 和 TH 的计数初始值。

(3) 开放中断接口中控制定时器/计数器接口中断的寄存器。

(4) 启动计数器开始计数。

在定时器/计数器与中断连动应用中,当计数器计数操作溢出后,TFi(i=0,1)被设置为逻辑 1,产生中断请求,CPU 的响应为转向执行中断向量(见表 8-4)处的指令代码,通过中断服务程序指令完成事务的处理。当 CPU 调用对应 Ti(i=0,1)的中断服务程序时,对应的中断标志寄存器 TFi(i=0,1)将被硬件自动清为逻辑 0,确保下次中断的正常产生。

9.2 定时器 T/计数器 C 接口应用设计

定时器和计数器已经被用到了日常生活中的方方面面,例如,钟表、计时秒表等都是定时器应用的实例；记录进入房间人数、统计过往车辆数等都可使用计数器自动实现。51 单片机内部的可编程定时器/计数器接口在不占用 CPU 资源的情况下提供了实现定时和计数的特定功能。

9.2.1　计数器应用设计

51 单片机的定时器/计数器接口作为计数器被应用时，其计数是针对 51 单片机外部提供的脉冲源进行的，计数脉冲借助并行接口 P3 的 P3.4(T0)和 P3.5(T1)端口输入到定时器/计数器接口中的计数器 T0 和 T1，实现计数功能。

1. 在确定的时间间隔中记录外部输入脉冲个数

将定时器/计数器接口中 T0 设置为模式 1 计数(C/T0=1)工作状态，借助 P3.4(T0)端口输入被计数的脉冲，借助 P3.2(INT0)端口输入确定的时间间隔，控制计数器的启动和停止计数，实现该功能的硬件电路设计如图 9-11 所示。

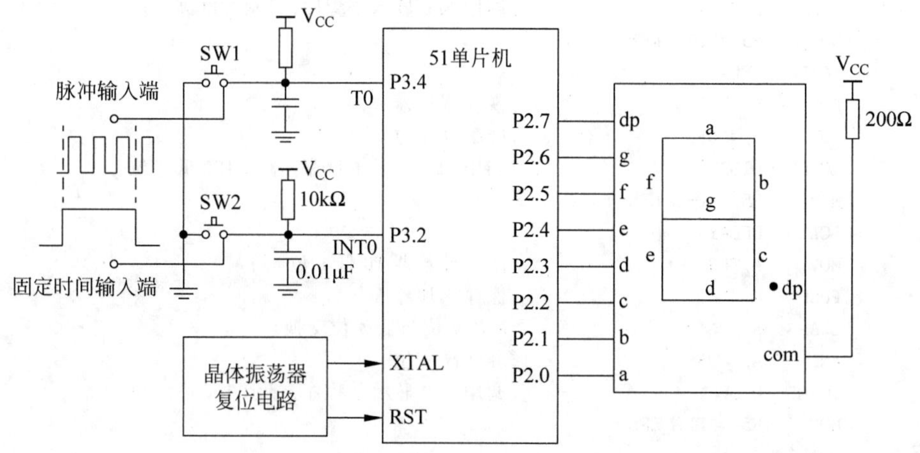

图 9-11　51 单片机记录外部输入脉冲并显示个数的电路连线图

在图 9-11 中，外部脉冲可以通过"脉冲输入端"输入到 T0，开关 SW1 也可以模拟外部输入脉冲，按下开关后再放开 SW1 将模拟产生一个脉冲，计数器 T0 启动和停止的控制信号通过"固定时间输入端"输入到 INT0；同理，可采用开关 SW2 模拟产生控制信号，开关 SW2 按下停止计数。

该电路连接了一个显示脉冲个数的 LED 显示器，可分 4 次分别依次显示计数器 TH0 的高 4 位和低 4 位以及 TL0 的高 4 位和低 4 位，每组数据之间使用显示"小数点 dp"分割开，每位数据以及"小数点 dp"的显示时间为 2 秒，依据硬件电路控制其工作的汇编语言源程序设计如下。

```
TMOD_W    EQU     00001101B             ;定义计数器 T0 的工作模式
                  ; GATE0 = 1           计数器 T0 启动受控于 INT0
                  ; C/T0 = 1            计数方式
                  ; M1 = 0,M0 = 1       计数器 T0 工作在模式 1
I_COUNT   EQU     00H                   ;定义计数器 T0 设置的计数初始值
C_LED     EQU     P2                    ;定义控制 LED 显示器的端口
DEL_LEN   EQU     10H                   ;确定显示延时时间长度
```

```
         ORG     0000H
         LJMP    START              ;程序开始
         ORG     0030H
START:   LCALL   INIT               ;调用初始化子程序
MLOOP:   MOV     A,#10H             ;取小数点 dp 显示码
         LCALL   DISP               ;调用 LED 显示器显示子程序
         MOV     R5,#DEL_LEN        ;取显示延时时间长度
         LCALL   DELAY              ;调用延时子程序
         MOV     A,TH0              ;读取计数器 T0 高 8 位
         PUSH    A                  ;保存累加器 A
         SWAP    A                  ;A 高 4 位与低 4 位交换
         ANL     A,#0FH             ;屏蔽高 4 位
         LCALL   DISP               ;调用 LED 显示子程序,显示 TH0 高 4 位
         MOV     R5,#DEL_LEN
         LCALL   DELAY
         POP     A                  ;恢复累加器 A
         ANL     A,#0FH             ;屏蔽高 4 位
         LCALL   DISP               ;调用 LED 显示子程序,显示 TH0 低 4 位
         MOV     R5,#DEL_LEN
         LCALL   DELAY
         MOV     A,TL0              ;读取计数器 T0 低 8 位
         PUSH    A                  ;保存累加器 A
         SWAP    A                  ;A 高 4 位与低 4 位交换
         ANL     A,#0FH             ;屏蔽高 4 位
         LCALL   DISP               ;调用 LED 显示子程序,显示 TL0 高 4 位
         MOV     R5,#DEL_LEN
         LCALL   DELAY
         POP     A                  ;恢复累加器 A
         ANL     A,#0FH             ;屏蔽高 4 位
         LCALL   DISP               ;调用 LED 显示子程序,显示 TL0 低 4 位
         MOV     R5,#DEL_LEN
         LCALL   DELAY
         SJMP    MLOOP              ;循环显示计数器 T0 记录的数据
INIT:                               ;初始化程序代码
         MOV     TMOD,#TMOD_W       ;设置计数器的工作模式
         MOV     TH0,#I_COUNT       ;设置计数器 T0 高 8 位
         MOV     TL0,#I_COUNT       ;设置计数器 T0 低 8 位
         SETB    TR0                ;设置接口内部计数器 T0 启动位
         RET
DELAY:   MOV     R7,#00H            ;延时子程序代码
         MOV     R6,#00H
LOOP:    DJNZ    R7,LOOP
         DJNZ    R6,LOOP
         DJNZ    R5,LOOP
         RET
DISP:    MOV     DPTR,#WTAB         ;LED 显示器显示子程序
         MOVC    A,@A+DPTR          ;根据显示数字查字形码表
```

```
        MOV     C_LED,A                 ;设置 LED 显示器显示数字
        RET
WTAB:   DB      0C0H,0F9H,0A4H,0B0H     ;定义共阳极字形码表
        DB      099H,092H,082H,0F8H
        DB      080H,090H,088H,083H
        DB      0C6H,0A1H,086H,08EH
        DB      07FH                    ;定义小数点 dp 显示码
        END
```

程序说明：计数器 T0 的计数初始值设置为 0000H，该程序对外部脉冲实现的是累加计数功能，即 INT0 控制的启动计数是在上一次数据的基础上继续实施计数操作。主程序循环显示计数器 T0 记录的脉冲个数。

2. 计数器与中断连动管理十字路口交通灯

视频讲解

有一些十字路口的南北和东西方向的车流量是不一样的。例如，南北方向为主干道，车流量较大，东西方向是辅道，车流量较小。因此，在设置该路口的交通灯时，南北方向一直为绿灯，东西方向为红灯，当东西方向检测到大于或等于两辆车时，东西方向绿灯亮(南北方向为红灯)2 秒，然后再回到南北方向一直为绿灯的状态。由 51 单片机以及红外检测系统组成的十字路口交通灯控制电路如图 9-12 所示。

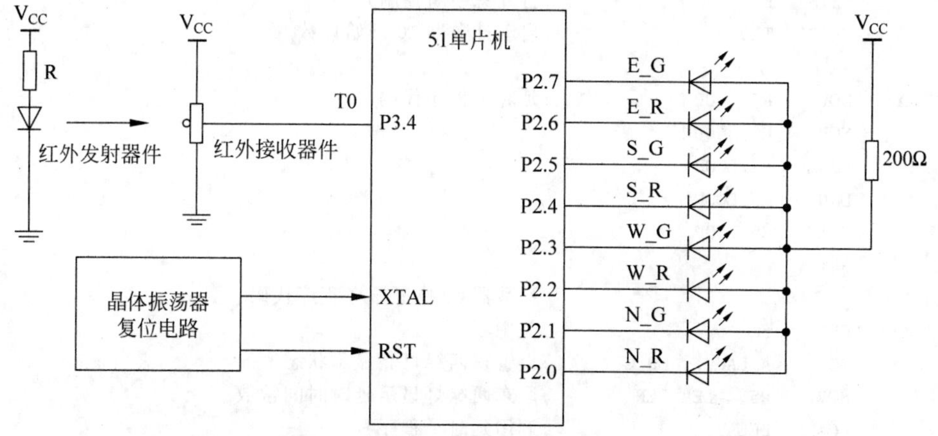

图 9-12 51 单片机以及红外检测系统组成的交通灯控制电路图

在图 9-12 中，东西方向使用红外检测系统，将红外发光二极管和一体化红外接收器两个器件分别安放在东西道路的两侧，红外接收器输出连接到 P3.4 端口，作为计数器 T0 的外部脉冲的输入源信号。当车辆通过时将红外线阻断一次，红外接收器将输出一个脉冲信号，此时有一辆车停到东西道路上等绿灯放行。当再检测到一辆车穿过红外检测区时，东西方向开始绿灯放行。根据交通灯电路控制使其工作的汇编语言源程序设计如下。

```
TMOD_W  EQU     00000101B               ;定义计数器 T0 的工作模式
                ; GATE0 = 0             计数器 T0 启动只受控于 TR0
```

```
                ; C/T0 = 1              计数方式
                ; M1 = 0,M0 = 1         计数器 T0 工作在模式 1
I_TH0    EQU    0FFH                    ;定义计数器 T0 设置的计数初始值高 8 位
I_TL0    EQU    0FEH                    ;定义计数器 T0 设置的计数初始值低 8 位
A_LAMP   EQU    P2                      ;定义所有红、绿灯控制端口
SN_G     EQU    10011001B               ;定义南北绿灯亮、东西红灯亮操作数据
EW_G     EQU    01100110B               ;定义东西绿灯亮、南北红灯亮操作数据
DEL_LEN  EQU    10H                     ;确定东西绿灯显示延时长度常数(约 2 秒)
         ORG    0000H
         LJMP   START                   ;程序开始
         ORG    000BH                   ;定义 T0 中断向量地址
         LJMP   T0_S                    ;跳转到中断服务程序存储地址处
         ORG    0030H
START:   LCALL  INIT                    ;调用初始化子程序
MLOOP:   MOV    A_LAMP,#SN_G            ;设置南北始终绿灯亮显示状态
         SJMP   MLOOP                   ;循环往复
INIT:                                   ;初始化程序代码
         MOV    TMOD,#TMOD_W            ;设置计数器的工作模式
         MOV    TH0,#I_TH0              ;设置计数器 T0 高 8 位
         MOV    TL0,#I_TL0              ;设置计数器 T0 低 8 位
         SETB   ET0                     ;允许计数器 T0 中断请求
         SETB   EA                      ;打开总中断控制开关
         SETB   TR0                     ;启动计数器 T0 开始计数
         RET
DELAY:   MOV    R7,#00H                 ;延时子程序代码
         MOV    R6,#00H
LOOP:    DJNZ   R7,LOOP
         DJNZ   R6,LOOP
         DJNZ   R5,LOOP
         RET
T0_S:                                   ;计数器 T0 中断服务程序代码
         CLR    EA                      ;关中断
         MOV    A_LAMP,#EW_G            ;设置东西绿灯亮显示状态
         MOV    R5,#DEL_LEN             ;取东西绿灯显示延时时间常数
         LCALL  DELAY                   ;调用延时子程序
         MOV    TH0,#I_TH0              ;重新设置计数器 T0 高 8 位
         MOV    TL0,#I_TL0              ;重新设置计数器 T0 低 8 位
         SETB   EA                      ;开中断
         RETI                           ;中断返回
         END
```

程序说明：计数器 T0 的计数初始值为 0FFFEH(TH0=0FFH,TL0=0FEH)，当 P3.4 端口有两个脉冲输入时，计数器 T0 将产生溢出，计数器 T0 清 0，并设置 TF0 为逻辑 1 请求中断。CPU 响应该中断时将执行 T0_S 中断服务程序，在中断服务程序中需要重新设置计数器 T0 的计数初始值，确保下一次计数器的正常计数操作。

9.2.2　定时器应用设计

51 单片机的定时器/计数器接口作为定时器被应用时，其计数器是针对 51 单片机内部固定频率(f_{osc}/12)的脉冲源进行计数操作的，根据计数器的计数值实现定时功能。

1. 测量外部正脉冲的宽度

测量电路如图 9-11 所示，将定时器/计数器接口中 T0 设置为模式 1 定时(C/T0=0)工作状态，计数器 T0 的输入脉冲为固定频率(f_{osc}/12)的脉冲，被测量的正脉冲加载到 P3.2 (INT0)端口，控制计数器的启动和停止计数。当正脉冲处于高电平期间，计数器 T0 对 f_{osc}/12 脉冲进行计数操作；当 P3.2 端口处于低电平时，计数器 T0 停止计数，此时计数器 T0 的数值表示了 P3.2 端口处于高电平期间的时间长度。如果 f_{osc}=12MHz，则计数器的计数脉冲周期为 1μs，计数器 T0 的数值是以 μs 为单位的时间长度。依据图 9-11 所示的硬件电路控制其测量外部脉冲的汇编语言源程序设计如下。

```
TMOD_W   EQU    00001001B         ;定义计数器 T0 的工作模式
                ; GATE0 = 1       计数器 T0 启动受控于 INT0
                ; C/T0 = 0        定时方式
                ; M1 = 0,M0 = 1   计数器 T0 工作在模式 1
I_COUNT  EQU    00H               ;定义计数器 T0 设置的计数初始值
PULSE    BIT    P3.2              ;定义被测脉冲输入端口
C_LED    EQU    P2                ;定义控制 LED 显示器的端口
DEL_LEN  EQU    10H               ;确定显示延时时间长度
         ORG    0000H
         LJMP   START             ;程序开始
         ORG    0030H
START:   LCALL  INIT              ;调用初始化子程序
WAIT1:   JNB    PULSE,WAIT1       ;当 P3.2 端口为低电平时,等待被测正脉冲
WAIT2:   JB     PULSE,WAIT2       ;当 P3.2 端口为高电平时,计数器 T0 正在工作
         MOV    A,TH0             ;读取计数器 T0 高 8 位
         PUSH   A                 ;保存累加器 A
         SWAP   A                 ;A 高 4 位与低 4 位交换
         ANL    A,#0FH            ;屏蔽高 4 位
         LCALL  DISP              ;调用 LED 显示子程序,显示 TH0 高 4 位
         MOV    R5,#DEL_LEN
         LCALL  DELAY
         POP    A                 ;恢复累加器 A
         ANL    A,#0FH            ;屏蔽高 4 位
         LCALL  DISP              ;调用 LED 显示子程序,显示 TH0 低 4 位
         MOV    R5,#DEL_LEN
         LCALL  DELAY
         MOV    A,TL0             ;读取计数器 T0 低 8 位
         PUSH   A                 ;保存累加器 A
         SWAP   A                 ;A 高 4 位与低 4 位交换
         ANL    A,#0FH            ;屏蔽高 4 位
```

```
        LCALL  DISP              ;调用 LED 显示子程序,显示 TL0 高 4 位
        MOV    R5, #DEL_LEN
        LCALL  DELAY
        POP    A                 ;恢复累加器 A
        ANL    A, #0FH           ;屏蔽高 4 位
        LCALL  DISP              ;调用 LED 显示子程序,显示 TL0 低 4 位
        MOV    R5, #DEL_LEN
        LCALL  DELAY
        SJMP   START             ;循环,重新测量脉冲宽度
INIT:                            ;初始化程序代码
        MOV    TMOD, #TMOD_W     ;设置计数器的工作模式
        MOV    TH0, #I_COUNT     ;设置计数器 T0 高 8 位
        MOV    TL0, #I_COUNT     ;设置计数器 T0 低 8 位
        SETB   TR0               ;设置接口内部计数器 T0 启动位
        RET
DELAY:  MOV    R7, #00H          ;延时子程序代码
        MOV    R6, #00H
LOOP:   DJNZ   R7,LOOP
        DJNZ   R6,LOOP
        DJNZ   R5,LOOP
        RET
DISP:   MOV    DPTR, #WTAB       ;LED 显示器显示子程序
        MOVC   A, @A + DPTR      ;根据显示数字查字形码表
        MOV    C_LED, A          ;设置 LED 显示器显示数字
        RET
WTAB:   DB     0C0H,0F9H,0A4H,0B0H ;定义共阳极字形码表
        DB     099H,092H,082H,0F8H
        DB     080H,090H,088H,083H
        DB     0C6H,0A1H,086H,08EH
        END
```

程序说明：在测量脉冲宽度程序中，当初始化操作完成后，CPU 执行等待指令，等待被测量的正脉冲。当出现正脉冲时，计数器 T0 开始启动计数，CPU 再次执行等待指令，等待计数器 T0 停止工作。当计数器 T0 停止计数后，显示计数器 T0 的计数值。该程序被执行的过程如图 9-13 所示，其显示的数值为以 μs 为单位的时间长度，由于计数器 T0 最大计数值为 65 536，因此，被测量的正脉冲宽度应该小于 65 536μs。

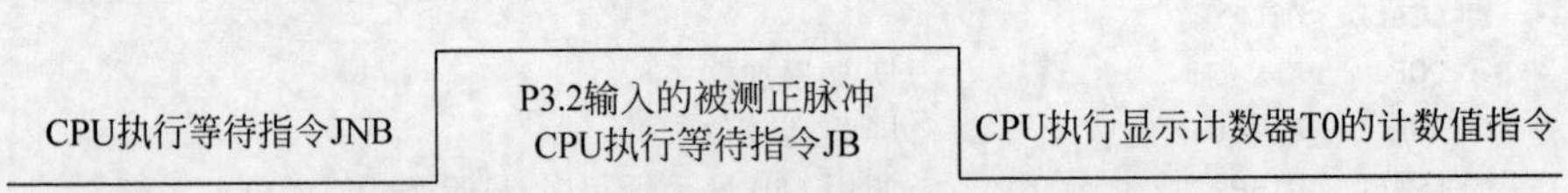

CPU执行等待指令JNB | P3.2输入的被测正脉冲 CPU执行等待指令JB | CPU执行显示计数器T0的计数值指令

图 9-13　CPU 执行测量脉冲宽度程序的过程

2. 定时器替代软件延时程序

软件延时是通过 CPU 执行指令实现的，因为每条指令的被执行是需要时间的，由于 CPU 在某一时刻只能做一项工作，延时为单纯地等待。使用 CPU 实现延时，CPU 则只做

该项事务，延时事务对 CPU 而言是一种浪费，而使用定时器实现延时。在延时的过程中，定时器是不占用 CPU 资源和时间的。在此过程中，CPU 可以处理其他事务，当延时时间到时，可以通过中断请求 CPU 完成延时后需要做的事务。

下面的十字路口交通灯控制汇编语言源程序是依据图 9-12 所示设计的。其功能是在正常的十字路口中南北方向绿灯显示 2 秒，然后转为东西方向绿灯显示 2 秒，循环往复。由于定时器的最大延时为 65 536μs，因此，延时 2 秒则需要使用累加的方法来实现，例如，设置定时器延时 50 000μs，定时器完成 40 次定时则可实现 2 秒延时，汇编语言源程序如下。

```
TMOD_W   EQU    00000001B          ;定义计数器 T0 的工作模式
                ; GATE0 = 0          计数器 T0 启动只受控于 TR0
                ; C/T0 = 0           定时方式
                ; M1 = 0,M0 = 1      计数器 T0 工作在模式 1
I_TH0    EQU    03CH               ;定义计数器 T0 设置的计数初始值高 8 位
I_TL0    EQU    0B0H               ;定义计数器 T0 设置的计数初始值低 8 位
A_TIME   EQU    40                 ;定义定时器累加次数
A_LAMP   EQU    P2                 ;定义所有红、绿灯控制端口
EW_G     EQU    01100110B          ;定义东西绿灯亮、南北红灯亮操作数据
         ORG    0000H
         LJMP   START              ;程序开始
         ORG    000BH              ;定义 T0 中断向量地址
         LJMP   T0_S               ;跳转到中断服务程序存储地址处
         ORG    0030H
START:   LCALL  INIT               ;调用初始化子程序
MLOOP:                             ;CPU 可处理其他事务
         SJMP   MLOOP
INIT:                              ;初始化程序代码
         MOV    A_LAMP,#EW_G       ;设置东西绿灯亮显示状态
         MOV    R0,#0              ;R0 为计数单元,从 0 计数到 40
         MOV    TMOD,#TMOD_W       ;设置计数器的工作模式
         MOV    TH0,#I_TH0         ;设置计数器 T0 高 8 位
         MOV    TL0,#I_TL0         ;设置计数器 T0 低 8 位
         SETB   ET0                ;允许计数器 T0 中断请求
         SETB   EA                 ;打开总中断控制开关
         SETB   TR0                ;启动计数器 T0 开始计数
         RET
T0_S:                              ;计数器 T0 中断服务程序代码
         INC    R0                 ;计数单元内容加 1
         CJNE   R0,#A_TIME,EXIT    ;没有中断 40 次,转向 EXIT
         MOV    R0,#0              ;定时器定时 40 次,R0 重新清 0
         XRL    A_LAMP,#0FFH       ;转换东西和南北红、绿灯显示
EXIT:    MOV    TH0,#I_TH0         ;重新设置计数器 T0 高 8 位
         MOV    TL0,#I_TL0         ;重新设置计数器 T0 低 8 位
         RETI                      ;中断返回
         END
```

程序说明：在十字路口交通灯控制程序中，定时器的定时长度为 50 000μs，计数器 T0 工作在模式 1 时为 16 位计数器，当 51 单片机使用的振荡频率 f_{osc} =12MHz 时，依据写入 TH 和 TL 计数初始值的计算公式得到

$$(TH)(TL) = 2^{16} - 50\,000\mu s \times 12MHz/12 = 15\,536 = (3C)(B0)$$

R0 为记录定时器定时次数计数单元。当定时器产生一次中断，说明定时器定时完成，即完成一次 50 000μs 的延时。每完成一次定时 R0 则加 1，完成 40 次定时，则实现延时 2 秒。

视频讲解

3. 演奏音乐程序设计

音乐是由音符(声音)以及音符发声的持续时间和节拍(固定时间长度)组成的，人耳能听到的声音其频率范围为 20Hz～20kHz。当输出一个频率为 20Hz～20kHz 的信号到一个发声器件(扬声器、蜂鸣器等)时，人耳能听到该声音。由 51 单片机组成的简单发声系统如图 8-12 所示(红外报警系统)，通过 P1.0 端口输出一个音频脉冲到蜂鸣器。例如，输出一个 200Hz 的音频脉冲，如图 9-14 所示，蜂鸣器将持续发出 200Hz 频率的声音。

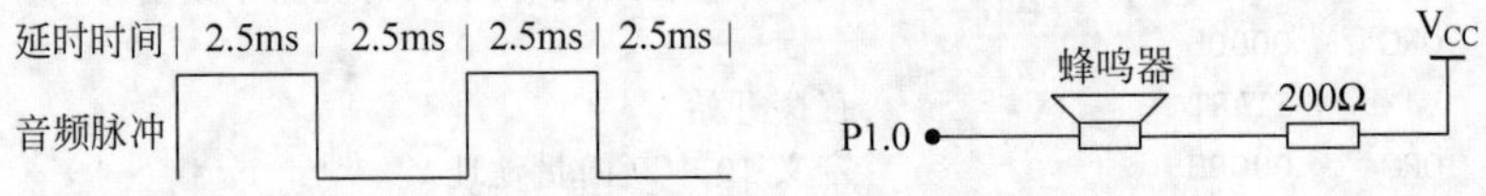

图 9-14　产生 200Hz 频率的音频脉冲以及 51 单片机驱动蜂鸣器的连线图

产生某一频率的音频脉冲需要计算出该脉冲的周期(1/频率)，以及半周期(周期除以 2)，在 P1.0 端口上以半周期为延时单位交替输出高、低电平，则 P1.0 端口输出一个连续的周期脉冲。例如，200Hz 频率的音频脉冲其半周期为 2.5ms((1÷200)÷2=2.5ms)，51 单片机定时器/计数器接口中的定时功能可实现半周期的延时，通过定时器延时半周期后改变(反相)P1.0 端口输出的高、低电平，驱动蜂鸣器产生某一频率的声音。

在音乐中 C 调音符对应的频率如表 9-5 所示。当 51 单片机使用的振荡频率 f_{osc} = 12MHz 时，对应每个音符频率延时半周期时，定时器设置的 TH 和 TL 计数初始值(根据 TH 和 TL 初始值计算公式)如表 9-5 所示。当改变定时器的计数初始值时，可以产生不同频率的音符，实现音乐的演奏。

表 9-5　C 调音符对应的频率以及定时器设置的计数初始值

音符(1=C)	频率/Hz	计数器初值	TH 初值	TL 初值
低 1	262	63 628	0F8H	08CH
#1#	277	63 731	0F8H	0F3H
低 2	294	63 835	0F9H	05BH
#2#	311	63 928	0F9H	0B8H
低 3	330	64 021	0FAH	015H
低 4	349	64 103	0FAH	067H

续表

音符(1=C)	频率/Hz	计数器初值	TH 初值	TL 初值
#4#	370	64 185	0FAH	0B9H
低 5	392	64 260	0FBH	004H
#5#	415	64 331	0FBH	04BH
低 6	440	64 400	0FBH	090H
#6	466	64 463	0FBH	0CFH
低 7	494	64 524	0FCH	00CH
中 1	523	64 580	0FCH	044H
#1#	554	64 633	0FCH	079H
中 2	587	64 684	0FCH	0ACH
#2#	622	64 732	0FCH	0DCH
中 3	659	64 777	0FDH	009H
中 4	698	64 820	0FDH	034H
#4#	740	64 860	0FDH	05CH
中 5	784	64 898	0FDH	082H
#5#	831	64 934	0FDH	0A6H
中 6	880	64 968	0FDH	0C8H
#6	932	64 994	0FDH	0E2H
中 7	988	65 030	0FEH	006H
高 1	1046	65 058	0FEH	022H
#1#	1109	65 085	0FEH	03DH
高 2	1175	65 110	0FEH	056H
#2#	1245	65 134	0FEH	06EH
高 3	1318	65 157	0FEH	085H
高 4	1397	65 178	0FEH	09AH
#4#	1480	65 198	0FEH	0AEH
高 5	1568	65 217	0FEH	0C1H
#5#	1661	65 235	0FEH	0D3H
高 6	1760	65 252	0FEH	0E4H
#6	1865	65 268	0FEH	0F4H
高 7	1967	65 283	0FFH	003H
休止符	0	65 535	0FFH	0FFH

音乐演奏的另一要素是一个音符输出的时间长度，即音符发声持续时间，在演奏乐曲时，音符发声持续时间有长有短，其长短是根据音乐节拍确定的。在一个乐曲的演奏中，节拍的延时是由曲调决定的，并且是相对固定的延时时间。表 9-6 给出了部分曲调的节拍定

时时间的参考值。在乐曲中每个音符发声的持续时间则是根据节拍的固定时间按照 4/4、3/4、2/4 等音符的拍节分配的，因此，确定每个音符的演奏时间需要根据节拍推算出来。

表 9-6　音乐节拍定时时间

1/4 节拍		1/8 节拍	
曲　调	延时/ms	曲　调	延时/ms
4/4	125	4/4	62
3/4	187	3/4	94
2/4	250	2/4	125

音乐演奏的程序设计要点是同时启用 51 单片机定时器/计数器接口中的两个定时器 T0 和 T1。定时器 T0 用于产生指定频率的音符，定时器 T1 用于音符发声持续时间的延时。另外，将音符频率对应设置定时器的计数初始值(TH0、TL0)以数据表格的形式存放在 ROM 中，被演奏的音符是该表格的索引，通过索引取出计数初始值实现设置定时器，音符发声持续时间的延时是以 10ms 为定时器 T1 的基础定时单位，通过累加来实现长延时。根据以上要点设计的音乐演奏汇编语言源程序如下。

```
TMOD_W   EQU   00010001B          ;定义计数器 T0 和 T1 的工作模式
               ; GATE0 = 0        计数器启动只受控于 TR
               ; C/T = 0          定时方式
               ; M1 = 0,M0 = 1    计数器 T0 和 T1 工作在模式 1
T10msH   EQU   0EFH               ;10ms 延时计数初始值 TH(fosc = 12MHz 时)
T10msL   EQU   0D8H               ;10ms 延时计数初始值 TL(发声持续时间)
Index    EQU   070H               ;存放演奏音符数据(与 DPTR 结合)指针(索引值)
TINT_C   EQU   071H               ;存放音符发声持续时间的定时累加值
Note_L   EQU   072H               ;存放音符频率数据低 8 位
Note_H   EQU   073H               ;存放音符频率数据高 8 位
IC_TMP   EQU   074H               ;存放中断次数计数值,用于持续发声延时累加
N_TEMP   EQU   075H               ;临时数据存放单元
Speaker  BIT   P1.0               ;定义输出音频脉冲端口
         ORG   0000H
         LJMP  START
         ORG   000BH              ;定义 T0 中断向量地址
         LJMP  Time0              ;输出音符中断服务
         ORG   001BH              ;定义 T1 中断向量地址
         LJMP  Time1              ;持续发声延时中断服务
         ORG   0030H
START:   MOV   Index,#0H          ;从第一个音符开始演奏
         MOV   TMOD,#TMOD_W       ;设定时器工作模式
         MOV   TH1,#T10msH        ;设置定时器 T1 计数初始值高 8 位
         MOV   TL1,#T10msL        ;设置定时器 T1 计数初始值低 8 位
         SETB  ET0                ;允许定时器 T0 中断
         SETB  ET1                ;允许定时器 T1 中断
GETD:    CLR   EA                 ;关中断,准备改变音符设置
```

```
        MOV     IC_TMP,#00H         ;临时中断次数计数单元清零
        MOV     A,Index             ;取需要演奏音符的索引值
        MOV     DPTR,#N_DEL         ;将数据指针 DPTR 定位到音符演奏的延时数据表
        MOVC    A,@A+DPTR           ;取演奏音符延时累加值
        JZ      START               ;累加值为 0,表示演奏完毕,重新开始演奏
        MOV     TINT_C,A            ;将音符延时累加值存放到 TINT_C 单元
        MOV     A,Index             ;准备取将要演奏音符的索引值
        MOV     DPTR,#NOTET         ;将数据指针 DPTR 定位到音符索引值数据表
        MOVC    A,@A+DPTR           ,取将要演奏音符的索引值
        CJNE    A,#0FFH,OUTSPK      ;比较是否为休止符
        SETB    Speaker             ;是休止符,停止发生
        CLR     TR0                 ;是休止符,停止定时器 T0 工作
        JMP     UNSPK               ;转到等待音符发声持续时间延时
OUTSPK: MOV     N_TEMP,A            ;临时存放音符索引值
        MOV     DPTR,#FREQH         ;取频率(半周期)高字节表首地址
        MOVC    A,@A+DPTR           ;取演奏音符的定时器初始值 TH0
        MOV     Note_H,A            ;存放在音符频率数据单元高 8 位
        MOV     DPTR,#FREQL         ;取频率(半周期)低字节表首地址
        MOV     A,N_TEMP            ;恢复音符索引值
        MOVC    A,@A+DPTR           ;取演奏音符的定时器初始值 TL0
        MOV     Note_L,A            ;存放在音符频率数据单元低 8 位
        MOV     TH0,Note_H          ;设置定时器 T0 初始值高 8 位
        MOV     TL0,Note_L          ;设置定时器 T0 初始值低 8 位
        SETB    TR0                 ;启动定时器 T0
UNSPK:  SETB    TR1                 ;启动定时器 T1
        SETB    EA                  ;开中断
        INC     Index               ;准备演奏下一个音符
LOOP:   MOV     A,IC_TMP            ;取中断次数计数值,即延时累加值
        CJNE    A,TINT_C,LOOP       ;比较是否延时到音符演奏时间
        JMP     GETD                ;演奏下一个音符
Time0:                              ;定时器 T0 中断服务
        CPL     Speaker             ;控制 P1.0 端口输出音符脉冲,反相
        MOV     TH0,Note_H          ;重新设置定时器 T0 的计数初始值高 8 位
        MOV     TL0,Note_L          ;重新设置定时器 T0 的计数初始值低 8 位
        RETI                        ;中断返回
Time1:                              ;定时器 T1 中断服务,音符发声持续时间定时
        INC     IC_TMP              ;中断次数计数加 1,即延时累加值加 1
        MOV     TH1,#T10msH         ;重新设置定时器 T1 的计数初始值高 8 位
        MOV     TL1,#T10msL         ;重新设置定时器 T1 的计数初始值低 8 位
        RETI                        ;中断返回
N_DEL:                              ;定义演奏音符发声持续时间数据表
        DB      100,100,100,100     ;定时器 T1 基础定时为 10ms,100 表示 1 秒
        DB      100,100,100,100,0   ;0 为演奏结束符
NOTET:                              ;定义演奏音符索引值表
        DB      7,8,9,10            ;演奏中音音符 1,2,3,4
        DB      11,12,13,14         ;演奏中音音符 5,6,7,i
        DB      0FFH                ;0FFH 为休止符
```

```
FREQH:                            ;音符频率表,半周期定时初始值表高 8 位
        DB      0F2H,0F3H,0F5H,0F5H,0F6H,0F7H,0F8H
        DB      0F9H,0F9H,0FAH,0FAH,0FBH,0FBH,0FCH,0FCH
                                  ;对应中音音符 1,2,3,4,5,6,7,i
        DB      0FCH,0FDH,0FDH,0FDH,0FDH,0FEH
        DB      0FEH,0FEH,0FEH,0FEH,0FEH,0FEH,0FFH
FREQL:                            ;音符频率表,半周期定时初始值表低 8 位
        DB      042H,0C1H,017H,0B6H,0D0H,0D1H,0B6H
        DB      021H,0E1H,08CH,0D8H,068H,0E9H,05BH,08FH
                                  ;对应中音音符 1,2,3,4,5,6,7,i
        DB      0EEH,044H,06BH,0B4H,0F4H,02DH
        DB      047H,077H,0A2H,0B6H,0DAH,0FAH,016H
        END
```

程序说明：该音乐演奏程序演奏的乐曲是通过蜂鸣器循环播放中音音阶 1、2、3、4、5、6、7、i，每个音符的演奏时间持续 1 秒（100×10ms）。音符发声持续时间表 N_DEL 和演奏音符索引值表 NOTET 中的数据是一一对应的，N_DEL 表中的数据表示 NOTET 表中索引的音符演奏的时间长度（累加值）。在音符发声持续时间表 N_DEL 中，定义数据 0 表示音乐演奏完毕标识符，因乐曲中的音符不可能演奏 0 秒，在演奏音符索引值表 NOTET 中，定义数据 0FFH 表示乐曲中的休止符，因此，要求音符频率表中的数据个数小于 0FFH，以便在演奏中区分音符和休止符。51 单片机 CPU 执行该音乐演奏程序的流程如图 9-15 所示。

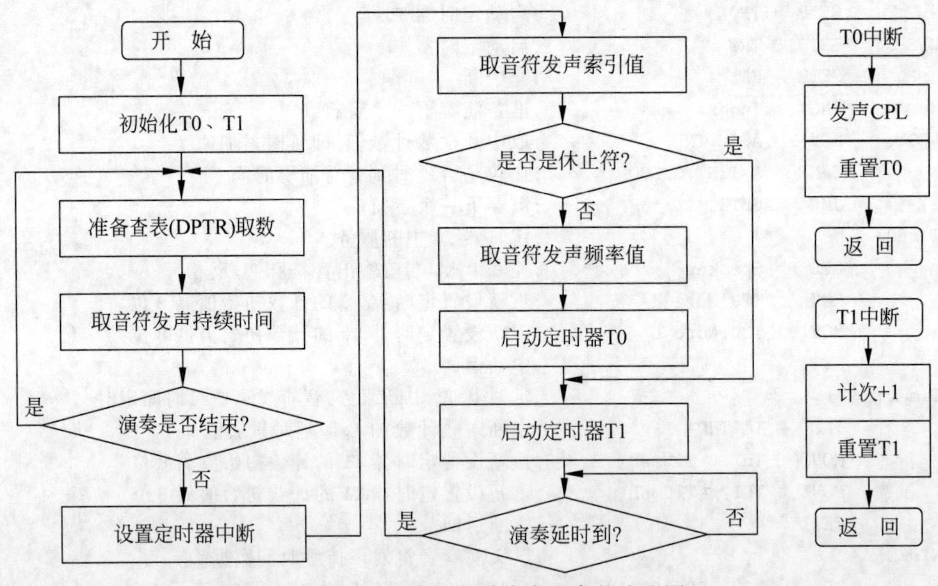

图 9-15　CPU 执行音乐演奏程序的流程图

定时器 T0 中断服务程序实现的任务是输出音频脉冲，并重新按半周期定时时间设置定时器 T0 的初始值；定时器 T1 的中断服务程序实现的任务是累计中断次数，按照 10ms 定时时间重新设置定时器 T1 的初始值，达到音符发声的延时功能。

使用C51语言实现演奏音阶程序(功能同汇编语言程序)如下。

```
#include <reg51.h>                              //引入51单片机特殊功能寄存器定义
#define uchar unsigned char                     //声明uchar相当于unsigned char
sbit speaker = P1^0;                            //声明发声控制端口
uchar T_Mod = 0x11;                             //声明定时器/计数器模式常数
uchar T10msL = 0xD8;                            //声明主频12MHz时10ms定时器定时常数
uchar T10msH = 0xEF;                            //(高位数值)
uchar index;                                    //声明存放演奏音符数据指针(索引值)变量
uchar tint_c;                                   //声明存放节拍定时数值变量
uchar note_l;                                   //声明存放音符数据变量
uchar note_h;                                   //(高位数值)
uchar ic_tmp = 0;                               //声明临时中断计数器值变量
uchar temp = 0;                                 //声明临时变量
code uchar musicfreqh[] = {                     //定义音阶频率表数组
  0xF2,0xF3,0xF5,0xF5,0xF6,0xF7,0xF8,
  0xF9,0xF9,0xFA,0xFA,0xFB,0xFB,0xFC,0xFC,      //音阶1,2,3,4,5,6,7,i
  0xFC,0xFD,0xFD,0xFD,0xFD,0xFE,
  0xFE,0xFE,0xFE,0xFE,0xFE,0xFE,0xFF };
code uchar musicfreql[] = {                     //(低位数值)
  0x42,0xC1,0x17,0xB6,0xD0,0xD1,0xB6,
  0x21,0xE1,0x8C,0xD8,0x68,0xE9,0x5B,0x8F,      //音阶1,2,3,4,5,6,7,i
  0xEE,0x44,0x6B,0xB4,0xF4,0x2D,
  0x47,0x77,0xA2,0xB6,0xDA,0xFA,0x16};
code uchar musicn_del[] = {                     //定义演奏音阶延时(节拍)数组
  100,100,100,100,100,100,100,100};
/* 定义演奏音阶数组,其内容为演奏的音符在音阶频率表中的位置和索引 */
code uchar musicnotet[] = {7,8,9,10,11,12,13,14,00};
void timer_initial(void) {                      //定义定时器初始化函数
  TMOD = T_Mod;                                 //设置定时器/计数器模式
  TL1 = T10msL;                                 //设置定时器初始值
  TH1 = T10msH;                                 //(高位数值)
  ET0 = 1;                                      //开定时器中断
  ET1 = 1;
}
void Time0(void) interrupt 1 using 1 {          //定义定时器T0中断服务程序:发声
  TR0 = 0;                                      //关闭定时器
  TL0 = note_l;                                 //设置定时器初始值:声音半周期
  TH0 = note_h;                                 //(高位数值)
  speaker = ~speaker;                           //发声控制
  TR0 = 1;                                      //打开定时器
}
void Time1(void) interrupt 3 using 2 {          //定义定时器T1的中断服务程序:定时
  TR1 = 0;                                      //关闭定时器
  TL1 = T10msL;                                 //设置定时器初始值:延时10ms
  TH1 = T10msH;                                 //(高位数值)
  ic_tmp++;                                     //计数变量加1
```

```
    TR1 = 1;                                    //打开定时器
  }
  void main() {                                 //定义主函数
    while(1) {                                  //控制程序无限循环
      index = 0;                                //索引变量初始化
      timer_initial();                          //调用定时器初始化函数
      for(index = 0; musicnotet[index]!= 0; index++) {   //依据索引值循环
        EA = 0;   TR0 = 0;   TR1 = 0;           //关中断、关定时器
        ic_tmp = 0;                             //计数变量清 0
        tint_c = musicn_del[index];             //依据索引取节拍延时值
        temp = musicnotet[index];               //依据索引取演奏音符
        note_l = musicfreql[temp];              //依据演奏音符取声音半周期数值
        note_h = musicfreqh[temp];              //(高位数值)
        TR0 = 1;   TR1 = 1;   EA = 1;           //开定时器、开中断
        while(tint_c != ic_tmp);                //延时等待
      }
    }
  }
```

第 10 章

51 单片机串口应用

计算机与外部器件或设备的串行数据传输(通信)有多种方式。基于 RS-232 通信标准的可编程串行接口器件是实现串行通信的接口器件之一。RS-232 串行通信协议适合于数据传输速率低于 200kb/s 的长距离通信,它是计算机输入/输出接口的标准配置之一并被广泛使用。本章介绍 51 单片机的可编程串行通信接口的工作机制,以及通过该接口在两台计算机之间实现交换数据的应用。

10.1 串行通信接口的工作原理

51 单片机的可编程串行通信接口用于实现 RS-232 标准的点对点的全双工(同时收/发)UART(异步)和 USRT(同步)的串行数据通信。串行通信接口需要可编程定时器/计数器接口的配合才能正常工作,同时可采用中断方式请求 CPU 提供服务。

10.1.1 可编程串行通信接口逻辑电路

51 单片机可编程串行通信接口主要由并/串转换(串行化)和串/并转换(反串行化)逻辑电路组成,与定时器/计数器接口配合工作的主要电路框图如图 10-1 所示。

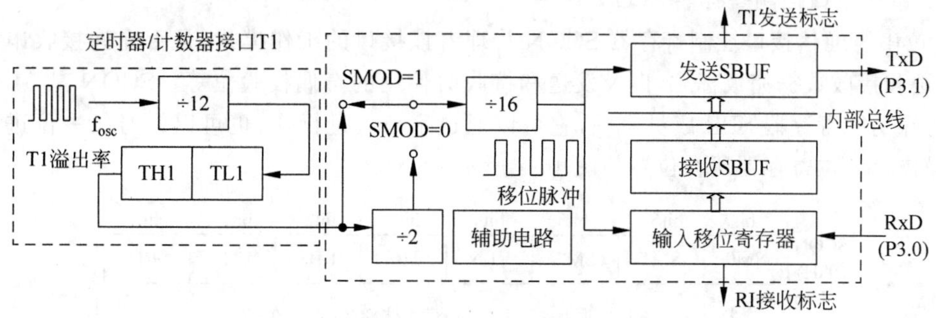

图 10-1 可编程串行通信接口主要电路框图

可编程串行通信接口内部主要有发送数据缓冲寄存器 SBUF、接收数据缓冲寄存器 SBUF、接收输入数据移位寄存器，以及其他辅助电路，包括输入数据自动检测电路（输入信号检测器），发送数据时自动添加起始位和停止位、控制添加奇偶校验位的逻辑电路，接收数据时自动删除起始位和停止位、控制传输奇偶校验位的逻辑电路，以及移位寄存器实现移位的控制脉冲电路等。另外，串行通信接口中使用的移位脉冲其根源由定时器 T1 提供。

串行通信接口实现的是 RS-232 标准的串行数据通信，该接口有 4 种串行通信模式，可实现不同标准的 USRT（同步）和 UART（异步）串行数据通信。通过接口内部的可编程模式控制寄存器可选择该接口工作在某一种串行通信模式下。

51 单片机串行通信接口借助输入/输出 P3 口的 P3.1 端口将数据发送出去，借助 P3 口的 P3.0 端口接收数据，其 CPU 使用读/写指令通过内部总线操作接收 SBUF 和发送 SBUF 寄存器。

串行通信接口数据的发送是通过指令将数据写入发送数据缓冲寄存器 SBUF 中。当写入数据完成后自动启动数据的发送，发送数据缓冲寄存器 SBUF 同时也是一个移位寄存器，通过移位脉冲的作用将数据串行化输出到 51 单片机外部（P3.1）。当发送数据完成后，该接口电路自动将发送标志寄存器 TI 设置为逻辑 1（该标志也是发送中断标志）。

串行通信接口数据的接收是当输入数据自动检测电路检测到 P3.0 端口有串行数据申请传输时，通过移位脉冲先将外部（P3.0 上）的数据接收到输入移位寄存器中。当接收数据完毕时，将输入移位寄存器中的数据送入接收数据缓冲寄存器 SBUF 中，实现数据的反串行化过程，同时自动将接收标志寄存器 RI 设置为逻辑 1（该标志也是接收中断标志）。

10.1.2 串行通信接口可操作寄存器的定义

51 单片机串行通信接口的工作模式依赖于该接口中可编程寄存器的编程操作，在接口电路中有串行接口控制寄存器 SCON、电源控制寄存器 PCON 中的 SMOD 位、数据缓冲寄存器 SBUF 等，该接口中每一位寄存器都有明确的定义和用途，并可实施读/写操作。

1. 串行接口控制寄存器 SCON

8 位串行通信接口控制寄存器 SCON 管理着该接口的工作模式、是否允许接收串行数据、发送和接收数据完成标志，以及发送和接收时使用的奇偶校验位等。SCON 是 51 单片机中特殊功能寄存器 SFR 成员之一，它可以通过字节寻址操作，也可以针对每一位进行位寻址操作。各位寄存器所在位置如图 10-2 所示。

	bit7	bit6	bit5	bit4	bit3	bit2	bit1	bit0
SCON (98H)	SM0	SM1	SM2	REN	TB8	RB8	TI	RI

图 10-2 串行通信接口控制寄存器 SCON 所在位置

在 SCON 中，SM0、SM1 为设置串行通信接口工作模式管理位，共有模式 0～3 4 种工作模式。4 种工作模式如表 10-2 所示。

SM2 位是多个单片机（51 单片机）通信允许位，主要用于工作模式 2 和工作模式 3。SM2 被设置为逻辑 1 时允许多机进行通信；SM2 被设置为逻辑 0 时不允许多机通信，多机通信需要遵守多机通信协议。

REN 位为串行通信接口接收允许位，REN 被设置为逻辑 1 时允许接收数据，REN 被设置为逻辑 0 时禁止接收数据，REN 位相当于一个接收数据的开关。

TB8 位是发送数据的第 9 位，用于工作模式 2 和工作模式 3，一般作数据的奇偶校验位使用。当 CPU 执行读数据到累加器 A 操作时，其操作根据累加器 A 中数据的奇偶性自动设置程序状态字寄存器 PSW 中的奇偶标志位 P。P 反映了累加器 A 中数据的奇偶性，在将累加器 A 数据作为发送数据传输到发送数据缓冲寄存器 SBUF 之前，可将奇偶标志位 P 传输到 SCON 中的 TB8 位，然后再传输 A 中数据到 SBUF 中。此时，如果发送 9 位（TB8 位）数据，则第 9 位反映了前 8 位数据的奇偶性。

RB8 位是接收数据的第 9 位，用于工作模式 2 和工作模式 3，如果接收到的数据有 9 位，那么 RB8 位是存放第 9 位的寄存器，当串行数据的第 9 位为奇偶校验位，并且当 CPU 从接收数据缓冲寄存器 SBUF 中读数据到累加器 A 中时，程序状态字寄存器 PSW 中的奇偶标志位 P 反映了累加器 A 中数据的奇偶性，它也是串行 8 位数据的奇偶性。通过 PSW 中奇偶标志位 P 与 SCON 中 RB8 位的比较（是否一致），可判断数据在通过串口的传输过程中是否产生了错误。

TI 位是发送数据完成标志位，同时也是发送中断标志位，当数据发送完成后，该接口将自动设置 TI 位为逻辑 1，同时会向 CPU 发出中断请求。当 CPU 响应该中断请求时，TI 位不会自动被清除，需要通过指令（CLR）清除 TI 位，以便可以再次产生中断请求。

RI 位是接收数据完成标志位，同时也是接收中断标志位，当接收数据完成后，该接口将自动设置 RI 位为逻辑 1，同时会向 CPU 发出中断请求。当 CPU 响应该中断请求时，RI 位不会自动被清除，需要通过指令（CLR）清除 RI 位，以便可以再次产生中断请求。

另外，TI 位和 RI 位的中断请求关系为“或”逻辑，当两者之一有一个被设置为逻辑 1 时，即向 CPU 发出中断请求，表示串行通信接口请求 CPU 为其服务。如果 CPU 响应中断请求，则需要在其服务程序中判断是“数据发送完成”事务，还是“接收数据完成”事务。判断是通过读 TI 位或 RI 位实现的，根据不同的事务进行相应的处理。

2. 电源控制寄存器 PCON 中的 SMOD 位

电源控制寄存器 PCON 中的 SMOD 位是针对串行通信接口的工作模式 1～3 而言的，控制通信波特率的加倍，操作 SMOD 位只能通过字节寻址方式操作 PCON 寄存器，不可进行位寻址操作，SMOD 位在 PCON 寄存器中的位置如图 10-3 所示。

	bit7	bit6	bit5	bit4	bit3	bit2	bit1	bit0
PCON (87H)	SMOD							

图 10-3　通信波特率加倍位 SMOD

在串行通信接口工作在模式 1～3 时，其通信使用的波特率与 2^{SMOD} 成正比，即当 SMOD 位被设置为逻辑 1 时，通信波特率增加一倍。

3. SBUF 缓冲寄存器

串行通信接口内部有两个用于数据发送和接收的 8 位缓冲寄存器 SBUF：一个用于发送，另一个用于接收。两个缓冲寄存器 SBUF 的操作地址在特殊功能寄存器 SFR 地址范畴，它们共同使用一个寻址地址，其地址值为 99H，通过字节寻址方式进行读/写操作。当 CPU 对 SBUF(99H)地址进行写操作时，数据将写到发送缓冲寄存器 SBUF 中；当 CPU 对 SBUF(99H)地址进行读操作时，读取接收缓冲寄存器 SBUF 中的数据，区分两个缓冲寄存器 SBUF 依赖于 CPU 的读和写的操作。换言之，发送缓冲寄存器 SBUF 是不可读的，接收缓冲寄存器 SBUF 是不可写的，因为当写入数据到发送缓冲寄存器 SBUF 中后，串行通信接口自动开始对发送缓冲寄存器 SBUF 实施移位操作，进行数据的发送，此时读发送缓冲寄存器 SBUF 是无意义的；同理，写入数据到接收缓冲寄存器 SBUF 中并不能持久保持，因为每接收到一个字节的外部串行数据后，将会立即传送到接收缓冲寄存器 SBUF 中，接收缓冲寄存器 SBUF 保存的数值只体现当时接收到的数据。

10.1.3 串行通信接口可编程寄存器的编址

51 单片机串行通信接口中可编程寄存器的编址方式采用的是存储器统一编址方式，其可编程控制寄存器占用存储器字节和位地址空间如表 10-1 所示。

表 10-1 串行通信接口可编程控制寄存器名称以及寻址地址表

名称	字节地址	MSB			位地址				LSB
	汇编符号	MSB			表示符号				LSB
电源控制寄存器 PCON	87H								
	PCON	SMOD							
串行口控制寄存器 SCON	98H	9FH	9EH	9DH	9CH	9BH	9AH	99H	98H
	SCON	SM0	SM1	SM2	REN	TB8	RB8	TI	RI
发送数据缓冲器 SBUF	99H	只写							
接收数据缓冲器 SBUF	99H	只读							

在可编程串行通信接口中，控制寄存器 SCON 可以按字节进行寻址操作，也可以按位进行位寻址操作，SM0、SM1、SM2、REN、TB8、RB8、TI、RI 是位寻址操作的汇编地址表示符。电源控制寄存器 PCON 以及数据缓冲寄存器 SBUF 只可以按字节寻址方式实施操作，寄存器 PCON 中的 SMOD 不是汇编位地址表示符。

10.1.4 串行通信接口的 4 种工作模式

控制寄存器 SCON 中的 SM0 和 SM1 位管理着串行通信接口的 4 种工作模式(方式)。SM0 和 SM1 的 4 种组合对应的工作模式 0～3 以及实现的功能如表 10-2 所示。

表 10-2　串行通信接口的 4 种工作模式

工作模式	SM0	SM1	功　　能	波　特　率
模式 0	0	0	同步(USRT)移位输入/输出方式	$f_{osc}/12$
模式 1	0	1	10 位异步(UART)发送/接收方式	由定时器 T1 控制
模式 2	1	0	11 位异步(UART)发送/接收方式	$f_{osc}/32$ 或 $f_{osc}/64$
模式 3	1	1	11 位异步(UART)发送/接收方式	由定时器 T1 控制

1. 工作模式 0

当串行通信接口控制寄存器 SCON 中模式管理 SM0 位设置为 0、SM1 位设置为 0 时，串行通信接口工作在模式 0。此时串行通信接口将作为同步移位寄存器使用，RxD(P3.0)端作为数据移位的输入和输出端口，TxD(P3.1)端提供移位脉冲输出，被移位的数据发送和接收以 8 位为一帧，没有起始位和停止位，传送顺序为低位在前高位在后。传送数据的帧格式以及移位脉冲输出如图 10-4 所示。

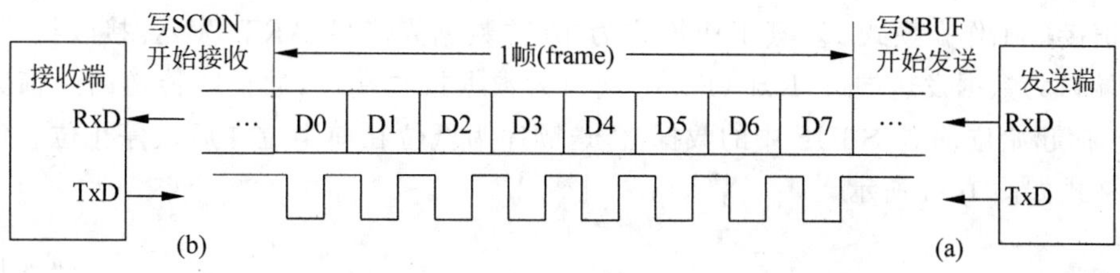

图 10-4　模式 0 数据传送格式以及移位脉冲输出波形

当串行通信接口应用在模式 0 时，TxD(P3.1)端口始终输出固定频率的移位脉冲，其移位脉冲频率(波特率)为 $f_{osc}/12$，即每个机器周期产生一个移位脉冲，发送或接收一位数据，移位脉冲频率不受 PCON 中 SMOD 位的影响。

RxD(P3.0)端口是模式 0 方式的串行数据输出/输入端口，作为输出还是输入端口受控于控制寄存器 SCON 中允许接收 REN 位。

1) 数据输出

当控制寄存器 SCON 中允许接收 REN 位被设置为逻辑 0 时，RxD 端口为数据输出端口，如图 10-4(a)部分所示，通过 CPU 写数据到发送缓冲寄存器 SBUF 后，数据在移位脉冲的作用下开始从 RxD(P3.0)端口由低位向高位逐位移出，当移出 8 位数据后，控制寄存器 SCON 中 TI 位被自动设置为逻辑 1，完成一帧数据输出。

2) 数据输入

当控制寄存器 SCON 中允许接收 REN 位被设置为逻辑 1 时，RxD 端口为数据输入端口，如图 10-4(b)部分所示。通过 CPU 写控制寄存器 SCON，设置允许接收 REN 位为逻辑 1，同时设置接收标志寄存器 RI 为逻辑 0 后，TxD 端口输出移位脉冲，在移位脉冲的作用下数据由低位向高位逐位从 RxD(P3.0)端口输入到串行通信接口内输入移位寄存器中。当输入 8 位数据后，控制寄存器 SCON 中 RI 位被自动设置为逻辑 1，在接口内输入移位寄存器中的数据被自动传送到接收缓冲寄存器 SBUF 中，完成一帧数据输入。

串行通信接口工作在模式 0 时，由于其只作为对外的一个移位寄存器使用，因此，该模式并不适合两台 51 单片机之间的直接数据通信。使用模式 0 配合外部一些移位器件，例如，74LS164（串/并转换）、74LS165（并/串转换）等，可实现 51 单片机单机的数据"串入并出""并入串出"等功能。作为输入/输出的扩展应用电路原理图如图 10-5 所示。

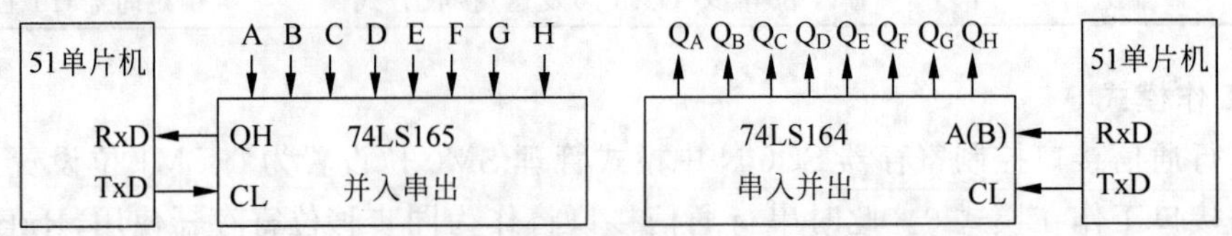

图 10-5　模式 0 数据输入/输出的扩展应用电路原理图

2. 工作模式 1

当串行通信接口控制寄存器 SCON 中模式管理 SM0 位设置为 0、SM1 位设置为 1 时，串行通信接口工作在模式 1。其工作模式为 10 位数据异步（UART）发送/接收模式，TxD（P3.1）端口为数据发送端口，RxD（P3.0）端口为数据接收端口，通信时传送的一帧数据有 10 位，包括起始位、8 位 SBUF 中的数据（传送顺序为低位在前高位在后）、停止位。传送数据的帧格式如图 10-6 所示。

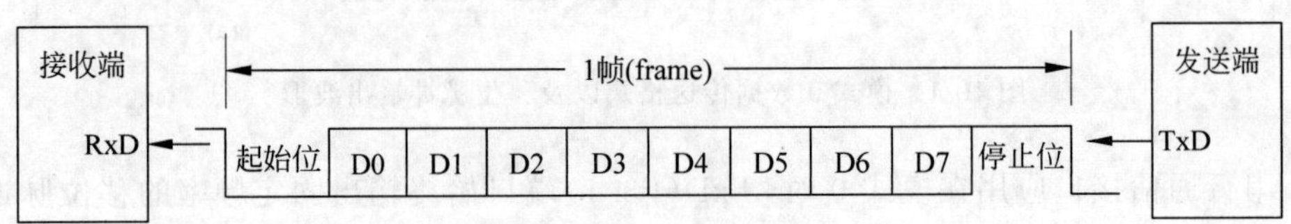

图 10-6　模式 1 数据传送格式

当串行通信接口应用在模式 1 时，在通信过程中，本机的移位脉冲由定时器接口中 T1 提供。移位脉冲（A 处）的产生如图 10-7 所示。

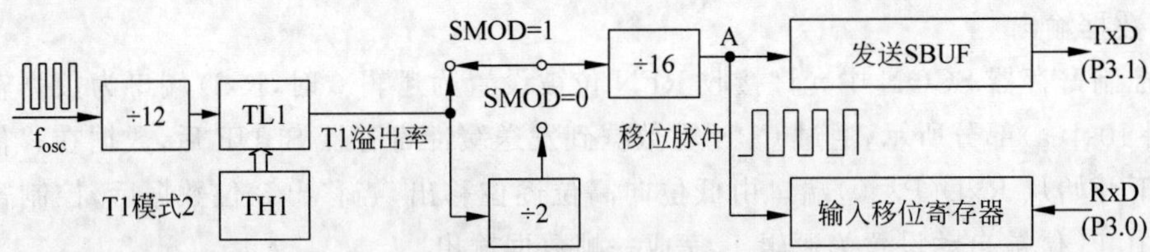

图 10-7　模式 1 中定时器 T1 产生的移位脉冲

在串行通信接口模式 1 的应用中，为发送 SBUF 和输入移位寄存器提供的移位脉冲频率（波特率）由定时器 T1 决定，通常定时器 T1 工作在模式 2 状态，使其自动加载定时器的初始值，从而得到稳定的、连续的 T1 溢出率，产生一个指定波特率的移位脉冲。

要得到一个特定的波特率，需设置定时器 T1 的初始值。假设 T1 的初始值为 X（设置

TH1＝TL1＝X 或 TH1＝X)，工作在模式 2 的定时器 T1 在启动后将每过“$2^8-X_{(TH1)}$”个机器周期($12/f_{osc}$)产生一次溢出，因此，T1 的溢出率计算公式为

$$T1\text{溢出率}=\frac{f_{osc}}{12}/(2^8-X_{(TH1)})$$

根据 T1 溢出率可计算出移位脉冲(A 处)的波特率，计算公式为

$$\text{波特率}=\frac{2^{SMOD}}{2\times 16}\times\frac{f_{osc}}{12\times(2^8-X_{(TH1)})}$$

当已知通信时使用的波特率时，可以计算出定时器 T1 的初始值，计算公式为

$$X_{(TH1)\text{和}(TL1)}=2^8-\frac{f_{osc}\times 2^{SMOD}}{12\times 2\times 16\times\text{波特率}}$$

例如，通信时要求使用 9600bps(波特率)，则定时器 T1 的初始值(TH1)应该设置为

$$X_{(TH1)}=256-\frac{12\times 10^6\times 2^0}{12\times 2\times 16\times 9600}\cong 0FDH \quad \text{当 } f_{osc}=12\times 10^6, SMOD=0 \text{ 时}$$

串行通信接口工作在模式 1 时，数据是在移位脉冲的作用下从 TxD(P3.1)端口发送出去的，其 10 位数据发送流程如图 10-8 所示。

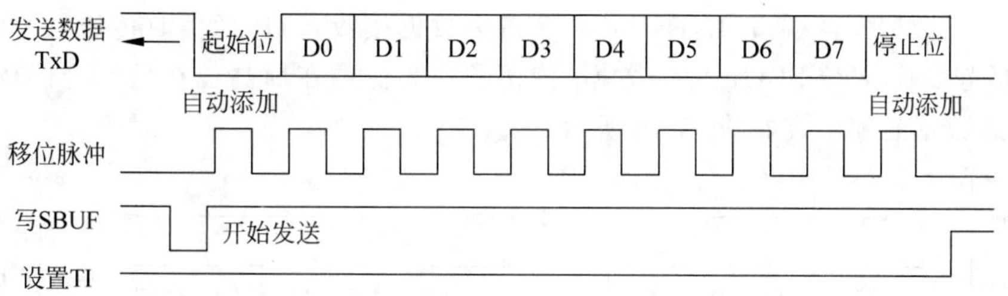

图 10-8 模式 1 数据发送流程

在使用模式 1 发送数据时，当 CPU 将要发送的数据写入发送 SBUF 时，串行通信接口启动发送数据流程。首先在该接口中硬件电路将自动添加一位起始位，然后从低到高逐位(串行)依次发送 SBUF 中的内容，最后由硬件电路自动添加一位停止位。停止位发送完成后，设置发送完成标志寄存器 TI 为逻辑 1，完成一帧数据的发送。

在使用模式 1 接收数据时，设置 SCON 中 REN 位为逻辑 1。此时串行通信接口内部的输入信号检测器开始工作，在 RxD(P3.0)端口检测数据信号，即检测数据的起始位。当检测到起始位后，在移位脉冲的作用下串行数据信号从 RxD(P3.0)端口输入到该接口内部的输入移位寄存器中，一帧数据接收完成后将数据送入接收缓冲寄存器 SBUF 中。其 10 位数据接收流程如图 10-9 所示。

串行通信要求在接口中有专门针对 RxD(P3.0)端口采样的硬件检测器电路。当检测器检测到起始位时，开始启动接收数据过程。在移位脉冲的作用下串行数据首先被移到输入移位寄存器中，当收到停止位后，将输入移位寄存器中的数据位 D0～D7 传送到接收缓冲寄存器 SBUF 中，最后设置接收完成标志寄存器 RI 为逻辑 1，完成一帧数据的接收。

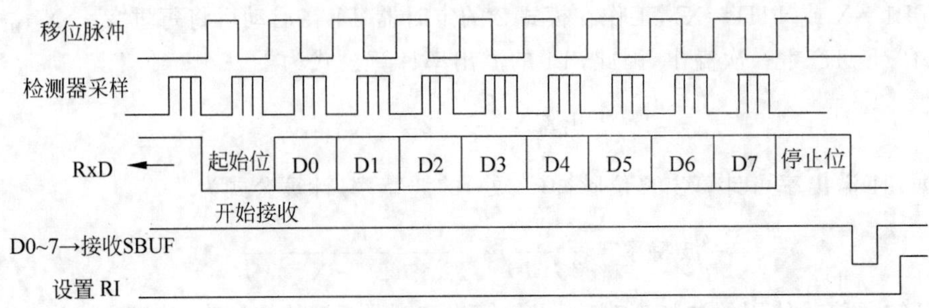

图 10-9　模式 1 数据接收流程

当两台计算机(微机)之间使用串行通信接口模式 1 进行数据通信时,在数据发送机器的发送端口 TxD 连接到数据接收机器的接收端口 RxD 后,设置两台计算机具有相同的移位脉冲频率(波特率),则可实现两台机器之间的数据通信。

3. 工作模式 2

当串行通信接口控制寄存器 SCON 中模式管理 SM0 位设置为 1、SM1 位设置为 0 时,串行通信接口工作在模式 2。其工作模式为 11 位数据异步(UART)发送/接收模式,TxD(P3.1)端口为数据发送端口,RxD(P3.0)端口为数据接收端口,通信时传送的一帧数据有 11 位,包括起始位、8 位 SBUF 中的数据(传送顺序为低位在前高位在后)、奇偶校验位、停止位。传送数据的帧格式如图 10-10 所示。

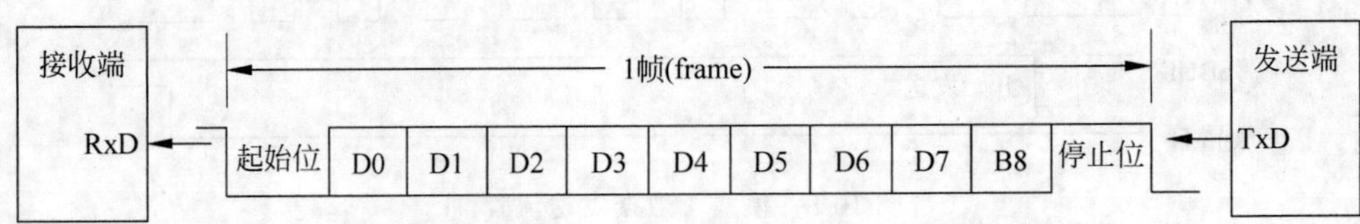

图 10-10　模式 2 数据传送格式

当串行通信接口应用在模式 2 时,在通信过程中,本机的移位脉冲是由振荡频率 f_{osc} 分频后具有固定波特率(频率)的移位脉冲,如图 10-11 所示。

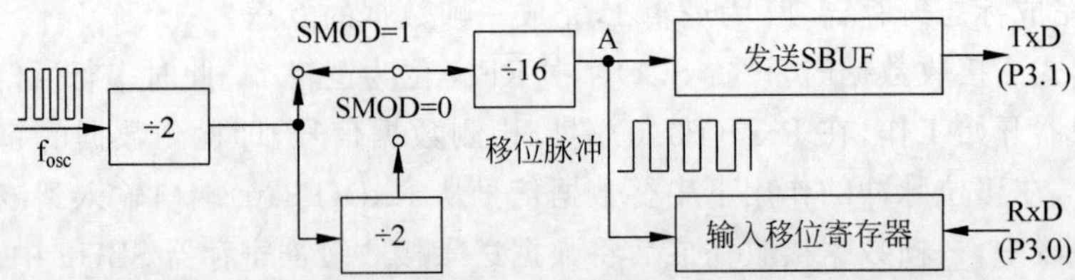

图 10-11　模式 2 中固定频率的移位脉冲

串行通信接口工作在模式 2 时移位脉冲(A 处)频率(波特率)的计算公式为

$$波特率=\frac{2^{SMOD}}{2\times 2\times 16}\times f_{osc}$$

在使用模式 2 发送数据时,其发送数据流程与模式 1 相同,只是在发送完 SBUF 中的数据后再发送(插入)一位奇偶校验位数据,该位数据由控制寄存器 SCON 的 TB8 位提供;在使用模式 2 接收数据时,其接收数据流程与模式 1 相同,只是多接收了一位数据 B8 位,B8 位数据接收完成后被存放到控制寄存器 SCON 的 RBS 位中。

在模式 2 数据传输的一帧中,B8 数据位一般用于针对 D0～D7 的 8 位数据实施奇偶校验的纠错位,保证 D0～D7 数据传输的可靠性。

串行通信接口模式 2 非常适合在两台同样的 51 单片机之间进行数据通信,其条件是两台 51 单片机的振荡频率 f_{osc} 是一样的。

4. 工作模式 3

当串行通信接口控制寄存器 SCON 中模式管理 SM0 位设置为 1、SM1 位设置为 1 时,串行通信接口工作在模式 3。其工作模式为 11 位数据异步(UART)发送/接收模式,其数据传输的帧格式与模式 2 的数据传输帧格式相同,而在数据传输过程中使用的波特率与模式 1 波特率产生方式相同。

串行通信接口模式 3 被应用于各类计算机、微型机之间或计算机与具有 RS-232 通信能力的设备之间的数据通信,其通信波特率是可调的,并具有奇偶校验的纠错能力,从而提高了数据通信的灵活性和可靠性。

10.1.5 CPU 对串行通信接口的管理

51 单片机内部可编程串行通信接口一般有两类应用方式:独立应用和与中断连动应用方式。CPU 可以通过读/写操作指令实现控制和管理串行通信接口,在应用该接口时首先需要设置其控制寄存器 SCON 的 SM0、SM1、SM2 位,确定串行通信接口的工作模式,作为 RS-232 通信应用,其选择的工作模式应为模式 1～3;其次根据工作模式需要确定通信使用的波特率,如果是工作模式 1 和工作模式 3,则需要根据通信波特率设置定时器 T1,为串行通信提供移位脉冲,如果串行通信接口的应用连动中断,还需要设置可编程中断接口中与串行通信接口相关的寄存器(例如,开中断 ES、中断优先 PS 等)以及中断向量的管理。

1. 串行通信接口独立应用

串行通信接口独立应用一般被使用在数据的发送,发送数据对 CPU 而言是主动行为,其操作行为体现为集中发送一批数据,独立应用串口的操作步骤如下。

(1) 设置工作模式管理寄存器 SM0、SM1、SM2,确定串口工作模式。

(2) 设置 PCON 中 SMOD 位以及定时器 T1 的初始值,确定通信使用的波特率。

(3) 如果需要接收数据设置允许接收位 REN 为逻辑 1。

(4) 查询 TI 或 RI,判断是否发送完毕或接收完毕。

在串行通信接口独立应用中,CPU 主要是查询等待 TI 或 RI。当 TI 或 RI 被串行通信接口设置为逻辑 1 后,表明数据发送完毕或接收完毕;如果需要继续发送或接收数据,CPU 则要将 TI 或 RI 设置为逻辑 0,方可再次进行数据的发送或接收。

2. 串行通信接口与中断连动应用

由 51 单片机为串行通信接口提供的移位脉冲频率可知,最高的移位脉冲频率也需要对

振荡频率 f_{osc} 进行 32 分频，移位脉冲的周期($32/f_{osc}$)要大于 51 单片机的机器周期($12/f_{osc}$)，发送或接收一帧数据，则需要 10 个或 11 个移位脉冲周期。51 单片机 CPU 执行一条指令的时间为 1～2 个机器周期(乘除指令除外)。因此，在串行通信接口发送或接收一帧数据期间，CPU 最少可执行 13($32\times10/12\times2\approx13$)条以上的指令。如果 CPU 在等待发送或接收数据，则对 CPU 而言是一种浪费。采用中断方式将会提高 CPU 的工作效率。

串行通信接口与中断连动应用，由中断服务程序处理数据的发送或接收，尤其是接收数据，因为数据的接收时间是由发送方确定的。因此，通过中断处理数据通信事务是最合适的方式。该方式的操作步骤如下。

(1) 设置工作模式管理寄存器 SM0、SM1、SM2，确定串口工作模式。

(2) 设置 PCON 中 SMOD 位以及定时器 T1 的初始值，确定通信使用的波特率。

(3) 如果需要接收数据设置允许接收位 REN 为逻辑 1。

(4) 开放中断接口中控制串行通信接口中断的寄存器 ES。

在串行通信接口与中断连动应用中，当串行通信接口发送或接收一帧数据完成后，将设置 TI 或 RI 为逻辑 1，TI 或 RI 同时也是串行通信接口的中断标志寄存器。当 TI 或 RI 有一个被设置为逻辑 1 时，则产生中断请求，CPU 的响应为转向执行中断向量(见表 8-4)处的指令代码，通过中断服务程序指令完成事务的处理。

由于串行通信接口对应的中断向量(ROM_0023H)只有一个，无论是发送数据完成还是接收数据完成，CPU 的响应都是转向该中断向量处。因此，在串行通信接口的中断服务程序中需要使用 TI 和 RI 判断是发送数据完成还是接收数据完成的事务要处理。正因为这样的中断结构设计，CPU 响应该中断并转向中断向量时，中断处理硬件并不自动清除串行通信接口的中断标志寄存器(TI 或 RI)，所以，为确保下次串行通信接口中断的正常产生，在串行通信接口的中断服务程序中需要通过指令(CLR)设置 TI 或 RI 为逻辑 0，完成串行通信接口中断标志寄存器的清除。

3. 定时器 T1 的设置

对于串行通信接口工作在模式 1 和模式 3 时，其波特率是由定时器 T1 确定的。因此，需要设置定时器 T1，并启动 T1。根据图 10-1 所示的通信波特率与定时器 T1 的关系，通过设置定时器 T1 的初始值可以得到任意数值的波特率。当定时器 T1 设置为模式 2 工作方式时，只设置 TH1 的初始值即可，因在定时器 TL1 溢出后 TH1 的数值将自动装载到 TL1 中。在使用定时器 T1 的其他模式时，则需要设置 TH1 和 TL1 的初始值，并且在定时器 T1 溢出后需要使用指令重新设置 TH1 和 TL1 的初始值。

当定时器 T1 工作在模式 2，并且 51 单片机的振荡频率 f_{osc} 等于 12MHz 时，由通信波特率与 TH1 初始值计算公式可得到设置定时器 TH1 的初始参考值，如表 10-3 所示。

表 10-3 所列的波特率一般被确定为 RS-232 通信使用的标准波特率，由于波特率与 T1 初始值计算公式中的除法运算有可能不是整除关系，因此，通过定时器 T1 产生的波特率与设定的波特率之间会有误差，其误差范围一般小于 3%。当 51 单片机的振荡频率 f_{osc} 选择 11.0592MHz 时，误差会更小(小于 1%)。

表 10-3 常用波特率与 T1 初始值的关系

波特率/bps	SMOD	初始值 TH1
19 200	1	0FDH
9600	0	0FDH
4800	0	0FAH
2400	0	0F4H
1200	0	0E8H
300	0	0A0H

10.2 串行通信接口应用设计

标准 RS-232 可编程串行通信 I/O 接口器件用于计算机之间、计算机与其他外部器件或设备之间的串行数据传输。当使用 RS-232 协议实现长距离数据传输时则需要使用特殊电平进行。RS-232 协议中规范了长距离传输时的信号电平，并可由专用芯片实现电平转换。

10.2.1 串行通信硬件设计

在使用 51 单片机的串行通信接口进行串行数据传输时，由于 51 单片机的工作电平为 TTL 或 CMOS 电平，在数据传输过程中，其抗干扰(电磁干扰、地环干扰等)能力比较差，因此，其传输距离有限，当需要长距离的串行数据传输时，则需要进行电平转换，RS-232 规定的标准电平可实现长距离的数据传输，为符合长距离数据传输的要求，需要由硬件器件(MAX232 等)完成电平转换。

1. 近距离通信电路

在两台 51 单片机之间或者 51 单片机与具备 RS-232 通信能力的器件或设备之间实现近距离(传输距离在 1m 的范围内)的数据传输时，即数据传输电平在 TTL 或 CMOS 电平范围内，只需要将发送机器的发送端口 TxD 连接到接收机器的接收端口 RxD，并有共同的地线连接即可进行数据通信，线路连接如图 10-12 所示。

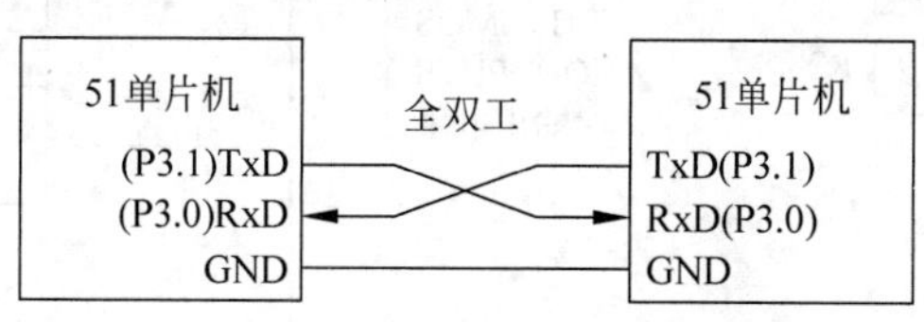

图 10-12 串行数据传输连接图

图 10-12 所示连接图构成一个全双工串行数据通信线路，适合于串行通信接口工作在模式 1～3。当设置两台 51 单片机具有相同的串口工作模式，并设置相同的数据传输波特率时，在两台 51 单片机之间可实现数据的串行通信。

2. 远距离通信电路

RS-232 协议规定的通信信号电平为"−3～−25V 表示逻辑 1、+3～+25V 表示逻辑 0",它有利于长距离的数据传输,其传输距离可以在 15m 以上。RS-232 逻辑 1 和 0 的表示并非 TTL 和 CMOS 规定"$+V_{CC}$ 表示逻辑 1、V_{SS} 或 GND 表示逻辑 0"的信号电平表示法,而 51 单片机是工作在 TTL 和 CMOS 规定的信号电平范围内的。因此,在使用 RS-232 通信信号电平进行长距离的数据传输时,则需要进行电平转换,用于 TTL 或 CMOS 电平到 RS-232 电平转换的器件有 MAX232 芯片等。51 单片机串行通信接口的 RxD、TxD 信号经过 MAX232 等器件的电平转换则可与标准的具有 RS-232 通信能力的设备实现数据的相互传输。

1) RS-232 电平转换芯片简介

MAX232 器件是具有两路接收器和发送驱动器的符合 RS-232 协议要求的电平转换器件,该器件的供电电压为+5V,其内部具有电压逆变器和倍压器等电路,实现电压的提升以及产生 RS-232 电平需要的负电压,MAX232 芯片的对外连接线定义以及典型的正常工作电路如图 10-13 所示,图中在正常工作电路中连接的电容器 C1～C4 是电压逆变器和倍压器的外部器件,对电容器的冲、放电实现电压的逆变和倍压。电容器 C1～C4 的取值范围为 10～100μF,电容器 C5 为滤波电容,取值为 100μF 左右。

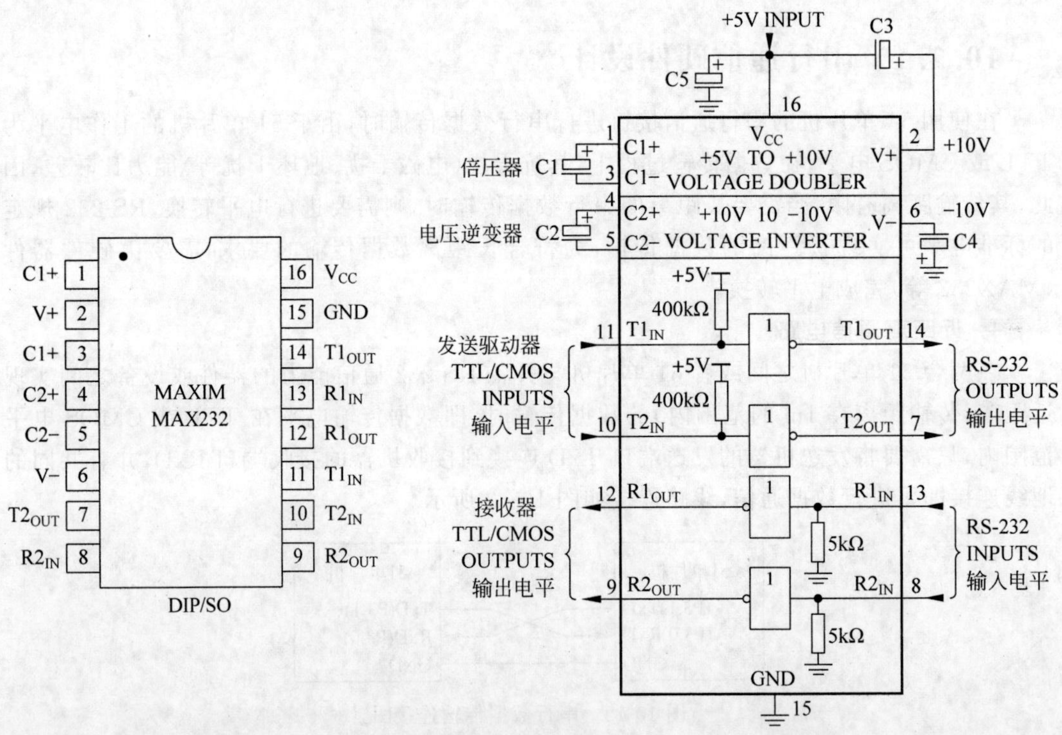

图 10-13 MAX232 芯片的对外连接线定义以及典型工作电路

2) 51 单片机与 MAX232 电路设计

当 51 单片机需要通过标准 RS-232 协议进行数据传输时,则需要借助 MAX232 芯片等电平转换器件实现 TTL 或 CMOS 电平到 RS-232 电平的转换，以及 RS-232 电平转换到 TTL 或 CMOS 电平，电平的转换是针对 TxD 发送信号和 RxD 接收信号电平而言的。在保证 MAX232 器件正常工作电路的基础上，将 TxD(P3.1)发送线连接到 MAX232 的 TTL/CMOS 输入连接线 $T1_{IN}$(11 引脚)或 $T2_{IN}$(10 引脚)时，MAX232 的 RS-232 输出 $T1_{OUT}$(14 引脚)或 $T2_{OUT}$(7 引脚)即可输出符合 RS-232 电平要求的 TxD 信号；将 RxD(P3.0)接收线连接到 MAX232 的 TTL/CMOS 输出连接线 $R1_{OUT}$(12 引脚)或 $R2_{OUT}$(9 引脚)时，MAX232 器件的 RS-232 输入 $R1_{IN}$(13 引脚)或 $R2_{IN}$(8 引脚)接收到的符合 RS-232 电平要求的数据信号，即可转换为 TTL/CMOS 电平传送到 RxD(P3.0)接收线上，其电路设计如图 10-14 所示。

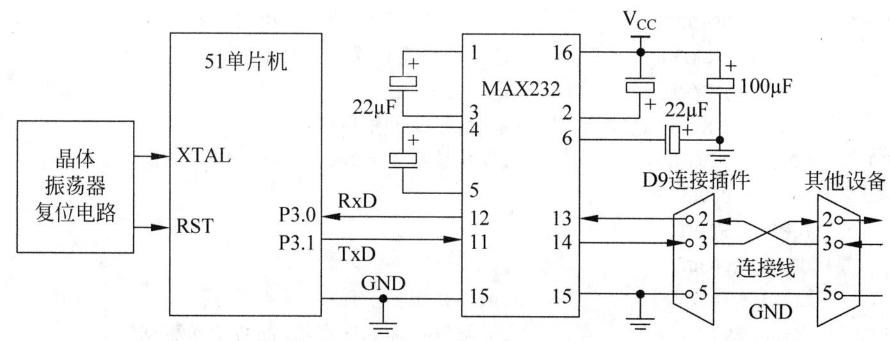

图 10-14　MAX232 电平转换器件应用电路连线图

图 10-14 所示电路适合于 51 单片机内部串行通信接口工作在模式 1～3。在通信过程中，MAX232 器件起到了电平转换的作用，在图中具有 RS-232 标准电平的发送/接收信号是通过 RS-232 标准确定的 D9 连接插件(或 D25 等信号接插件)与其他设备进行连接的。由于 RS-232 通信是点对点方式进行的，因此，其连接方式是编号为 2 和 3 的信号线需要交叉连接，信号传输方向如箭头所示。

标准 RS-232 的 D9 连接插件中信号的定义如图 10-15 所示。在 51 单片机的应用系统中只用到了 2(接收信号 RxD)、3(发送信号 TxD)、5(信号地)3 条信号连接线。

连接线编号	信号	信号定义描述	输入/输出
1	DCD	数据载波检测	输入
2	RxD	接收串行数据	输入
3	TxD	发送串行数据	输出
4	DTR	数据终端就绪	输出
5	GND	信号地	
6	DSR	数据设备就绪	输入
7	RTS	请求发送	输出
8	CTS	清除发送	输入
9	RI	振铃指示	输入

D9插件：5 9 … 1 6

图 10-15　RS-232 信号连接插件定义

10.2.2 串行通信程序设计

计算机之间或计算机与其他设备之间的串行通信是建立在硬件电气连接的基础上的,如果使用RS-232协议进行通信,硬件电气的连接则需要建立在RS-232通信标准上。例如,如图10-14所示,当硬件连接好后,计算机软件实现了数据传输的管理,对51单片机来说,通过指令操作串行通信接口实现数据传输的管理。

视频讲解

1. 发送数据(字符)

在图10-14所示电路的基础上,51单片机从串行通信接口的TxD(P3.1)端口不断发送"Hello"字符串,其发送管理程序代码如下。

```
T1MOD_W  EQU    00100000B          ;定义定时器 T1 的工作模式
                ; GATE1 = 0        计数器启动只受控于 TR1
                ; C/T1 = 0         定时方式
                ; M1 = 1,M0 = 0    定时器 T1 工作在模式 2
BPS_I    EQU    0FDH               ;设置波特率 = 9600(fosc = 12MHz 时)
         ORG    0000H
         LJMP   START
         ORG    0030H
START:   LCALL  INIT               ;调用初始化子程序
MLOOP:   CLR    TI                 ;清除发送标志寄存器,准备发送数据
         MOV    R1,#6              ;发送 6 个字符: "Hello" + 回车符
         MOV    R3,#00H            ;从 TABLE 表的 00 处取数据
LOOP:    MOV    A,R3               ;循环发送每个字符
         MOV    DPTR,#TABLE        ;取字符表首地址
         MOVC   A,@A+DPTR          ;从字符表中取一个字符
         MOV    SBUF,A             ;发送一个字符,启动串口发送一帧数据
WAIT:    JNB    TI,WAIT            ;等待发送一帧数据完成
         CLR    TI                 ;清除发送标志寄存器
         INC    R3                 ;准备发送第 2 个数据
         DJNZ   R1,LOOP            ;是否 TABLE 表中数据全发送完毕
         SJMP   MLOOP              ;重新开始发送字符"Hello"
INIT:                              ;初始化程序代码
         CLR    SM0                ;设置串口工作在模式 1
         SETB   SM1                ;一帧数据为 10 位,无奇偶校验位
         MOV    TMOD,#T1MOD_W      ;设置定时器 T1 工作在模式 2
         MOV    TH1,#BPS_I         ;设置定时器 T1 初始值
         MOV    TL1,#BPS_I         ;定时器 T1 提供波特率
         SETB   TR1                ;启动定时器 T1
         RET
TABLE:                             ;定义数据: "Hello" + 回车符
         DB     'H','e','l','l','o',0DH
         END
```

程序说明：

发送字符程序使用的波特率为9600bps，51单片机CPU只执行有关管理数据发送的指令，没有使用中断，在启动串行通信接口发送数据(MOV SBUF,A)后，根据发送标志位TI判断是否完成一帧数据的发送，未完成则等待，完成则发送下一个字符。

当使用RS-232(2,3交叉)连接线通过D9接插件将图10-14所示电路D9端与PC上的RS-232接口连接后，51单片机则将数据发送到微型计算机，在微型计算机上应用AccessPort等串口管理程序。当设置波特率为9600bps、无奇偶校验位时，打开串口接收，则可接收到51单片机重复发送的“Hello”数据，如图10-16所示。

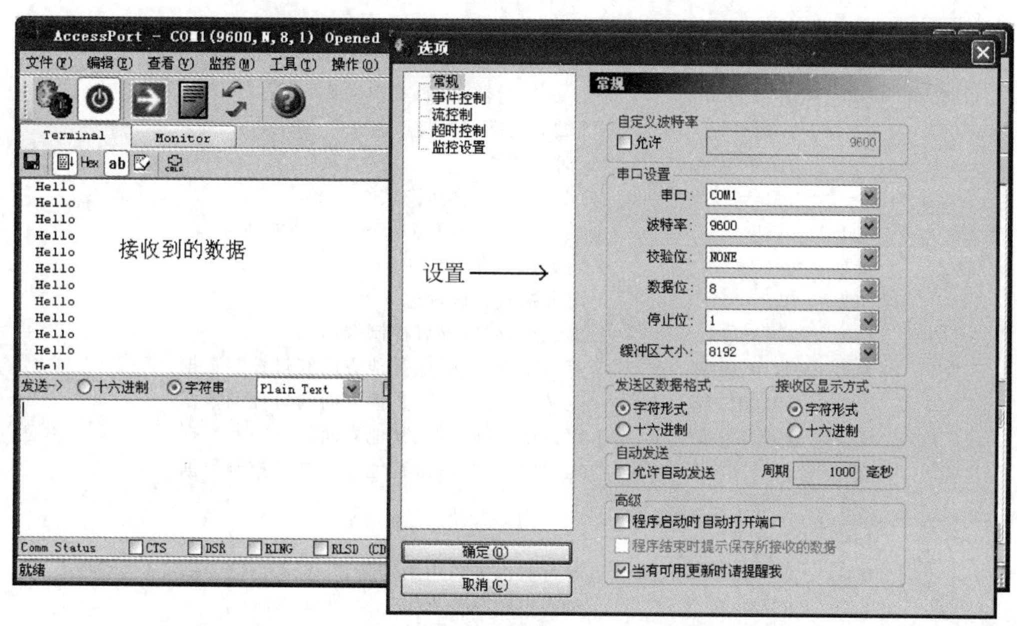

图10-16 通过RS-232串口微型计算机接收数据显示

2. 中断方式的数据传输

视频讲解

51单片机串行通信接口结合中断处理数据的传输有利于提高CPU的工作效率，尤其体现在数据的接收事务处理上。图10-17是一个由51单片机组成的远程十字路口交通灯控制系统。该控制系统在十字路口处，为控制系统提供命令的控制台远离十字路口，通过RS-232协议将控制台的命令传送给交通灯控制系统。例如，当交通灯控制系统接收到字母“E”“W”“S”“N”时，分别表示“东”“西”“南”“北”方向为绿灯，即当接收到字母“E”时，“东”方向绿灯，其他方向为红灯，依此类推。当接收端接收到字母并且数据的奇偶校验正确时，发送字母“Y”到控制台，表示接收正确，同时根据字母控制交通灯。当传输的命令数据出现奇偶校验数错误时，则发送字母“N”到控制台，表示接收不正确，同时不改变交通灯当前状态。接收端51单片机管理程序如下。

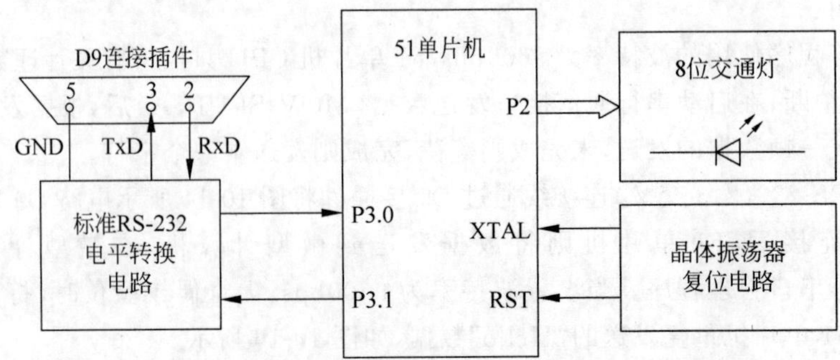

图 10-17 由 51 单片机组成远程十字路口交通灯控制系统框图

```
T1MOD_W   EQU    00100000B         ;定义定时器 T1 的工作模式
                 ;GATE1 = 0         计数器启动只受控于 TR1
                 ;C/T1 = 0          定时方式
                 ;M1 = 1,M0 = 0     定时器 T1 工作在模式 2
BPS_I     EQU    0FDH              ;设置波特率 = 9600(fosc = 12MHz 时)
COMM      DATA   070H              ;定义命令存放单元
FLAG      BIT    00H               ;定义接收正确标志
A_LAMP    EQU    P2                ;定义所有红、绿灯控制端口
E_G_D     EQU    01101010B         ;定义东方向绿灯、其他方向红灯控制数据
W_G_D     EQU    10100110B         ;定义西方向绿灯、其他方向红灯控制数据
S_G_D     EQU    10011010B         ;定义南方向绿灯、其他方向红灯控制数据
N_G_D     EQU    10101001B         ;定义北方向绿灯、其他方向红灯控制数据
          ORG    0000H
          LJMP   START
          ORG    0023H             ;串行通信接口中断向量
          LJMP   RS232_S           ;转入中断服务程序
          ORG    0030H
START:    LCALL  INIT              ;调用初始化子程序
MLOOP:    CLR    FLAG              ;清除接收命令标志
LOOP:     JNB    FLAG,LOOP         ;等待接收到正确的命令
          MOV    A,COMM            ;取命令
          CJNE   A,#'E',N_C1       ;不是命令"E"跳转到 N_C1
          MOV    A_LAMP,#E_G_D     ;是命令"E",设置东绿灯,其他红灯
          SJMP   MLOOP             ;重新等待新命令
N_C1:     CJNE   A,#'W',N_C2       ;不是命令"W"跳转到 N_C2
          MOV    A_LAMP,#W_G_D     ;是命令"W",设置西绿灯,其他红灯
          SJMP   MLOOP             ;重新等待新命令
N_C2:     CJNE   A,#'S',N_C3       ;不是命令"S"跳转到 N_C3
          MOV    A_LAMP,#S_G_D     ;是命令"S",设置南绿灯,其他红灯
          SJMP   MLOOP             ;重新等待新命令
N_C3:     MOV    A_LAMP,#N_G_D     ;是命令"N",设置北绿灯,其他红灯
          SJMP   MLOOP             ;重新等待新命令
```

```
INIT:                           ;初始化程序代码
        SETB    SM0             ;设置串口工作在模式 3
        SETB    SM1             ;一帧数据为 11 位,有奇偶校验位
        SETB    REN             ;设置允许接收
        MOV     TMOD,#T1MOD_W   ;设置定时器 T1 工作在模式 2
        MOV     TH1,#BPS_I      ;设置定时器 T1 初始值
        MOV     TL1,#BPS_I      ;定时器 T1 提供波特率
        SETB    TR1             ;启动定时器 T1
        SETB    ES              ;开串口中断
        SETB    EA              ;开总中断
        RET                     ;子程序返回
RS232_S:                        ;中断服务程序
        JNB     TI,RECE         ;如果 TI 不为 1,跳转到处理接收事务
        CLR     TI              ;清除发送中断标志
        RETI                    ;中断返回
RECE:   MOV     A,SBUF          ;从串口读数据,影响 PSW 中奇偶标志位
        JNB     P,P_Z           ;奇偶位 P = 0 跳转到 P_Z,(偶校验)
        JNB     RB8,ERROR       ;当 P = 1 时,RB8 = 0,则出错,即 P RB8
        SJMP    RIGHT           ;P = RB8 = 1,跳转到传输正确事务处理 RIGHT
P_Z:    JB      RB8,ERROR       ;当 P = 0 时,RB8 = 1,则出错,即 P RB8
RIGHT:  MOV     COMM,A          ;传输正确,存放命令
        MOV     A,#'Y'          ;准备发送字母 Y
        MOV     SBUF,A          ;发送字符 Y 到控制台
        SETB    FLAG            ;设置接收命令正确标志
        CLR     RI              ;清除接收中断标志
        RETI                    ;中断返回
ERROR:  MOV     A,#'N'          ;奇偶校验错误,准备发送字母 N
        MOV     SBUF,A          ;发送字符 N 到控制台
        CLR     FLAG            ;清除接收命令正确标志
        CLR     RI              ;清除接收中断标志
        RETI                    ;中断返回
END
```

程序说明：接收端(交通灯控制系统)和发送端(控制台)使用的波特率为 9600bps,接收端串行通信接口工作在模式 3,一帧数据有 11 位,包含奇偶校验位。当奇偶校验正确时,即当读 SBUF 时影响的 PSW 中 P 位与 RB8 进行比较,相同(采用偶校验 EVEN 方式)表示传输正确。在中断服务程序中一种奇偶纠错判断流程如图 10-18 所示。当传输正确(P=RB8,EVEN)时,存放接收到的命令字母(存入 COMM 单元),设置接收正确标志位(FLAG),接收端按照命令设置十字路口交通灯的显示状态。

当控制台为微型计算机时,通过 RS-232 协议连接两个系统。使用 AccessPort 等串口管理程序即可发送命令到十字路口交通灯控制系统,数据发送和接收时需要有奇偶校验位,设置奇偶校验位为偶校验,控制台的设置以及数据发送和接收如图 10-19 所示。

使用 C51 语言实现交通灯管理系统控制程序如下所述,与上述汇编语言程序不同之处

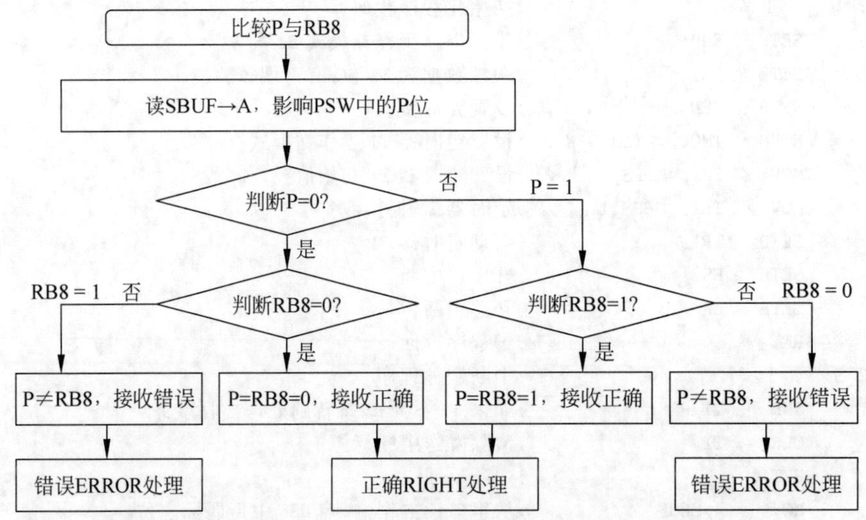

图 10-18　在串行通信中一种奇偶纠错(偶校验 EVEN)判断流程

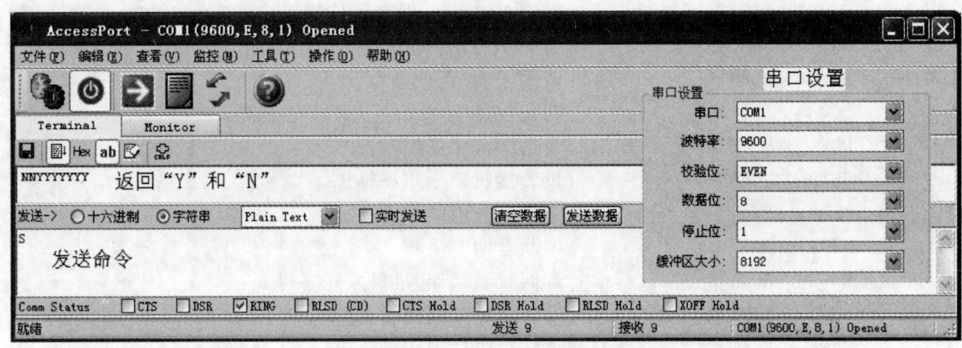

图 10-19　微型计算机通过 RS-232 串口发送和接收数据的显示界面

在于 C51 程序控制的串口工作在模式 1，纠错方法是判断接收到的字符是否在合理的字符区间内。

```
#include <reg51.h>                    //引入 51 单片机特殊功能寄存器定义
#define uchar unsigned char           //声明 uchar 相当于 unsigned char
#define TLPort P2                     //声明红绿灯输出端口
uchar E_G_D = 0x6A;                   //定义东方向绿灯、其他方向红灯控制数据
uchar W_G_D = 0xA6;                   //定义西方向绿灯、其他方向红灯控制数据
uchar S_G_D = 0x9A;                   //定义南方向绿灯、其他方向红灯控制数据
uchar N_G_D = 0xA9;                   //定义北方向绿灯、其他方向红灯控制数据
uchar T1Mod_W = 0x20;                 //声明定时器 T1 的工作模式常数
uchar BPS_I = 0xFD;                   //声明波特率(9600,fosc = 12MHz)常数
char comm;                            //声明存放接收字符值的变量
bit rec_flag;                         //声明接收正确标志位
void int_initial(void) {              //定义初始化函数
```

```
    SM0 = 0; SM1 = 1;                          //设置串口工作在模式 1
    REN = 1;                                   //设置允许接收
    TMOD = T1Mod_W;                            //设置定时器 T1 工作在模式 2
    TH1 = BPS_I;                               //设置定时器 T1 初始值,提供波特率
    TR1 = 1;                                   //启动定时器 T1
    ES  = 1;                                   //开串口中断
    EA = 1;                                    //开总中断
}
void ess(void) interrupt 4 {                   //定义 ES 串口中断服务程序
    if(TI) TI = 0;                             //如果发送中断,清除发送中断标志
    if(RI){                                    //如果接收中断
      RI = 0;                                  //清除接收中断标志
      comm = (char)SBUF;                       //读取接收缓冲区数据
      if((comm >= 'E') && (comm <= 'W')){      //判断数据是否在指定的范围内
        rec_flag = 1;                          //设置正确接收标志
        SBUF = 'Y';                            //发送正确接收字符
      }
      else SBUF = 'N';                         //接收错误,发送出错字符
    }
}
void main() {                                  //定义主函数
    int_initial();                             //调用初始化函数
    while(1) {                                 //控制程序无限循环
      if(rec_flag){                            //如果有新接收到的数据
          switch(comm){                        //依据接收到的数据控制红绿灯
            case 'E': TLPort = E_G_D; break;   //东方向绿灯,其他红灯
            case 'W': TLPort = W_G_D; break;   //西方向绿灯,其他红灯
            case 'S': TLPort = S_G_D; break;   //南方向绿灯,其他红灯
            case 'N': TLPort = N_G_D; break;   //北方向绿灯,其他红灯
          }
        rec_flag = 0;                          //清除接收到数据的标志
      }
    }
}
```

10.3　建立串行通信虚拟仿真桥

RS-232 标准的串行通信接口的调试除了通过连接实际硬件电路外,还可以在单台微机(微型计算机等)中通过建立虚拟串口实现串行通信的调试。VSPD(Virtual Serial Port Driver)是一个建立虚拟串口的程序,在 Windows 操作系统环境中安装并运行后其操作界面如图 10-20 所示。VSPD 虚拟串口程序可以创建两个相互连接的虚拟串口,即搭建了两个串口连接的"桥"(串口通信线路),通过该桥可以实现串口的虚拟仿真。

VSPD 虚拟串口程序可以建立多对相互连接的虚拟串口(可以虚拟 254 个串口),当

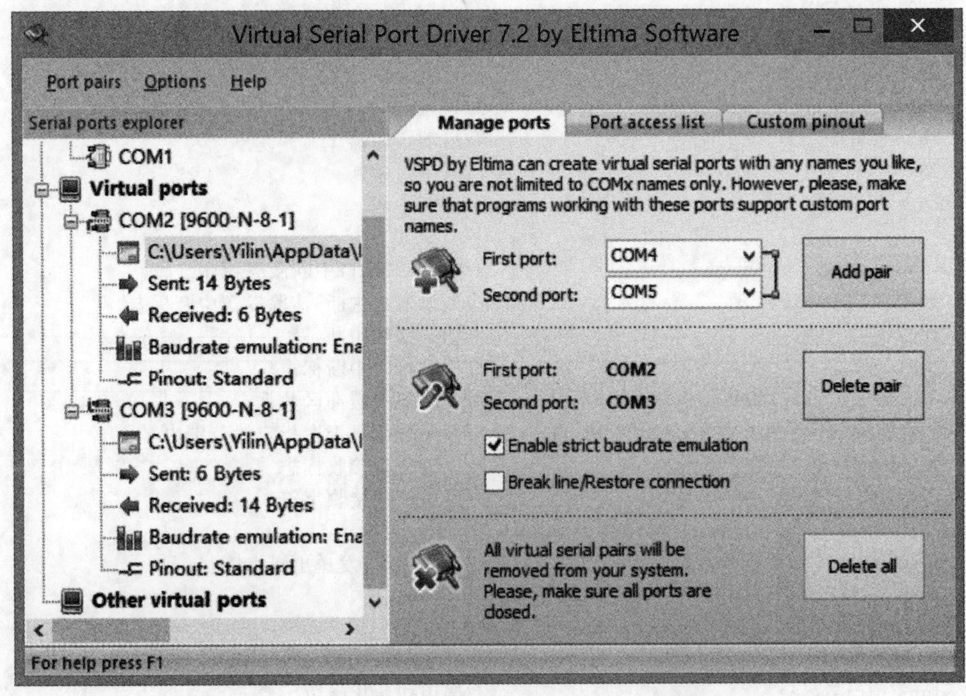

图 10-20　VSPD 7.2 应用程序创建虚拟串口的操作界面

VSPD 创建好两个相互连接的虚拟串口后，在 Windows 操作系统的设备管理器中可以查看到这两个相互连接的虚拟串口，如图 10-21 所示。

图 10-21　设备管理器中显示的相连接的虚拟串口

AccessPort 等串口应用或管理程序可以通过 VSPD 建立的虚拟串口连接桥实现串口通信，当两个 AccessPort 串口管理程序的串口通信波特率等参数设置相同时，即可通过 VSPD 虚拟串口连接桥实现通信，如图 10-22 所示。同理，Proteus、Keil 等仿真软件也可以借助 VSPD 虚拟串口实现串口仿真操作。

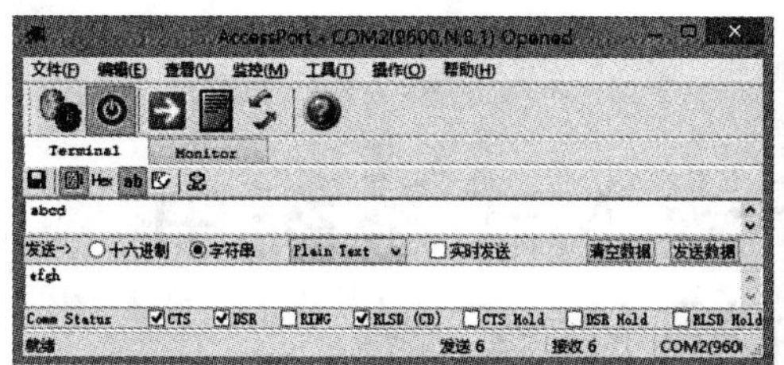

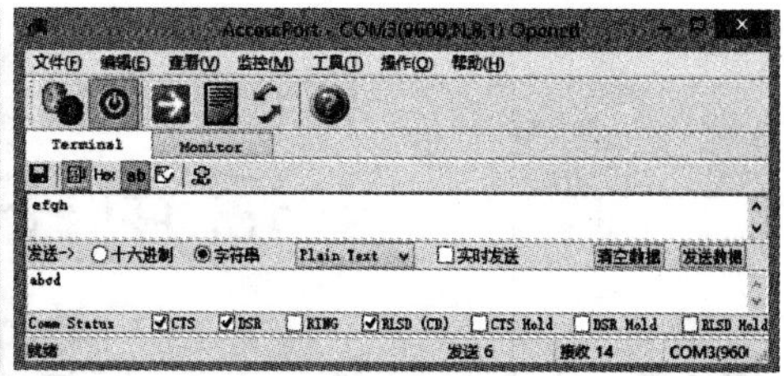

图 10-22　两个 AccessPort 程序通过 VSPD 虚拟串口实现通信

第 11 章

适用于嵌入式系统中的操作系统

操作系统(Operating System,OS)程序是管理计算机硬件与软件资源的,即管理 CPU、内存、I/O 设备以及各种应用。本章介绍适用于 51 单片机组成的嵌入式系统中的操作系统,理解 51 单片机的多任务管理机制和实时性操作、汇编和 C51 语言多任务管理程序,以及 RTX-51 多任务实时操作系统。

11.1 51 单片机多任务管理机制

当单片机应用系统(嵌入式系统)的硬件设计完成后,还需要编写控制硬件系统工作的系统软件以及应用软件。对于小型单片机应用系统而言,当将实现的任务划分清楚并采用面向任务编写系统和应用程序时,可使得编程的思路更清晰,同时也会使系统程序模块化、简单化,便于调试和后期的维护;而对单片机 CPU 而言,则是处于运行多任务程序的工作模式,因此,还需涉及多任务的管理。

当单片机应用系统程序中所有任务编写完毕后,如果单片机应用系统完成的多个任务是相对独立的,那么其 CPU 可通过两种模式来处理所有的任务:一是顺序循环执行每个任务;二是循环执行所有任务,但为每个任务分配一定长度的"时间片"(时间片——CPU 执行指令的时间段),当一个任务被"执行时间到"时,则 CPU 切换执行下一个任务。

11.1.1 单片机 CPU 顺序循环执行任务

由于单片机 CPU 在单一时刻只能执行一个任务的指令(程序),即"串行"执行指令,做不到"同时"执行两个或两个以上任务的指令,因此,对于多个任务 CPU 则需要完成一个任务后再(跳转)运行另一个任务,当编写单片机应用系统多个任务的应用程序时,可针对每个任务独立编写其控制程序。多个任务(程序)顺序循环被执行的过程如图 11-1 所示。

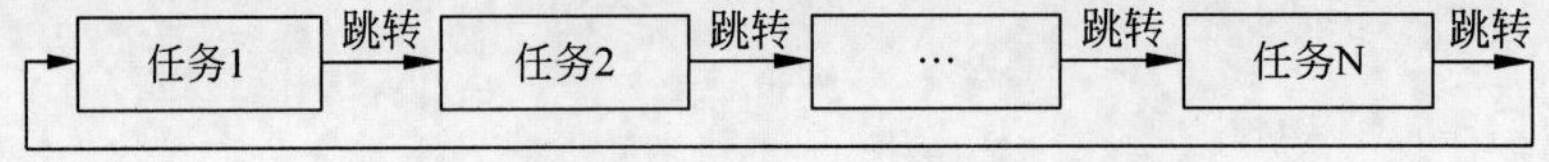

图 11-1 单片机 CPU 运行多个任务流程图

由于各个任务相对独立并按顺序循环被执行，因此，在编写应用程序时，其多任务管理并不复杂，不需要考虑各任务之间的协调，也不必刻意安排任务执行的先后顺序。但如果多个任务之间有数据交换需求，则可在整个单片机存储器 RAM 中设计一个公共（全局）数据交换区，该区域的管理被分配到每个使用区域的任务中。

在 CPU 顺序循环执行任务模式中，如果某个任务占用 CPU 时间过长，则其他任务只能等待，尤其是无效地占用 CPU 的情况，例如，循环延时程序，对 CPU 是一种浪费。在采用该模式编写单片机应用系统的控制程序时，应尽可能地避免浪费 CPU，以及任务之间的相互影响。

11.1.2　单片机 CPU 按时间片切换执行任务

对于复杂指令集的单片机 CPU，执行下一条指令是由其控制器中程序计数器 PC 的值决定的，因此，CPU 要切换执行另外一个任务就需要通过改变 CPU 控制器中 PC 的值来实现，而 PC 值的改变是依赖于转移指令的，例如，JMP、CALL、J..（判断跳转）、RET 等，使用这些指令实现的转移是应用程序（一个任务中）预先安排好的转移指令，并非是依据“时间片”（确定的一段时间）CPU 自动转移执行另一个任务的指令。

单片机 CPU 的中断处理同样也可以改变 PC 的值，其过程是将当前执行任务的 PC 值存放到堆栈中，开始转移执行中断服务程序，而中断返回指令 RETI 是将堆栈中保存的 PC 值送入 PC（同样也是改变 PC 的值）。如果在中断返回指令之前改变堆栈中存放的 PC 值，换成另一个任务的 PC 值，则执行 RETI 指令可按更换的 PC 值转移执行另一个任务。

单片机应用系统的 CPU 按“时间片”切换（调度）执行多任务则需要借助定时器以及中断接口，定时器产生“时间片”（定时一段时间，不占用 CPU），中断服务完成任务的切换。当 CPU 执行一个任务指令时，定时器开始定时操作。当定时时间到时，产生中断，在定时器中断服务程序中，改变堆栈中保存的 PC 值，在中断返回时，PC 将被赋予另一个任务的 PC 值，CPU 将切换到执行另一个任务，切换 CPU 执行任务的过程如图 11-2 所示。

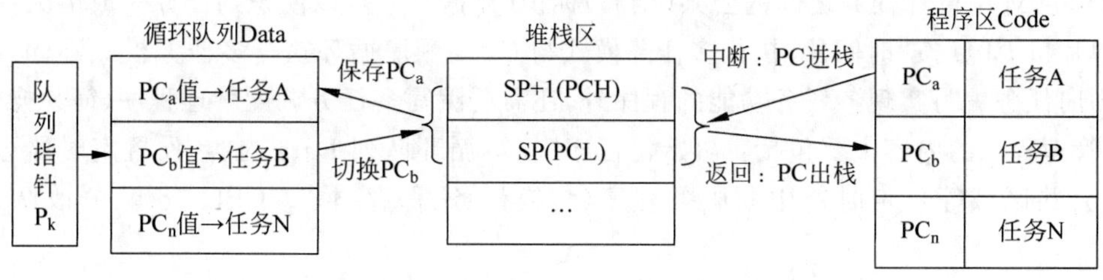

图 11-2　单片机按时间片切换任务示意图

在图 11-2 中，循环队列 Data 是保存每个任务的 PC（程序计数器）值，即保存该任务将要执行的指令存放的地址，P_k 为循环队列指针，指示 CPU 将要执行的任务，当定时器定时时间到产生定时器中断时，在中断服务程序中实现任务的切换，其切换过程如下。

（1）当 CPU 依据程序计数器 PC 的值执行任务 A 的指令时，定时器定时时间到，产生定时器中断,CPU 控制器将任务 A 的 PC_a(中断返回地址)自动完成进栈操作。

(2) CPU 依照中断向量自动转向执行定时器的中断服务程序。

(3) 在中断服务程序中,将堆栈中任务 A 的返回地址 PC_a 值出栈,并保存到循环队列 Data 存放任务 A 的 PC 值处,以备下次循环到任务 A 时接着继续执行任务 A 的指令,根据循环队列指针 P_k 的值将任务 B 的 PC_b 值从循环队列 Data 中取出,并进栈。同时修改循环队列指针 P_k 的值,为下一次切换任务做准备。

(4) 定时器中断返回,CPU 控制器自动将任务 B 的 PC_b 值完成出栈操作并送入程序计数器 PC 中,CPU 将开始执行任务 B 的指令,实现任务 A 切换到任务 B。

在 CPU 切换(调度)执行任务的过程中,其当前执行任务切换到执行另一个任务是依据循环队列指针 P_k 的值,如果依次循环执行任务,则对 P_k 的值实施增 1 操作即可,当某个任务要求更多的占用 CPU 时,则可通过优先算法修改 P_k 的值。

单片机 CPU 按"时间片"执行多任务时,定时器的定时时间长度则需要根据各任务的实现内容等因素来确定。当定时长度比较短时,任务之间的切换相对比较快。由于单片机 CPU 执行指令的速度最低都以 MHz 为单位,因此,其执行的任务给人的感觉是在"同时"执行所有的任务,即"并行"完成各个任务。

在一个"时间片"期间,CPU 未必执行完一个任务的所有指令,而 CPU 中的所有资源(累加器 ACC、程序状态寄存器 PSW 等)都被当前的任务所占用,当切换到另一个任务时,也需要使用相同的 CPU 资源。因此,在切换任务时需要保存当前任务使用的 CPU 资源,以备下一次切换到该任务时再恢复 CPU 资源,从而保障任务执行的连续性。CPU 资源也可以同 PC 值一样保存在循环队列 Data 中。

在单片机 CPU 按"时间片"执行多任务的模式中,CPU 并不能保证在一个"时间片"内完成一个完整的任务,有可能需要多个"时间片"的时间才能完成一个任务。另外,各个任务的完成占用多少个"时间片"也不相同,因此,各任务之间没有完成任务的先后顺序(无序性),如果各任务之间有连带关系、相互制约等情况,则需要特殊处理。例如,在整个单片机存储器 RAM 中设计任务之间的公共(全局)标识(数据)区等,以便识别任务完成情况。

单片机 CPU 按"时间片"执行多任务模式与 CPU 顺序循环执行多任务模式不同,除了需要面向任务编写实现各任务功能的程序外,还需要编写多任务调度管理程序(简易操作系统)。管理程序的内容主要包括:初始化程序(填写循环队列 Data 内容、设置定时器、规划 RAM 公共区域等)、定时器中断服务程序(切换任务、保存、恢复 CPU 资源、修改队列指针等)。

11.1.3 紧急任务的实时性处理

在单片机 CPU 顺序循环执行任务的模式中,CPU 对各任务的运行一视同仁,各任务之间没有优先等级。当某个任务是紧急任务,需要 CPU 实时处理(体现实时性)时,可以安排该项任务以中断的方式插入到其他顺序循环执行任务的过程中。因此,处理紧急任务需要硬件中断的支持。

在单片机 CPU 按"时间片"执行多任务的模式中，当各任务分配的"时间片"是等长度时，在循环队列中的所有任务都会平等地分享 CPU，各任务之间没有优先等级。但在有特殊要求的单片机应用系统中，一些任务需要按优先等级来占有 CPU 时，享有不同优先等级的各种紧急任务(Emergency Task)处理方案如下。

1. 独享 CPU

独享 CPU 即要求 CPU 全时专一处理紧急任务。在 CPU 按"时间片"执行多任务模式中，紧急任务应该以高优先级(高于"时间片"定时器中断级别)的中断方式出现。为了更好地体现单片机应用系统的实时性，可以在紧急任务中关闭"时间片"定时器中断。当处理完紧急任务后，再打开"时间片"定时器的中断，以便 CPU 再继续执行循环队列中的任务。

2. 增加 CPU 占有率

在某些特殊应用系统中，要求 CPU 时刻监视紧急任务，例如，键盘扫描任务，当有按键时即刻处理相关事务，因此，有些紧急任务也被安排到 CPU 按"时间片"执行多任务模式的循环队列中。可以通过改变循环队列指针(P_k)的值来特殊对待紧急任务，即改变各任务执行的顺序，在循环队列中，每执行一个普通任务后就执行一次紧急任务，在执行普通任务的循环队列中每次插入执行一次紧急任务，如图 11-3 所示，都会提高紧急任务对 CPU 的占有率。

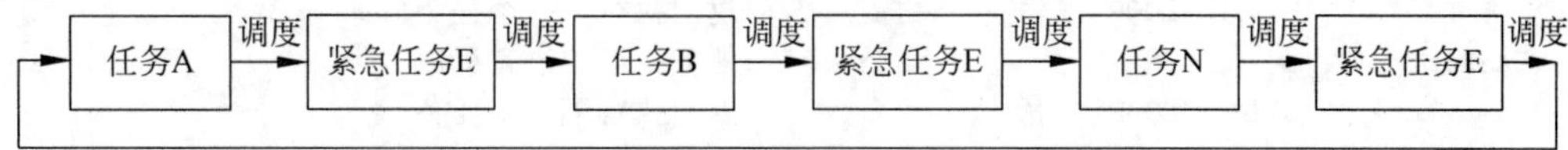

图 11-3　CPU 按时间片插入执行紧急任务流程图

3. 增长 CPU 时间片

在单片机应用系统中，有时只是要求某个特殊任务比其他任务完成得快些，例如，算术运算等操作任务。这种特殊任务同样被安排到循环队列中，但在分配"时间片"时，可采用不均等分配方式，特殊任务所得到的"时间片"长度大于其他普通任务分配到的"时间片"，因此，特殊任务所占用 CPU 的时间大于其他普通任务，有利于加快任务的完成。

11.2　汇编语言实现 51 单片机多任务管理

任何一款单片机 CPU 都可以实现"串行"或"并行"运行多任务程序，但需要根据单片机的特点合理设计单片机应用系统多任务的管理程序。

11.2.1　CPU 顺序循环执行多任务模式的管理

在以 51 单片机组成的应用系统中，使用 51 汇编语言的散转指令可以容易地实现 CPU 顺序循环执行多任务的管理工作。其管理程序汇编代码如下。

```
TaskPoint    EQU    7FH                          ;定义任务指针
```

```
TaskTotal    EQU   3H                    ;定义任务数量(0～3)
             ORG   0H
START:       JMP   INIT
             ORG   30H
INIT:        MOV   TaskPoint,#TaskTotal  ;初始化任务指针
LOOP:        MOV   DPTR,#TaskTable       ;取任务代码存放首地址
             INC   TaskPoint             ;任务指针 + 1,准备执行下一个任务
             ANL   TaskPoint,#TaskTotal  ;限制执行的任务数量
             MOV   A,TaskPoint           ;取当前执行的任务号
             RL    A                     ;Ax2,计算任务代码存放的首地址
             ADD   A,TaskPoint           ;相当于任务号 x3
             JMP   @A + DPTR             ;根据任务编号跳转执行任务
TaskTable:   LJMP  TASK1                 ;任务 1 首条指令
             LJMP  TASK2                 ;任务 2 首条指令
             LJMP  TASK3                 ;任务 3 首条指令
             LJMP  TASK4                 ;任务 4 首条指令
TASK1:       …                           ;任务 1 汇编语言程序
             LJMP  LOOP                  ;返回执行下一个任务
TASK2:       …                           ;任务 2 汇编语言程序
             LJMP  LOOP                  ;返回执行下一个任务
TASK3:       …                           ;任务 3 汇编语言程序
             LJMP  LOOP                  ;返回执行下一个任务
TASK4:       …                           ;任务 4 汇编语言程序
             LJMP  LOOP                  ;返回执行下一个任务
             END
```

该顺序循环执行多任务管理程序管理 4 个任务，占用 51 单片机 RAM 中 7FH 单元存放任务指针(将要执行的任务编号)，因此，各任务的约束条件为禁用 RAM 中 7FH 单元。将面向任务编写的各任务汇编语言代码填入到各任务的预留位置(…处)，即可构成单片机应用系统的控制程序。

11.2.2 CPU 按时间片执行多任务模式的管理

在以 51 单片机组成的应用系统中，根据 51 单片机的固有特点，使用 51 汇编指令实现 CPU 按“时间片”执行多任务的管理工作，其管理程序汇编语言代码如下。

```
StackPoint   EQU   60H          ;定义堆栈指针
TaskPoint    EQU   2FH          ;定义任务指针,"时间片"计数器
TaskTotal    EQU   3H           ;定义任务数量(0～3)
RS1Value     BIT   79H          ;定义 RS1 位存储单元
RS0Value     BIT   78H          ;RS0 位存储,2FH 单元最低位
TMOD_W       EQU   00000001B    ;设置 T0 定时器(时间片)
TimerH       EQU   0xxH         ;设置时间片定时长度(高 8 位)
TimerL       EQU   0yyH         ;设置时间片定时长度(低 8 位)
             ORG   0H           ;应用程序开始处
             JMP   INIT         ;跳转到初始化
```

```
            ORG     0BH                     ;定时器 T0 中断向量
            JMP     TaskHandle              ;跳转到中断服务程序
            ORG     30H                     ;初始化程序开始处
INIT:       MOV     SP,#StackPoint          ;重新设置堆栈指针
            MOV     TaskPoint,#TaskTotal    ;从第 4 个任务开始执行
            MOV     R4,PSW                  ;初始化任务 1: RS1、RS0 = 0 0
            MOV     R5,A                    ;保存 A 累加器: A = 0
            MOV     DPTR,#TASK1             ;取任务 1 指令存放首地址
            MOV     R6,DPL                  ;保存到 R6 占 RAM 位置处
            MOV     R7,DPH                  ;保存 PC1 高 8 位
            SETB    RS0                     ;设置第 1 组工作寄存器 RAM 的位置
            MOV     R4,PSW                  ;初始化任务 2: RS1、RS0 = 0 1
            MOV     R5,A                    ;保存 A 累加器: A = 0
            MOV     DPTR,#TASK2             ;取任务 2 指令存放首地址
            MOV     R6,DPL                  ;保存到 R6 占 RAM 位置处
            MOV     R7,DPH                  ;保存 PC2 高 8 位
            SETB    RS1                     ;设置第 2 组工作寄存器 RAM 的位置
            CLR     RS0                     ;RS1 = 1、RS0 = 0
            MOV     R4,PSW                  ;初始化任务 3: RS1、RS0 = 1 0
            MOV     R5,A                    ;保存 A 累加器: A = 0
            MOV     DPTR,#TASK3             ;取任务 3 指令存放首地址
            MOV     R6,DPL                  ;保存到 R6 占 RAM 位置处
            MOV     R7,DPH                  ;保存 PC3 高 8 位
            SETB    RS0                     ;设置第 3 组工作寄存器 RAM 的位置
            MOV     R4,PSW                  ;初始化任务 4: RS1、RS0 = 1 1
            MOV     R5,A                    ;保存 A 累加器: A = 0
            MOV     DPTR,#TASK4             ;取任务 3 指令存放首地址
            MOV     R6,DPL                  ;保存到 R6 占 RAM 位置处
            MOV     R7,DPH                  ;保存 PC4 高 8 位
            MOV     TMOD,#TMOD_W            ;设置定时器 T0 工作模式
            MOV     TH0,#TimerH             ;设置定时器 T0 定时初始值高 8 位
            MOV     TL0,#TimerL             ;设置定时器 T0 定时初始值低 8 位
            SETB    ET0                     ;开定时器 T0 中断
            ;SETB   PT0                     ;如果需要,设置 T0 中断高优先级
            SETB    EA                      ;开总中断
            SETB    TR0                     ;启动定时器 T0
            JMP     TASK4                   ;先执行任务 4,因 RS1、RS0 = 1 1
            ORG     0zzH                    ;切换任务中断管理程序
TaskHandle: MOV     TH0,#TimerH             ;设置定时器 T0 定时初始值高 8 位
            MOV     TL0,#TimerL             ;设置定时器 T0 定时初始值低 8 位
            CLR     EA                      ;关中断,确保堆栈内容不被破坏
            MOV     R4,PSW                  ;保存当前任务的 PSW 值
            MOV     R5,A                    ;保存当前任务的 A 累加器值
            POP     ACC                     ;从(SP)堆栈中弹出 PC 高 8 位
            MOV     R7,A                    ;保存当前任务 PC 高 8 位值
```

```
        POP     ACC             ;从(SP-1)堆栈中弹出 PC 低 8 位
        MOV     R6,A            ;保存当前任务 PC 低 8 位值
        INC     TaskPoint       ;切换到下一个任务
        MOV     C,RS1Value      ;取出 RS1 值
        MOV     RS1,C           ;送 RS1
        MOV     C,RS0Value      ;取出 RS0 值
        MOV     RS0,C           ;送 RS0
        MOV     A,R6            ;恢复将要执行任务的 PC 低 8 位值
        PUSH    ACC             ;进栈(SP),进 PC 低 8 位
        MOV     A,R7            ;恢复将要执行任务的 PC 高 8 位值
        PUSH    ACC             ;进栈(SP+1),进 PC 高 8 位
        MOV     A,R5            ;恢复将要执行任务的 A 累加器值
        MOV     PSW,R4          ;恢复将要执行任务的 PSW 值
        SETB    EA              ;开总中断
        RETI                    ;中断返回,实现任务切换
        ORG     0xxH            ;任务 1 程序代码存放首地址
TASK1:  …                       ;任务 1 汇编程序
        CLR     EA              ;关中断,使用没有保存的 CPU 资源
        MOV     B,RamValue      ;使用 CPU 资源 B 寄存器
        MUL     AB              ;使用 B 寄存器
        MOV     RamValue,B      ;保存 B 寄存器
        SETB    EA              ;开中断,允许切换任务
        JMP     TASK1           ;在任务 1 中循环
        ORG     0yyH            ;任务 2 程序代码存放首地址
TASK2:  …                       ;任务 2 汇编程序
        SJMP    TASK2           ;在任务 2 中循环或 SJMP $
        ORG     0xyH            ;任务 3 程序代码存放首地址
TASK3:  …                       ;任务 3 汇编程序
        JMP     TASK3           ;在任务 3 中循环或 SJMP $
        ORG     0yxH            ;任务 4 程序代码存放首地址
TASK4:  …                       ;任务 4 汇编程序
        SJMP    $               ;停在任务 4 中
        END
```

上述 CPU 按“时间片”执行多任务的程序管理 4 个任务。管理任务切换程序依据 51 单片机的特点，将任务循环队列安排到 4 组工作寄存器所占的 RAM 位置中，并占用 RAM 中 2FH 单元存放循环队列指针(即将要执行的任务编号)，同时兼作 8 位“时间片”计数器。由于 2FH 单元又可作位存储器，因此，该单元的低 2 位就是切换任务时使用的循环队列指针。

由于 CPU 按“时间片”执行多任务管理程序占用了 51 单片机的部分资源，因此，各任务所使用的资源将被减少，任务切换管理程序所占资源以及各任务的约束条件等描述如表 11-1 所示。依据表 11-1 所示的限制条件，将面向任务编写的各个独立任务汇编语言代码填入到各任务的预留位置(…处)，即可构成单片机应用系统的控制程序。

表 11-1　多任务管理程序所占资源以及各任务约束条件表

描　　述	说　　明
多任务管理程序占用资源	4 组工作寄存器中所有 R4、R5、R6、R7(共 16 个 RAM 单元) R4：保存 PSW,R5：保存 A,R6：保存 PCL,R7：保存 PCH RAM 中 2FH 字节存储单元：8 位"时间片"计数器 2FH 单元中位地址 79H、78H 联合为循环队列指针 占用程序 Code 空间：160B,固定占用 Data 空间：33B 任务切换占用 CPU 时间：30 机器周期
任务 1 单独享有资源	第 0 组工作寄存器 R0、R1、R2、R3(RAM：00H～03H),自动保护
任务 2 单独享有资源	第 1 组工作寄存器 R0、R1、R2、R3(RAM：08H～0BH),自动保护
任务 3 单独享有资源	第 2 组工作寄存器 R0、R1、R2、R3(RAM：10H～13H),自动保护
任务 4 单独享有资源	第 3 组工作寄存器 R0、R1、R2、R3(RAM：18H～1BH),自动保护
各任务可使用的公共资源	CPU：B、DPTR,如果使用需要自行保护,见管理程序任务 1 代码 RAM：20H～2EH 位存储器,30H～5FH 字节存储器,60H～7F 堆栈区
所有任务不可修改资源	PSW 中 RS1 和 RS0 位；定时器 T0(产生"时间片")定时模式
所有任务不可使用资源	4 组工作寄存器中所有 R4、R5、R6、R7；RAM 中 2FH 单元
任务个数	4 个,不可增加,也不可减少,SJMP $ 单一指令可组成 1 个任务
修改任务占用 CPU 时间	各任务可自行修改定时器 T0 的定时初始值 TH0、TL0
实时性要求	硬件高优先级中断,分配不均等"时间片"

11.3　C51 语言实现 51 单片机多任务管理

对于复杂指令集的单片机 CPU,使用 C51 语言按"时间片"管理多任务的过程同样是占用定时器以及通过定时器中断实现任务的调度。由于 C51 语言程序需要编译器编译为 CPU 可执行代码,不同的编译器针对不同型号的单片机 CPU 其编译规则是不相同的,因此,C51 语言多任务调度管理程序与编译器相关。

11.3.1　C51 语言按时间片调度管理多任务示例

在以 51 单片机组成的应用系统中,使用 C51 语言实现 CPU 按"时间片"调度执行多任务的管理程序代码如下。

```
#include <reg51.h>
#define uchar unsigned char
#define uint unsigned int
#define TASKS_NUM 4                                    //定义任务数量
#define SAVE_VALUE_NUM 7                               //定义保存 CPU 资源个数
static uchar Task_Queue[TASKS_NUM][SAVE_VALUE_NUM];    //定义任务循环队列,二维
static uchar Task_Point = 0;                           //定义循环队列指针
uchar TimerL = 0x..;                                   //定义时间片长度(低 8 位)
uchar TimerH = 0x..;                                   //定义时间片长度(高 8 位)
```

```
uchar T_Mod = 0x01;                                    //定义定时器 T0 工作模式
void Timer_Initial(void) {                             //初始化定时器 T0
  TMOD = T_Mod;                                        //设置定时器 T0 模式
  TL0 = TimerL;                                        //设置定时器 T0 初始值
  TH0 = TimerH;
  ET0 = 1;                                             //打开定时器 T0 中断
  PT0 = 1;                                             //设置 T0 中断为高优先级
  EA = 1;                                              //打开总中断
  TR0 = 1;                                             //启动定时器 T0
}
void Task_Initial(uint TaskName, uchar TaskPoint){     //初始化各任务
  Task_Queue[TaskPoint][0] = 0;                        //保存 CPU→PSW 值
  Task_Queue[TaskPoint][1] = 0;                        //保存 CPU→DPL 值
  Task_Queue[TaskPoint][2] = 0;                        //保存 CPU→DPH 值
  Task_Queue[TaskPoint][3] = 0;                        //保存 CPU→B 值
  Task_Queue[TaskPoint][4] = 0;                        //保存 CPU→Acc 值
  Task_Queue[TaskPoint][5] = (uint)TaskName >> 8;      //保存任务入口 PCH 值
  Task_Queue[TaskPoint][6] = (uint)TaskName & 0xff;    //保存任务入口 PCL 值
}
void Timer0(void) interrupt 1 using 1 {                //时间片定时器 T0 中断
  TL0 = TimerL;                                        //重新设置定时器 T0 初始值
  TH0 = TimerH;
  Task_Queue[Task_Point][0] = *((uchar *)(SP-0));      //保存当前任务 CPU→PSW 值
  Task_Queue[Task_Point][1] = *((uchar *)(SP-1));      //保存当前任务 CPU→DPL 值
  Task_Queue[Task_Point][2] = *((uchar *)(SP-2));      //保存当前任务 CPU→DPH 值
  Task_Queue[Task_Point][3] = *((uchar *)(SP-3));      //保存当前任务 CPU→B 值
  Task_Queue[Task_Point][4] = *((uchar *)(SP-4));      //保存当前任务 CPU→Acc 值
  Task_Queue[Task_Point][5] = *((uchar *)(SP-5));      //保存当前任务 CPU→PCH 值
  Task_Queue[Task_Point][6] = *((uchar *)(SP-6));      //保存当前任务 CPU→PCL 值
  if(++Task_Point == TASKS_NUM){                       //循环队列指针 + 1
    Task_Point = 0;                                    //到最大值,从 0 开始循环
  }
  *((uchar *)(SP-6)) = Task_Queue[Task_Point][6];      //恢复执行任务 CPU→PCL 值
  *((uchar *)(SP-5)) = Task_Queue[Task_Point][5];      //恢复执行任务 CPU→PCH 值
  *((uchar *)(SP-4)) = Task_Queue[Task_Point][4];      //恢复执行任务 CPU→Acc 值
  *((uchar *)(SP-3)) = Task_Queue[Task_Point][3];      //恢复执行任务 CPU→B 值
  *((uchar *)(SP-2)) = Task_Queue[Task_Point][2];      //恢复执行任务 CPU→DPH 值
  *((uchar *)(SP-1)) = Task_Queue[Task_Point][1];      //恢复执行任务 CPU→DPL 值
  *((uchar *)(SP-0)) = Task_Queue[Task_Point][0];      //恢复执行任务 CPU→PSW 值
}                                                      //中断返回
void Task1(){                                          //任务 1
  static uchar i;                                      //定义静态局部变量
  while(1){                                            //独立任务 1 循环体
    i++;
    …;                                                 //任务 1 程序
  }
}
void Task2(){                                          //任务 2
  while(1){                                            //独立任务 2 循环体
    …;                                                 //任务 2 程序
```

```
      ReentrantFunction();                        //调用可重入函数
    }
  }
  void Task3(){                                   //任务 3
    while(1){                                     //独立任务 3 循环体
      …;                                          //任务 3 程序
      TR0 = 0;      (或: ET0 = 0;)                //停止定时器 T0
      NotReentrantFunction();                     //调用非(不可)重入函数
      TR0 = 1;      (或: ET0 = 1;)                //重新启动定时器 T0
    }
  }
  void Task4(){                                   //任务 4
    while(1){                                     //独立任务 4 循环体
      …;                                          //任务 4 程序
      ReentrantFunction();                        //调用可重入函数
    }
  }
  void main(){                                    //程序启动入口
    Task_Initial(Task1, 0);                       //初始化任务 1
    Task_Initial(Task2, 1);                       //初始化任务 2
    Task_Initial(Task3, 2);                       //初始化任务 3
    Task_Initial(Task4, 3);                       //初始化任务 4
    Timer_Initial();                              //初始化定时器 T0
    Task1();                                      //从任务 1 开始执行
  }
```

上述 C51 语言 CPU 按"时间片"调度管理多任务程序的结构与操作方式完全等同于 51 汇编语言"时间片"多任务管理程序，其调度管理多任务所占资源以及各任务的限制条件等描述如表 11-2 所示。依据表 11-2 所示的限制条件，将面向任务编写的各个独立任务 C51 语言程序代码填入到各任务的预留位置(…处)，即可构成单片机应用系统的控制程序。

表 11-2　多任务管理程序所占资源以及各任务限制条件表

描　述	说　明
多任务管理程序占用资源	第 1 组工作寄存器(using 1) 定时器 T0，定时器 T0 中断 占用程序 Code 空间：660B，占用 Data 空间：50B 任务切换占用 CPU 时间：350 机器周期
各任务使用资源的约束	尽可能定义静态(static)局域变量
所有任务不可修改资源	定时器 T0(产生"时间片")定时模式
所有任务不可使用资源	第 1 组工作寄存器，定时器 T0
任务个数	4 个，可增加(任务数≤8，视 RAM 而定)，可减少(任务数≥2)
修改任务占用 CPU 时间	各任务可自行修改定时器 T0 的定时初始值 TH0、TL0
实时性要求	硬件中断，增加 CPU 占有率，分配不均等"时间片"

11.3.2 C51语言按时间片调度管理多任务程序解析

C51语言与51汇编语言都可以实现多任务的切换、调度的管理,除占空间大小、切换任务效率等区别外,还有一些差别。例如,C51语言多任务管理程序的定时器T0要设置为高级别中断、各任务中C51语言变量的处理、C51函数调用的问题、系统堆栈的使用等。因此,在使用C51语言实现多任务调度管理和编写各任务应用程序时,需要了解C51编译器的基础编译原则以及在各任务中变量、函数、堆栈的使用情况。

1. 定时中断切换任务处理

通常C51编译器调用函数操作的规则是尽可能释放掉所有CPU资源(或CPU占用的寄存器)后再调用函数。但不包括中断函数,因此,对于中断函数而言,不同的编译器其处理也不尽相同,Keil C51编译器的规则是在中断服务程序中对需要使用到的CPU寄存器会做进栈保护,不涉及的不保护。因此在编写定时器T0中断服务程序的任务切换操作时,需要知道中断过程保护了哪些CPU寄存器,其目的一是找到程序计数器PC(返回地址)值在堆栈中的位置,以备实现任务的切换;二是确定任务循环队列Task_Queue的第2维数(SAVE_VALUE_NUM——保存CPU资源个数),以备在队列中保存CPU资源,等再次切换到该任务时能够连续无损地运行。C51语言按“时间片”调度多任务管理程序的中断函数通过Keil C51编译器编译后,其保护和恢复CPU资源的汇编代码如下。

```
35: void Timer0(void) interrupt 1 using 1 {          //定时器T0时间片中断函数
C:0x000E    C0E0     PUSH    ACC(0xE0)               //保护Acc寄存器
C:0x0010    C0F0     PUSH    B(0xF0)                 //保护B寄存器
C:0x0012    C083     PUSH    DPH(0x83)               //保护DPH寄存器
C:0x0014    C082     PUSH    DPL(0x82)               //保护DPL寄存器
C:0x0016    C0D0     PUSH    PSW(0xD0)               //保护PSW寄存器
===============  上述为编译器自动添加的CPU资源保护操作  ===============
C:0x0018    75D018   MOV      PSW(0xD0),#0x08        //使用第1组工作寄存器
36:   EA = 0;                                          //C51语句,关中断
C:0x001B    C2AF     CLR      EA(0xA8.7)             //在保护CPU资源之后
…                                                      //中断切换任务操作语句
58:   EA = 1;                                          //C51语句,开中断
C:0x0143    D2AF     SETB     EA(0xA8.7)             //在恢复CPU资源之前
60: }                                                  //C51中断返回
===============  下述为编译器自动添加的CPU资源恢复操作  ===============
C:0x0145    D0D0     POP      PSW(0xD0)              //恢复PSW寄存器
C:0x0147    D082     POP      DPL(0x82)              //恢复DPL寄存器
C:0x0149    D083     POP      DPH(0x83)              //恢复DPH寄存器
C:0x014B    D0F0     POP      B(0xF0)                //恢复B寄存器
C:0x014D    D0E0     POP      ACC(0xE0)              //恢复Acc寄存器
C:0x014F    32       RETI                            //中断返回
```

在上述汇编代码中可以看到,定时器T0中断服务程序中的(指针)操作用到了51单片机CPU中的所有资源(Acc、B、DPTR、PSW),因此,全部进栈保护,而任务循环队列Task_

Queue 的第 2 维数(SAVE_VALUE_NUM)则需要设置为 7,以便保存当前任务 CPU 中 Acc、B、DPTR、PSW、PC 的所有值。

在 C51 语言多任务调度管理程序中,"时间片"定时器 T0 中断函数已经指明使用第 1 组工作寄存器(using 1)。为不引起混乱,各任务或其他中断函数不能再使用这组工作寄存器,可使用另外 3 组工作寄存器,但在编译器编译中断函数保护 CPU 资源过程中并没有保存 R0～R7 工作寄存器的操作。因此,虽然有 3 组工作寄存器可供使用,但存在潜在危险,在各任务或其他中断函数中如果用到同一组工作寄存器,那么"时间片"的中断将可能会引发错误。

2. 各任务中变量的处理

C51 编译器对带有形式参数的函数和函数内部局部变量的编译,一般规则是预先分配保留属于函数自己使用的数据存储器(RAM)空间,但并不是单独占有的。C51 编译器另外一个针对局部变量的规则是优先使用"寄存器变量",即局部变量和函数的形参尽可能地存放在工作寄存器 R0～R7 中。由于"时间片"定时器 T0 中断函数(切换任务)中并不保护工作寄存器,因此,要求在各任务函数(非重入函数)中使用的局部变量最好定义为静态(static)的。C51 编译器会在数据存储器中为变量分配单独占有的存储空间。

在 C51 语言实现 CPU 按"时间片"调度多任务的管理程序中,任务循环队列数组 Task_Queue 和循环队列指针 Task_Point 都被定义为全局静态的,因此,该管理程序占用了一些数据存储器空间,各任务函数的局部变量如果被定义为静态,同样也会不交叉地占用数据存储器空间,所以需要根据单片机 RAM 的大小合理使用数据存储器空间,以便保障单片机应用系统的正常运行。确认 RAM 使用情况可以通过查看 C51 编译器编译后给出的数据存储空间 Data 的使用量,也可以查看 C51 编译器编译后生成的 51 汇编代码,通过汇编代码可以确认静态变量占用了哪些单元的数据存储器 Data 空间。

3. 多任务之间 C51 语言函数调用的重入问题

在使用 C51 语言实现 CPU 按"时间片"调度多任务的应用程序中,一个 C51 语言函数有可能被多个任务调用。在多任务应用环境中,当一个函数至少被两个或两个以上的任务调用,并在 CPU 按"时间片"切换执行任务时,该函数将有可能发生重入(重复进入)现象,即当任务 A 正在调用执行函数 F 的过程中(没有执行完函数 F),"时间片"定时到,切换执行任务 B,在任务 B 中同样也调用函数 F,当运行到函数 F 时,在任务 B 中函数 F 将被重新调用,出现函数 F 的重入现象。

为确保在多任务调度环境中各任务运行的安全性,要求各任务所调用的相同函数是可重入函数(可通过 C51 关键字 reentrant 定义函数为可重入)。可重入函数可以在任何时刻被中断执行,与可重入函数相对应的是非(不可)重入函数。非重入函数只能被多个任务中的一个任务所调用,如果非重入函数被两个或两个以上的任务调用时,因函数的参数或局部变量是保存在 RAM 中,会导致参数或局部变量被覆盖,使整个应用系统出现不可预见的运行结果。因此,非重入函数在多任务 CPU"时间片"切换调度的应用系统中被视为不安全函数。

可重入函数是不依赖于任何环境(RAM 堆栈等)的纯代码函数,各个任务在调用时不必担心数据是否会出错,可以有多个副本同时运行。如果各任务需要调用同一个函数,那么编写可重入函数时应注意不使用全局变量、谨慎使用局部变量和堆栈、不调用非重入函数等,如果需要调用 C51 语言函数库的函数,又不确定所调用的函数是否是可重入函数,那么可以在调用之前关闭定时器的"时间片"定时中断(或停止定时器),调用完成后再打开定时器"时间片"定时中断(或重启定时器),确保整个应用系统软件运行的安全性。

4. 系统堆栈的保护处理

51 单片机应用系统的系统堆栈被开辟在数据存储器 Data 空间中,C51 编译器为应用程序在 Data 中开辟堆栈区的大小视程序变量等占有多少而定。如果应用程序中静态变量等太多将会相应地减小堆栈区,为使单片机应用系统具有足够的堆栈空间,确保系统程序正常工作。在编写 C51 语言应用程序时应考虑为堆栈预留一定的空间,C51 编译器在编译程序后会给出应用程序占用 Data 空间的字节数,系统堆栈区将被开辟在剩余所有的 Data 区中。

当堆栈区的大小不能满足应用系统的使用需求时,将会发生灾难性错误。系统堆栈的隐含使用主要发生在函数和中断函数的调用上。为避免堆栈的溢出,在编写 C51 语言应用程序中的任务时,应尽可能减少函数的嵌套调用,在中断函数中尽可能使用简单变量。另外,当明确知晓任务中堆栈的使用情况时,也可以在多任务切换管理程序中为每个任务独立分配属于单一任务的堆栈区,或保留(? STACK 指令)属于某个任务的专用堆栈,在任务切换的同时重新动态分配堆栈,使得需要多占用堆栈的任务其堆栈被扩大,从而确保堆栈使用的安全性。

在 C51 语言实现 CPU 按"时间片"调度多任务管理程序中,切换任务的中断函数需要使用堆栈保护(连续进栈)和恢复(连续出栈)CPU 资源。其操作过程是由 C51 编译器安排的,人为安排关、开中断的顺序在保护和恢复 CPU 资源操作之后(见本节保护和恢复 CPU 资源汇编代码中 C51 语言程序 EA=0 和 EA=1 语句)。为保证保护和恢复 CPU 资源操作过程的完整性,应设置 51 单片机"时间片"定时器 T0 中断为高优先级别。由于该中断的高优先级,因此,不需要再关心关、开中断的问题,同时也保障了堆栈操作的有序性。

5. 避免 CPU 资源的浪费

为节约 CPU 资源、避免过度的浪费,在每个独立任务的循环体中,其所有语句被执行后,应及时退出循环体,避免 CPU 重复循环执行无效的语句。因此,在独立任务循环体内的最后一条语句后增加一条切换 CPU 执行其他任务的语句,即强制设置时间片定时器 T0 的中断标志位 TF0(TF0=1),可使应用系统进入 T0 中断,强制实现任务的切换。

11.4 RTX-51 多任务实时操作系统

RTX-51 是 Keil 公司专为 51 单片机组成的应用系统开发的实时多任务调度管理的操作系统,适用于 C51 语言编写的应用程序,并嵌入到完整的应用系统程序中。

11.4.1 RTX-51 简介

RTX-51 是适用于 51 单片机的多任务实时操作系统(Real Time Operating System, RTOS)。RTX-51 系统与前(11.2 节和 11.3 节)所述的多任务(静态)切换系统的最大区别是 RTX-51 系统可以动态加载任务,即在应用系统运行的过程中依据需要"实时"(即时)加载或删除任务,实现了"实时操作"的目的。RTX-51 依据 51 单片机组成的不同系统设计了两个版本: RTX-51 Full 和 RTX-51 Tiny。RTX-51 Full 包含了 RTX-51 操作系统的全部, RTX-51 Tiny 是 RTX-51 操作系统的一部分,适用于无外部 RAM 的 51 单片机应用系统。RTX-51 操作系统的描述与说明如表 11-3 所示,表 11-3 中最小值为 RTX-51 Tiny 版本的参数,扩展或最大值为 RTX-51 Full 版本的参数,RTX-51 Tiny 版本相比 RTX-51 Full 版本而言,其占用系统资源少,但也失去了一些功能。

表 11-3　RTX-51 操作系统的描述与说明表

描　　述	说　　明
RTX-51 最大管理任务数	16 个(RTX-51 Full 扩展至 64 个,其中支持 3 个快速任务) 每个任务可以具有 4 个优先级别(RTX-51 Full)
RTX-51 占用资源	第 1 组工作寄存器(using 1 被禁止使用) 定时器 T0,定时器 T0 中断(不建议使用) 占用程序 Code 空间: 900～6KB 占用 Data 空间: 10～40B 任务切换占用 CPU 时间: 100～700 个机器周期
各任务使用资源的约束	尽可能不使用定时器 T0 和 T0 中断 不使用第 1 组工作寄存器 R0～R7(RAM: 08H～0FH)
体现任务的实时性	硬件中断; 快速任务,设置任务优先级(RTX-51 Full)

RTX-51 是一个按"时间片"调度的小型简易实时多任务管理系统,它为使用 C51 语言编写应用程序提供了方便。RTX-51 的使用仅需要在 C51 语言应用程序中包含 RTX-51 提供的头文件以及在 Keil 环境中正确连接 RTX-51 的程序库。使用 RTX-51 多任务管理系统可使程序设计者专注于各任务的设计,不必考虑整个系统内存、堆栈等管理和分配问题,从而简化多任务应用程序的设计。

11.4.2 在 Keil 和 Proteus 环境使用 RTX-51 的设置

RTX-51 是 Keil 软件开发系统附带的适用于 51 单片机及其兼容 CPU 的多任务实时操作系统。因此,在 Keil 环境中使用 RTX-51 操作系统开发多任务应用程序时,需要先完成 Keil 环境的项目设置,其设置步骤如下。

(1) 在 Keil 环境中创建一个项目工程,并在 Keil 主菜单 Project 中选择 Options for Target 菜单项,在弹出"Options for Target…"对话框中打开 Device 选项卡,选择 51 单片机及其兼容 CPU,如图 11-4 所示。

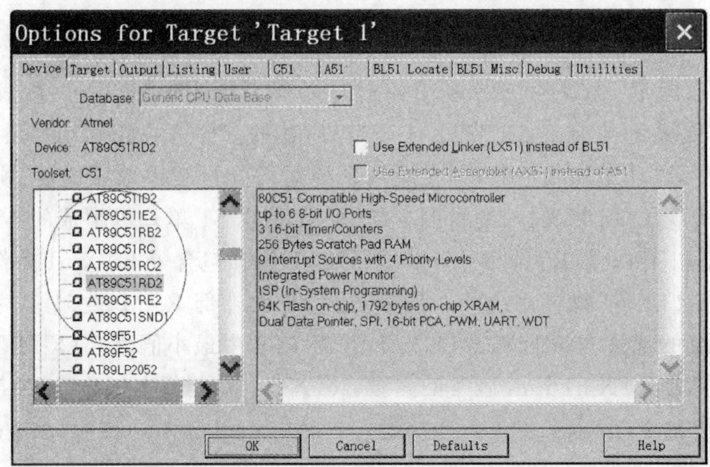

图 11-4 选择 51 单片机

(2) 检查 Keil 软件开发系统安装路径…\Keil\C51\LIB 中是否有 RTX-51 系统库，例如，TX51TNY. LIB 等文件。

(3) 在“Options for Target…”对话框中打开 Target 选项卡，在“Operating System:”下拉列表框中选择 RTX-51 Tiny(例如，选择 RTX-51 适用于无外部 RAM 的应用系统)选项，如图 11-5 所示，加载 RTX-51 Tiny 操作系统，完成使用 C51 语言开发多任务应用程序的 Keil 环境设置工作。

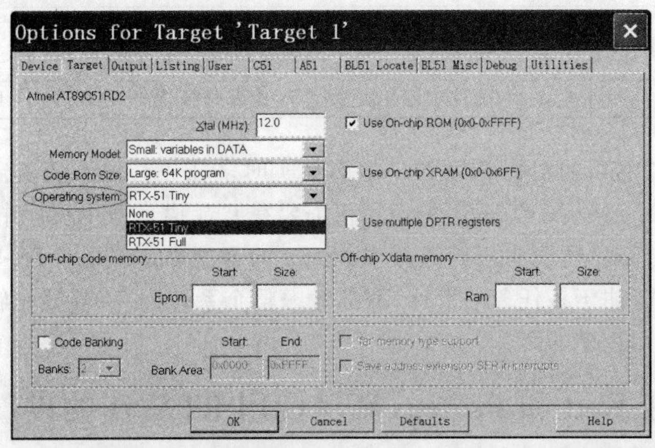

图 11-5 选择 RTX-51 Tiny 操作系统

在 Proteus 中也可以独立编辑、编译、调试源代码程序，Proteus 提供了支持接入第三方代码生成工具(汇编/编译器、链接器等)的接口，RTX-51 操作系统是 Keil C51 设计完成的，因此，在 Proteus 中针对源代码的编译需要选择 Keil C51 编译器，在 Keil C51 的链接器选项中选择 RTX-51 Tiny(或 RTX-51 Full)，当编译、链接正常，方可实施仿真操作。

11.4.3 RTX-51 中的主要函数

RTX-51 是一个多任务实时操作系统，同时也为使用者提供了一些调度和控制任务的函数，函数功能包括创建或解除任务、从一个任务向另一个任务发送或接收信息、延迟执行一个任务等操作。RTX-51 中的主要函数分为两类：在任务程序中引用的函数以 os_开头，在中断服务程序中引用的函数以 isr_开头，但不能交叉使用。下述 RTX-51 的函数以及常量标识符等全部定义在 RTX-51 提供的头文件(*.H)中。

1. os_create_task 函数

函数格式：

```
char os_create_task(unsigned char task_id)
```

函数功能：从一个任务程序中创建并启动指定编号为 task_id 的任务函数，标记 task_id 编号的任务为就绪准备(READY)运行状态，即将 task_id 任务列入运行任务的循环队列表中，并设置任务标志位为运行(RUNNING)状态。

输入参数：task_id 为任务编号。

返回值：该函数操作成功返回值为 0，任务编号不存在、任务不能被启动返回值为−1。

2. os_delete_task 函数

函数格式：

```
char os_delete_task(unsigned char task_id)
```

函数功能：从一个任务程序中停止运行指定编号为 task_id 的任务函数，并将 task_id 任务从运行任务循环队列表中删除，设置任务标志位为删除(DELETED)状态。

输入参数：task_id 为任务编号。

返回值：该函数操作成功返回值为 0，任务编号不存在、任务不能被删除返回值为−1。

3. os_send_signal 函数

函数格式：

```
char os_send_signal(unsigned char task_id)
```

函数功能：从一个任务程序中向指定编号为 task_id 的任务函数发送一个信息(SIG 事件)，如果指定任务(调用 os_wait 等函数)已经在等待信息，则 os_send_signal 函数发送的信息会将 task_id 任务设置为就绪状态准备运行；如果指定任务没有等待信息，则该信息将被保存在 task_id 任务标志位中。

输入参数：task_id 为任务编号。

返回值：该函数操作成功返回值为 0，任务编号不存在返回值为−1。

4. os_clear_signal 函数

函数格式：

```
char os_ clear_signal(unsigned char task_id)
```

函数功能：从一个任务程序中向编号为 task_id 的任务函数发送清除信息，只清除 os_send_signal 函数设置的任务标志位。

输入参数：task_id 为任务编号。

返回值：该函数操作成功返回值为 0，任务编号不存在返回值为−1。

5. os_set_ready 函数

函数格式：

```
void os_set_ready(unsigned char task_id)
```

函数功能：从一个任务程序中将编号为 task_id 的任务函数推进准备就绪状态。

输入参数：task_id 为任务编号。

6. os_running_task_id 函数

函数格式：

```
unsigned char os_running_task_id(void)
```

函数功能：从一个任务程序中调用将返回当前正在运行任务的 task_id 编号。

返回值：该函数返回当前正在运行任务的 task_id 编号。

7. os_switch_task 函数

函数格式：

```
unsigned char os_switch_task(void)
```

函数功能：从一个任务程序中调用即刻切换到运行另一个就绪运行状态的任务，如果调用 os_switch_task 函数的任务是唯一一个就绪任务，则该任务会重新运行。

返回值：返回值无定义。

8. os_reset_interval 函数

函数格式：

```
void os_reset_interval(unsigned char ticks)
```

函数功能：从一个任务程序中调用调整任务等待(os_wait)的时间间隔。

输入参数：ticks 为时间间隔长度，单位为机器周期。

9. os_wait 和 os_wait2 函数

函数格式：

```
unsigned char os_wait(unsigned char typ, unsigned char ticks,unsigned int dummy)
```

函数格式：

```
unsigned char os_wait2(unsigned char typ, unsigned char ticks)
```

函数功能：从一个任务程序中调用 os_wait 函数可以暂停当前任务，任务进入等待(WAITING)状态，等待一个或者几个事件的发生，例如，等待调整时间间隔状态、等待超时

(TIME-OUT 延时溢出)状态(等同于任务进入就绪准备运行状态)、接收 os_send_signal 或 isr_send_signal 函数发送的信息状态。os_wait2 函数与 os_wait 函数功能相同,只缺少一个输入参数 dummy。

输入参数:typ 指定等待的事件(事件可逻辑或——等待几个事件),事件常数定义如下。

- K_SIG:等待 os_send_signal 或 isr_send_signal 函数发送信息的事件;
- K_TMO:任务等待超时事件;
- K_IVL:等待一个 os_reset_interval 函数调整的时间间隔事件。

ticks 为设置时间间隔长度,单位为机器周期。

dummy 为 RTX-51 Full 使用参数,RTX-51 Tiny 无效,os_wait2 函数无该参数。

返回值:当一个指定的事件发生时,调用 os_wait 函数的任务进入就绪状态。当任务重新开始运行时,os_wait 函数返回值是一个用于识别重新启动任务的事件的识别常数,可能的返回值有:

- TMO_EVENT:接收到任务等待超时事件;
- SIG_EVENT:接收到 os_send_signal 或 isr_send_signal 发送的信息事件;
- RDY_EVENT:接收到 os_set_ready 或 isr_set_ready 函数设置的就绪事件。

10. os_wait1 函数

函数格式:

```
unsigned char os_wait1(unsigned char typ)
```

函数功能:从一个任务程序中调用 os_wait1 函数将暂停当前任务,只等待一个事件发生。

输入参数:typ 只能是 K_SIG 事件常数。

返回值:当调用 os_wait1 函数的任务重新运行时,可能的返回值有如下几种。

- SIG_EVENT:接收到 os_send_signal 或 isr_send_signal 发送的信息事件;
- NOT_OK:输入参数 typ 值无效。

11. isr_send_signal 函数

函数格式:

```
unsigned char isr_send_signal(unsigned char task_id)
```

函数功能:从中断服务程序中向指定编号为 task_id 的任务函数发送一个信息(SIG 事件),如果指定任务已经在等待信息,则该函数发送的信息会将任务启动用于运行,并设置任务标志位为运行(RUNNING)状态。

输入参数:task_id 为任务编号。

返回值:发送信息成功返回值为 0,如果规定的任务不存在,则返回值为−1。

12. isr_set_ready 函数

函数格式:

```
void isr_set_ready(unsigned char task_id)
```

函数功能：从中断服务程序中将编号为 task_id 的任务函数推进准备就绪状态。

输入参数：task_id 为任务编号。

11.4.4 使用 RTX-51 编写应用程序规则

RTX-51 操作系统本质上是一个任务切换器，编写一个嵌入 RTX-51 的 C51 语言应用程序实质上就是面向任务编写一个或多个任务函数，RTX-51 将按“时间片”长度间隔循环切换执行多个任务函数，由于 RTX-51 提供了一些管理任务的函数和使用规则，因此，编写应用程序中各任务函数时应遵循 RTX-51 提供的编程规则。

(1) 在 Keil 环境中选择适合 RTX-51 工作的 CPU，并设置项目工程包含 RTX-51 系统；

(2) 在应用程序源文件中包含 RTX-51 提供的头文件，以便引用 RTX-51 提供的函数和常量，例如，包含 RTX-51 Tiny 的头文件语句：

```
#include < rtx51tny.h >;
```

(3) 在应用程序源文件中不需要建立 main()函数，RTX-51 中包含了 main()函数；

(4) 在应用程序源文件中至少建立一个符合 RTX-51 特殊语法规则的任务函数；

(5) 在应用程序源文件中的多个任务函数其编号从 0 开始顺序编号(Tiny≤16)；

(6) RTX-51 包含应用程序启动的 main()函数，并调用编号为 0 的任务函数，即从任务 0 开始运行应用程序；

(7) 在编号为 0 的任务中调用 os_create_task 函数创建并启动其他编号的任务函数；

(8) 多任务之间通过 os_wait、os_wait1、os_wait2 和 os_send_signal、isr_send_signal 函数实现协同工作，协调任务之间运行顺序等；

(9) 多任务之间的数据交换可借助于全局变量，当需要保障全局变量为非“寄存器变量”时，可以定义全局变量为静态的；

(10) 使用中断函数时，需要强制开中断，例如，EA=1。

符合 RTX-51 规则定义的任务函数其语法格式为

```
void TaskFuntionName(void) _task_ Number [_priority_ Priority]{
  while(1){                     //无限循环结构
  … ;                           //任务操作语句
  }
}
```

说明：

(1) TaskFuntionName 为任务函数名称；

(2) _task_是 RTX-51 规定的定义任务函数的关键字，明确函数的属性，Number 为任务编号，从 0 开始，但不可重复，RTX-51 Tiny 系统任务编号为 0～15；

(3) RTX-51 规定的任务函数没有输入参数(void),没有返回值(void);

(4) RTX-51 规定的任务函数是一个不退出函数,其函数体是一个无限循环结构;

(5) _priority_是 RTX-51 Full 规定的定义任务函数优先级的关键字,Priority 参数指示任务的优先级别,共 4 级,_priority_为定义任务函数的可选项。

符合 RTX-51 Tiny 操作系统规则的应用程序 C51 语言代码的框架结构如下。

```
#include <reg51.h>                          //包含 51 单片机头文件
#include <rtx51tny.h>                       //包含 RTX-51 Tiny 系统头文件
#define INIT     0                          //声明任务 0 编号常量
#define TASK1    1                          //声明任务 1 编号常量
#define TASK2    2                          //声明任务 2 编号常量
#define TASK3    3                          //声明任务 3 编号常量
#define TIME_IVL4                           //声明时间间隔常量
void Task1(void) _task_ TASK1 {             //定义任务 1 函数
  while(1) {                                //无限循环结构
    … ;                                     //任务 1 操作语句
    os_switch_task();                       //切换执行其他任务
  }
}
void Task2(void) _task_ TASK2 {             //定义任务 2 函数
  while(1) {                                //无限循环结构
    switch(os_wait(K_SIG, TIME_IVL , 0)){   //等待 K_SIG 事件
      default:
        … ;                                 //任务 2 操作语句
        break;
      case SIG_EVENT:                       //接收到 SIG_EVENT 事件
        … ;                                 //SIG_EVENT 事件处理语句
        os_set_ready(TASK1);                //将任务 1 设置为准备即刻运行状态
        break;
      case TMO_EVENT:                       //接收到 TMO_EVENT 事件
        … ;                                 //TMO_EVENT 事件处理语句
        break;
    }
  }
}
void Task3(void) _task_ TASK3 {             //定义任务 3 函数
  while(1) {                                //无限循环结构
    … ;                                     //任务 3 操作语句
    os_send_signal(TASK2);                  //发送 SIG 事件到任务 2
  }
}
void Time1_Interrupt(void) interrupt 3 {    //定义中断函数(使用定时器 T1)
  … ;                                       //中断操作语句
  isr_send_signal(TASK2);                   //发送 SIG 事件到任务 2
}
void Applaction_Init() [reentrant] {        //定义普通函数 [或定义可重入函数]
```

```
  …;                                          //应用程序初始化操作语句
  ET1 = 1; EA = 1;                            //开中断等操作
}
void Task0(void) _task_ INIT {                //定义任务0函数,同时是初始化任务
  Applaction_Init();                          //调用应用程序初始化函数
  os_create_task(TASK1);                      //创建并启动任务1
  os_create_task(TASK2);                      //创建并启动任务2
  os_create_task(TASK3);                      //创建并启动任务3
  os_delete_task(INIT);                       //删除任务0——不再运行任务0
}
```

在RTX-51操作系统的管理下,编写C51语言应用程序只需要关注各任务实现的功能以及任务之间的数据交换和任务的协调工作等内容。程序的调试(跟踪等)同样是针对各任务而言的,因此,简化了应用程序的开发过程。

11.4.5 多任务在RTX-51系统中的解析

RTX-51操作系统主要负责应用程序中各任务的管理工作,包括协调任务的运行、任务之间的事件交互以及对由硬件引发的中断任务的管理等。

1. 任务在RTX-51系统中的状态

51单片机CPU执行任务的时间被分隔成"时间片",由RTX-51操作系统分配"时间片"给每个任务,即RTX-51依照"时间片"的约束循环切换"并行"执行多个任务。每个任务并不是被连续完整地运行的,而是运行一个"时间片"后切换运行另一个准备运行的任务。因此,在RTX-51系统的管理中,各个任务在不同的时刻会处于不同的状态,例如,运行、就绪、等待、超时、删除等状态,任务标志记录着任务所处状态,其描述如表11-4所示。

表11-4 RTX-51操作系统中任务处于各状态的说明表

状态	说明
运行(RUNNING)	CPU正在运行的任务,某个时刻只能有一个任务处于运行状态
就绪(READY)	CPU准备运行的任务,当时间片定时到后,RTX-51选择一个就绪的任务运行,通过xx_set_ready函数(xx为os或isr)可设置任务的就绪标志位,解除os_wait等函数设置的等待超时、信息SIG等事件
等待(WAITING)	一个任务由os_wait等函数引起的等待一个事件发生的等待状态,当事件发生后,该任务切换到就绪态
超时(TIME-OUT)	一个任务由os_wait等函数引起的延迟等待时间超过了os_reset_interval函数设置的时间间隔,该任务将停止等待,切换到就绪状态
删除(DELETED)	没有被启动或已经被删除的任务,不再占用CPU

2. 任务状态在RTX-51系统中的切换

在RTX-51操作系统中,各任务进入各种状态的起因是"时间片"定时到或者调用RTX-51系统函数发出事件后,由RTX-51系统切换进入,其过程如图11-6所示。

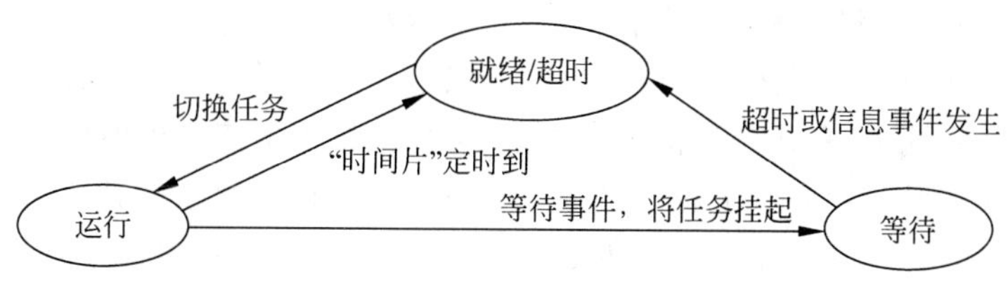

图 11-6 RTX-51 系统切换任务过程

3. RTX-51 系统切换执行任务的条件

RTX-51 系统切换执行一个任务是按照一定的规则进行的。当有下述情况之一发生时，中断执行当前任务，优先切换执行一个处于就绪(或超时)状态的任务。如果有多个就绪任务，则选择运行最先进入就绪状态的任务。

(1) 当前任务运行的时间超出了"时间片"规定的时间后，将当前任务设置为就绪状态，切换执行另一个在就绪状态的任务；

(2) 当前任务调用 os_switch_task 函数后，将当前任务设置为就绪状态，立即切换执行另一个处于就绪状态的任务；

(3) 当前任务调用 os_wait 等函数后，但要求等待的事件还没有发生时，将当前任务设置为等待状态，立即切换执行另一个在就绪状态的任务。

4. 在 RTX-51 系统中任务之间事件的交互

在 RTX-51 操作系统中任务之间的交互沟通是通过事件实现的。事件是用来控制任务行为的，一个任务可以等待一个或多个事件，也可以给其他任务设置一个事件标志。通过事件调整任务的行为，建立各任务之间的同步机制，例如，协调任务的执行顺序等。等待或接收事件的主体是 RTX-51 系统定义的 os_wait、os_wait1、os_wait2 函数，其主要事件常量定义以及说明如表 11-5 所示。

表 11-5 RTX-51 操作系统中主要事件说明表

等待事件	接收事件	事件说明
K_SIG		等待 os_send_signal 或 isr_send_signal 发送的 SIG 事件
K_TMO		等待超时(延时溢出)TMO 事件，因任务需要一段延时时间
K_IVL		等待时间间隔 IVL 重复事件，os_reset_interval 重置时间间隔
K_SIG|K_TMO		等待组合(SIG 和 TMO)事件，两事件均为单次事件
K_SIG|K_IVL		等待组合(SIG 和 IVL)事件，IVL 事件重复发生
	RDY_EVENT	接收到 os_set_ready 或 isr_set_ready 设置的就绪事件
	SIG_EVENT	接收到 os_send_signal 或 isr_send_signal 发送的 SIG 事件
	TMO_EVENT	任务延时时间到(延时溢出)，接收到等待超时 TMO 事件

5. 在 RTX-51 系统中中断服务程序的处理

RTX-51 操作系统对硬件产生的中断有两种处理方式：一种是保持原有 51 单片机的中断方式，与 RTX-51 系统无关；另一种是将中断服务程序也作为一个标准的任务对待。

RTX-51 Full 允许将中断服务程序作为一个 RTX-51 的标准任务，该中断任务处于等待状态，当中断发生时，中断任务被设置为就绪状态，并依照任务切换规则进行切换。当然，在 RTX-51 Full 系统中，有任务的优先级之分，可以根据需求定义中断任务的优先级。

RTX-51 Tiny 没有中断服务程序的管理能力，中断服务程序保持 51 单片机的原有模式。C51 语言定义的中断服务程序与 RTX-51 系统管理的任务是相互独立的，但 RTX-51 Tiny 提供了通过中断服务程序发送信息的函数，实现了中断服务程序与 RTX-51 标准任务的通信。当一个特殊任务专门从事中断事务的操作且又处于等待某个事件发生时，在中断服务程序中通过 isr_send_signal 或 isr_set_ready 函数可以将处理中断事务的特殊任务设置为就绪状态，并依照任务切换规则进行切换。另外，RTX-51 Tiny 系统中各任务之间是没有优先级之分的，对于实时性要求比较高的中断事务，建议在中断服务程序中处理。

RTX-51 操作系统对中断的管理是假定中断允许总控制位处于允许状态(EA=1)。在 RTX-51 系统运行时，其库中的函数有时会根据需求来改变系统中断允许总控制位的状态，其目的是为保护 RTX-51 系统的内核结构不被中断所破坏。在应用程序中应谨慎使用关中断的操作，如果需要禁止中断，应在中断禁止期间不允许调用 RTX-51 系统中的库函数。另外，RTX-51 操作系统使用了定时器 T0 以及定时器 T0 的中断，不建议在应用程序中再使用定时器 T0 的中断，否则会导致 RTX-51 系统工作不正常。

6. RTX-51 系统配置参数的调整

Keil 公司提供了 RTX-51 操作系统的源代码文件，被安装到…\Keil\C51\Rtx…\SourceCode 路径中。当对其系统有所了解后，可以针对 RTX-51 源代码做些修改，以便满足开发应用程序的需求。例如，在该路径中修改 RTX-51 Tiny 系统的配置文件 Conf_tny.A51，在该文件中定义的 INT_CLOCK 和 TIMESHARING 两个常量决定了每个任务使用“时间片”的多少，INT_CLOCK(默认值 10 000)可以调整执行任务的“时间片”长度(以机器周期为时间长度单位)，TIMESHARING(默认值 5)可以调整分配给每个任务使用的“时间片”数量，当 TIMESHARING 定义为 0 时，RTX-51 Tiny 系统将不再进行自动任务的切换，需要使用 os_switch_task 函数进行任务的切换。

第 12 章

嵌入式系统中经典应用电路

有些经典独立应用电路，例如，矩阵键盘、液晶显示屏、数据存储器、数/模(D/A)转换器、模/数(A/D)转换器等被应用到由 51 单片机构成的嵌入式系统中。本章将介绍一些经典应用电路，同时涉及具体硬件电路的搭建以及控制软件的编写，控制软件由 C51 语言编写，并且作为一个独立任务工作在 RTX-51 操作系统中。

12.1 矩阵键盘

视频讲解

小型键盘(例如，矩阵键盘)是 51 单片机应用系统经常使用的输入设备，4×4 矩阵键盘与 51 单片机的连接电路如图 12-1 所示。矩阵键盘电路由开关和电阻器件组成，由于 51 单片机的 P1 口内部具有上拉电阻，该电路可以不使用上拉电阻(10kΩ)。当需要增加电路的稳定性时，P1.3～P1.0 端口也可以连接上拉电阻(电路同 P1.7～P1.4)，但如果使用内部没有上拉电阻的端口，例如，P0 口，则需要所有端口外部都要连接上拉电阻。

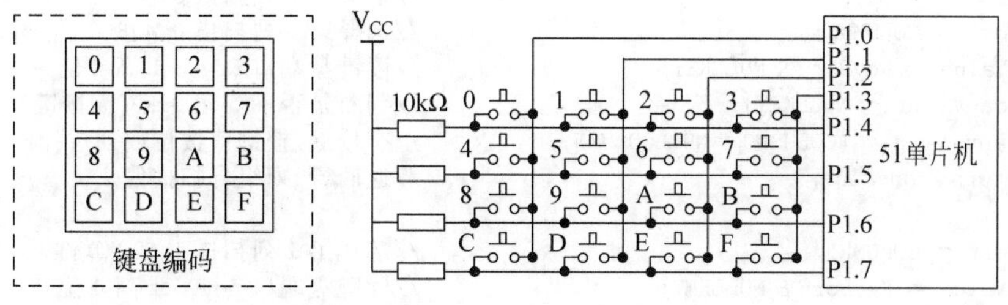

图 12-1　4×4 矩阵键盘连接电路原理图

51 单片机读取键值一般采用“扫描法”，4×4 矩阵键盘读键流程如下。

(1) P1.3～P1.0(列线)循环依次一位输出低电平，其他为高电平。

(2) 循环检测处于高电平状态的 P1.7～P1.4(行线)一位端口。

(3) 有按键时，P1.7～P1.4 端口之一被检测到低电平。

(4) 延时一段时间，消除抖动。

(5) 再次检测 P1.7～P1.4，与步骤(3)检测结果一致。

(6) 根据 P1.3～P1.0 中输出低电平位和检测到 P1.7～P1.4 中低电平位确定交叉值。

(7) 依据键盘编码由交叉值确定键值,确定键值如表 12-1 所示。

表 12-1 确定键值表

P1.7～P1.4	0111	1011	1101	1110
	P1.3=0	P1.2=0	P1.1=0	P1.0=0
0111(P1.7=0)	F	E	D	C
1011(P1.6=0)	B	A	9	8
1101(P1.5=0)	7	6	5	4
1110(P1.4=0)	3	2	1	0

在 RTX-51 操作系统中将读键盘函数作为一个任务(Task1),其 C51 语言程序源代码如下。

```
#include <reg51.h>                                  //包含 51 单片机头文件
#include <rtx51tny.h>                               //包含 RTX-51 Tiny 系统头文件
#define uchar unsigned char
#define TASK1          1                            //声明任务 1 编号常量
#define DELAYTIME      10                           //声明时间间隔常量
#define COLUMN0        0xFE                         //声明选择第 0 列常量
#define COLUMN1        0xFD                         //声明选择第 1 列常量
#define COLUMN2        0xFB                         //声明选择第 2 列常量
#define COLUMN3        0xF7                         //声明选择第 3 列常量
#define NULLCOLUMN     0x0F                         //声明无效列选常量
#define NULLKEY        0xF0                         //声明无效行选常量
#define KeyPort        P1                           //声明键盘端口
static char KeyBuffer;                              //声明键值存放变量
uchar KeyScan(void){                                //定义键盘扫描函数
  uchar ScanValue ;                                 //定义存放扫描值变量
  KeyPort = COLUMN0;                                //选择第 0 列扫描 0、4、8、C 键
  ScanValue = KeyPort & NULLKEY;                    //读键盘端口 KeyPort 高 4 位
  if(ScanValue != NULLKEY){                         //判断是否不等于 0xF0(无按键)
    ScanValue |= (COLUMN0 & NULLCOLUMN);            //有按键,按键值按位或列选择码
    return ScanValue;                               //返回行、列组合扫描值
  }
  KeyPort = COLUMN1;                                //选择第 1 列扫描 1、5、9、D 键
  ScanValue = KeyPort & NULLKEY;                    //读键盘端口 KeyPort 高 4 位
  if(ScanValue != NULLKEY){                         //判断是否不等于 0xF0(无按键)
    ScanValue |= (COLUMN1 & NULLCOLUMN);            //有按键,按键值按位或列选择码
    return ScanValue;                               //返回行、列组合扫描值
  }
  KeyPort = COLUMN2;                                //选择第 2 列扫描 2、6、A、E 键
  ScanValue = KeyPort & NULLKEY;                    //读键盘端口 KeyPort 高 4 位
  if(ScanValue != NULLKEY){                         //判断是否不等于 0xF0(无按键)
    ScanValue |= (COLUMN2 & NULLCOLUMN);            //有按键,按键值按位或列选择码
    return ScanValue;                               //返回行、列组合扫描值
  }
```

```
    KeyPort = COLUMN3;                          //选择第3列扫描3、7、B、F键
    ScanValue = KeyPort & NULLKEY;              //读键盘端口KeyPort高4位
    if(ScanValue != NULLKEY){                   //判断是否不等于0xF0(无按键)
      ScanValue |= (COLUMN3 & NULLCOLUMN);      //有按键,按键值按位或列选择码
      return ScanValue;                         //返回行、列组合扫描值
    }
    return (NULLKEY | NULLCOLUMN);              //返回无效值0xFF
}
char KeyEncoded(uchar KeyScanCode){             //依据扫描值为按键编码函数
    uchar KeyCode = NULLKEY | NULLCOLUMN;       //定义编码变量
    switch(KeyScanCode){                        //依据扫描值为按键编码
      case 0xEE: KeyCode = '0'; break;          //0键编码为'0'字符
      case 0xED: KeyCode = '1'; break;          //1键编码为'1'字符
      case 0xEB: KeyCode = '2'; break;          //2键编码为'2'字符
      case 0xE7: KeyCode = '3'; break;          //3键编码为'3'字符
      case 0xDE: KeyCode = '4'; break;          //4键编码为'4'字符
      case 0xDD: KeyCode = '5'; break;          //5键编码为'5'字符
      case 0xDB: KeyCode = '6'; break;          //6键编码为'6'字符
      case 0xD7: KeyCode = '7'; break;          //7键编码为'7'字符
      case 0xBE: KeyCode = '8'; break;          //8键编码为'8'字符
      case 0xBD: KeyCode = '9'; break;          //9键编码为'9'字符
      case 0xBB: KeyCode = 'A'; break;          //A键编码为'A'字符
      case 0xB7: KeyCode = 'B'; break;          //B键编码为'B'字符
      case 0x7E: KeyCode = 'C'; break;          //C键编码为'C'字符
      case 0x7D: KeyCode = 'D'; break;          //D键编码为'D'字符
      case 0x7B: KeyCode = 'E'; break;          //E键编码为'E'字符
      case 0x77: KeyCode = 'F'; break;          //F键编码为'F'字符
    }
    return KeyCode;                             //返回按键编码
}
void Task1_ReadKey(void) _task_ TASK1 {         //定义任务1函数
    uchar KeyScanValue = NULLKEY | NULLCOLUMN;  //定义存放(获取)扫描值变量
    while(1) {                                  //无限循环结构
      KeyScanValue = KeyScan( );                //第1次扫描键盘
      os_reset_interval(DELAYTIME);             //设置等待时间
      os_wait(K_IVL, DELAYTIME, 0);             //等待,起到防抖动作用
      if((KeyScanValue == KeyScan( )) &&        //第2次扫描键盘
        (KeyScanValue != (NULLKEY | NULLCOLUMN)))  //并且不等于0xFF(无效)
          KeyBuffer = KeyEncoded(KeyScanValue);    //存放经过编码后的键值
    }
}
```

12.2 LCD显示

视频讲解

LCD显示屏是51单片机应用系统经常使用的输出显示设备，LCD显示屏为点阵显示方式，有尺寸大小、彩色、黑白等区分，附带英文或中文字库的多种类型(型号)，它属于智能型显示终端，应用各类LCD显示屏时应参考其使用说明书。

12.2.1 LCD1602液晶显示屏简介

LCD1602是一个显示两行、每行16个5×7点阵(内置ASCII字符集库)字符的黑白液晶显示屏,内置HD44780液晶控制器芯片。其外形尺寸图、显示字符位置及其位置编号、HD44780控制器引脚编号如图12-2所示。HD44780控制器引脚定义及说明如表12-2所示。

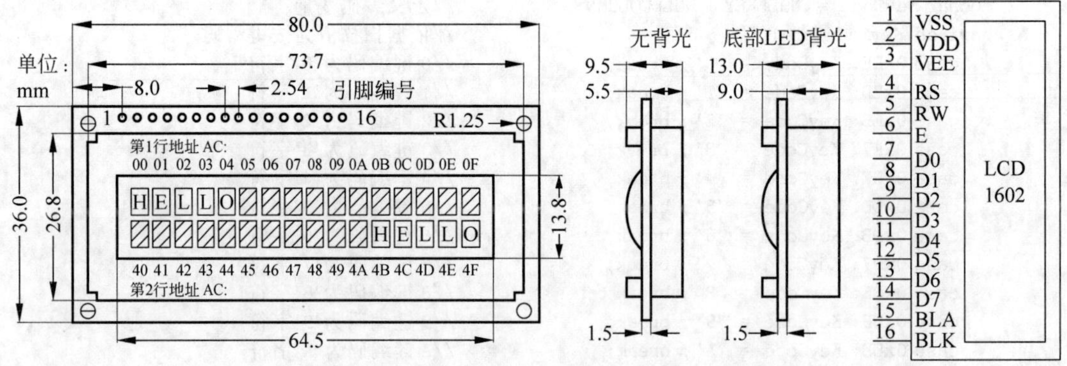

图12-2 LCD1602外形尺寸图和HD44780引脚图

表12-2 HD44780引脚定义及说明表

引脚编号	引脚符号	引脚说明
1	VSS	电源地,0V
2	VDD	电源正极,5V
3	VEE	液晶显示偏置电压(对比度)调整端
4	RS	数据/指令寄存器选择端,H高电平为数据,L低电平为指令
5	RW	读/写选择端,H高电平为读操作,L低电平为写操作
6	E	操作有效选择端,由高电平跳变低电平(↓)时,液晶模块执行指令
7～14	D0～D7	8位双向数据输入/输出端口(I/O)
15	BLA	显示屏LED背光电源正极
16	BLK	显示屏LED背光电源负极

LCD1602液晶显示屏是以点阵方式显示的,由HD44780控制器管理(将图形点阵数据传输到液晶显示屏上)液晶屏点阵(1:亮,0:灭)的显示,包括显示位置、显示内容等。HD44780控制器管理着3个存储区域(CGROM、CGRAM、DDRAM)。CGROM(Character Generator ROM字模区)和CGRAM(Character Generator RAM)为扩展ASCII字符集的5×7图形点阵字库存储区,包括阿拉伯数字、英文字母的大小写、常用的符号和日文假名等,字库索引为8位ASCII码,CGRAM为自定义图形点阵数据存储区(可写入64B数据),可存储8个自定义图形点阵数据,其索引值ASCII编码为00H～07H(引用自定义字模);在CGROM区中ASCII编码08H～1FH和80H～9FH为空字模区;DDRAM(Display

Data RAM)为存放显示字符的存储区,即存放要显示的字符 ASCII 编码,同时也是读取字库的索引值,HD44780 根据写入 DDRAM 中的 ASCII 码将对应 CGROM 和 CGRAM 字库中的点阵数据显示到 LCD1602 液晶屏上,显示的位置由 DDRAM 地址计数器(Address Counter,AC)中的数码确定,DDRAM 存储区地址(AC)与 LCD1602 液晶屏字符显示位置的对应关系为:AC 地址计数器 00～0F 对应第 1 行 1～16 个字符,AC 地址计数器 40～4F 对应第 2 行 1～16 个字符。HD44780 内部存储区结构、ASCII 编码、图形点阵数据等如图 12-3 所示。

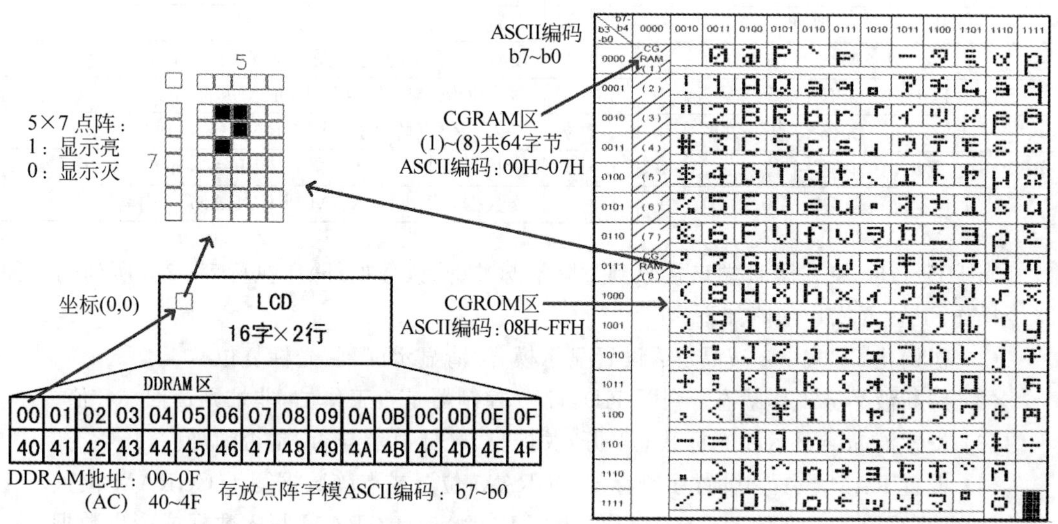

图 12-3 HD44780 内部存储区结构、ASCII 编码、存储点阵内容图

51 单片机是通过向 HD44780 控制器发送指令和数据实现对 LCD1602 液晶屏操作的。HD44780 控制器在控制端 E 出现下降沿脉冲后开始执行外部发送的指令,向 HD44780 发送的主要操作指令及指令功能说明如表 12-3 所示。

表 12-3 HD44780 控制操作指令说明表

指令码								控制码			操作说明
D7	D6	D5	D4	D3	D2	D1	D0	RS	RW	E	1:高电平,0:低电平,↓:下降沿
0	0	0	0	0	0	0	1	0	0	↓	清显示屏,DDRAM 全部填 ASCII 码 0x20
0	0	0	0	0	0	1	0	0	0	↓	光标复位,返回到显示屏左上角,AC=0
0	0	1	1	1	0	0	0	0	0	↓	设置 2 行 16 列、5×7 点阵字符显示模式,8 位数据传输端口(I/O)
0	0	0	0	1	D	C	B	0	0	↓	D=1,开显示; D=0,关显示 C=1,光标显示; C=0,光标不显示 B=1,光标闪烁; B=0,光标不闪烁

续表

指令码								控制码			操作说明
0	0	0	0	0	1	N	S	0	0	↓	N=1,写 1 个字符,AC+1,光标位置+1 N=0,写 1 个字符,AC−1,光标位置−1 S=1,写字符,整屏左(N=1)或右移(N=0) S=0,写 1 个字符,整屏显示不移动
0	0	0	1	S	R	0	0	0	0	↓	R=1,光标右移,AC+1,R=0,反向操作 S=1,字符左(R=0)或右(R=1)移
1	DDRAM(AC)地址(7 位)							0	0	↓	设置(写入)字符显示地址 AC
0	1	CGRAM 地址(6 位)						0	0	↓	设置 CGRAM(写入图形点阵数据)地址
D7～D0(8 位 ASCII 编码)								1	0	↓	写入 8 位 ASCII 码到 DDRAM 的 AC 处
x	x	x	D4～D0(5 位点阵数据)					1	0	↓	写入 5 位点阵数据到 CGRAM 设置地址处
BF	读出 AC 内容(7 位)							0	1	1	读状态,BF=1,显示屏忙;BF=0,非忙
读出 8 位数据 D7～D0								1	1	1	读数据,读出 DDRAM 或 CGRAM 中内容

当 HD44780 控制器 E 端口接收到下降沿脉冲(除读数据外)后执行表 12-3 所列的各种指令操作,其主要操作功能如下。

(1) 初始化 LCD1602 液晶屏:设置显示模式、清显示屏幕、光标复位。

(2) 判断液晶屏工作状态:判断 HD44780 控制器是否工作忙,非忙则读回 AC 值。

(3) 设置液晶屏显示和光标状态:开/关屏幕、光标显示与否、是否闪烁。

(4) 设置 RAM 位置:设置字符存放 DDRAM 位置或点阵数据写入 CGRAM 位置。

(5) 读/写 RAM 数据:向 HD44780 内部 DDRAM、CGRAM 写入数据或读出数据。

12.2.2 LCD1602 显示屏的连接与控制

LCD1602 液晶显示屏与 51 单片机的连接有两种连接方式:端口方式和总线方式,其连接电路如图 12-4 所示。在两种连接方式中,51 单片机主要是为 LCD1602 的 3 个控制端提供控制信号实现数据的传输。当向 HD44780 发送(写操作)指令或数据时,RS 和 RW 为低电平,E 端提供下降沿脉冲;当从 HD44780 读出信息时,E 和 RW 端为高电平。

LCD1602 液晶显示屏与 51 单片机以端口方式连接,在 RTX-51 操作系统的任务 0 中实现 LCD1602 显示屏初始化操作,任务 1 中实现在显示屏第 1 行显示 ASCII 字符、第 2 行显示图形点阵数据的 C51 语言程序源代码如下。

```
#include <reg51.h>
#include <intrins.h>
#include <rtx51tny.h>
#define uchar unsigned char
#define INIT            0                //声明初始化任务 0 常量
#define TASK1           1                //声明任务 1 编号常量
#define DELAYTIME       10               //声明时间间隔常量
#define DISPLAYMODE     0x38             //声明设置模式 2 行 16 列常量
```

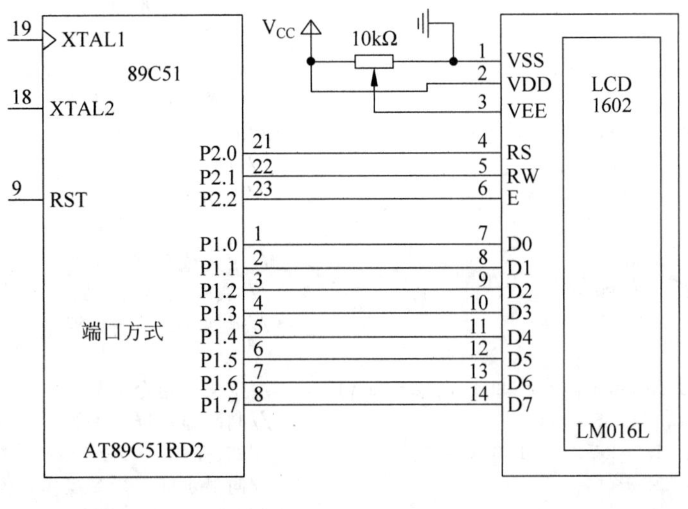

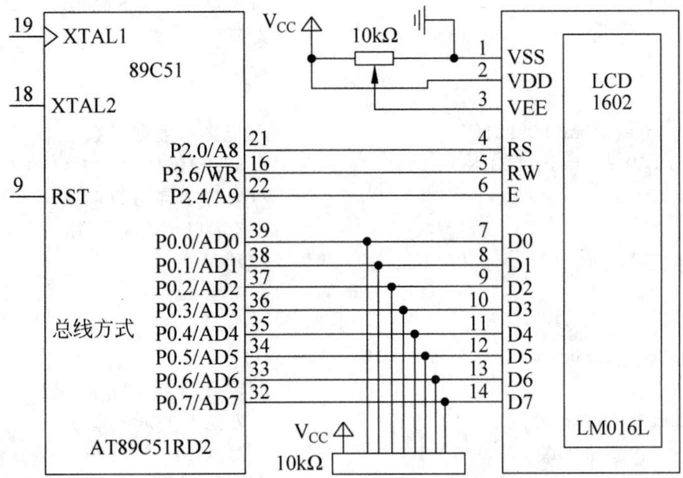

图 12-4　LCD1602 与 51 单片机的连接电路图

```
#define CLS             0x01                    //声明清屏幕常量
#define OPENDISPLAY     0x0F                    //声明开显示、光标常量
#define CURSORRESET     0x02                    //声明光标复位常量
#define MOVECURSOR      0x06                    //声明写入字符光标移动常量
#define DOTA            0x40                    //声明点阵地址常量
#define DataPort        P1                      //声明数据传输端口
sbit LCD_RS = P2^0 ;                            //声明控制端口 RS
sbit LCD_RW = P2^1 ;                            //声明控制端口 RW
sbit LCD_E = P2^2 ;                             //声明控制端口 E
uchar code DotData[ ] = {0x00,0x04,0x02,0x1F,   //自定义图形点阵数据
                    0x02,0x04,0x00,0x00};       //图形：→
uchar DisplayBuffer0[16] = {" welcome to BNU "};  //声明显示第 1 行缓存区
uchar DisplayBuffer1[16] = {0,0,0,0,0,0,0,0,    //声明显示第 2 行缓存区
```

```
                        0,0,0,0,0,0,0,0};        //第 2 行全部显示"→"
uchar DisplayFlag;                               //定义显示标志变量
uchar LCD_ReadStatus(void){                      //定义显示屏读状态函数
  DataPort = 0xFF;                               //设置端口为高电平
  LCD_RS = 0; LCD_RW = 1; LCD_E = 1;             //RS、RW、E = 0 1 1
  while (DataPort&0x80);                         //读状态,忙等待
  return(DataPort);                              //返回读出的 AC 值
}
uchar LCD_ReadData(void){                        //定义读数据函数
  LCD_RS = 1; LCD_RW = 1; LCD_E = 1;             //RS、RW、E = 1 1 1
  return(DataPort);                              //返回 RAM 中的数据
}
void LCD_WriteCommand(uchar CMDW, uchar Busy){   //定义写指令函数
  if (Busy) LCD_ReadStatus();                    //判断显示屏是否忙
  LCD_RS = 0; LCD_RW = 0; LCD_E = 1;             //RS、RW、E = 0 0 1
  DataPort = CMDW;                               //向显示屏写指令操作
  LCD_E = 0;                                     //E 端口产生下降沿
  _nop_();_nop_();_nop_();_nop_();               //延时
  LCD_E = 1;                                     //E = 1
}
void LCD_WriteData(uchar WData){                 //定义写数据函数
  LCD_RS = 1; LCD_RW = 0; LCD_E = 1;             //RS、RW、E = 1 0 1
  DataPort = WData;                              //向显示屏写数据操作
  LCD_E = 0;                                     //E 端口产生下降沿
  _nop_();_nop_();_nop_();_nop_();               //延时
  LCD_E = 1;                                     //E = 1
}
void LCD_WriteDotData(uchar ListLength,uchar * WData){
  uchar i;                                       //定义写点阵数据函数
  LCD_WriteCommand(DOTA,0);                      //发送写 CGRAM 指令
  for(i=0;i<ListLength&0x3F;i++)                 //写入 ListLength 个字节
    LCD_WriteData( * WData++);                   //写数据到 CGRAM 区操作
}
void SetPosition(uchar X, uchar Y){              //定义设置显示坐标函数
  if (Y&0x01) LCD_WriteCommand(X&0x0F|0xC0, 0);  //设置第 2 行坐标
  else LCD_WriteCommand(X&0x0F|0x80, 0);         //设置第 1 行坐标
}
void DisplayListChar(uchar ListLength,uchar * Data){
  uchar i;                                       //定义写 1 行字符函数
  for(i=0;i<ListLength&0x0F;i++)                 //写入 ListLength 个字符
    LCD_WriteData( * Data++);                    //写字符到 DDRAM 区操作
}
void Task0(void) _task_ INIT {                   //定义任务 0 初始化函数
  while(1) {                                     //无限循环结构
    os_reset_interval(DELAYTIME);                //设置等待时间
    LCD_WriteCommand(DISPLAYMODE,0);             //设置显示屏 2 行 16 列模式
    os_wait(K_IVL, DELAYTIME, 0);                //等待
```

```
        LCD_WriteCommand(OPENDISPLAY,0);              //设置开显示,光标
        os_wait(K_IVL, DELAYTIME, 0);                 //等待
        LCD_WriteCommand(MOVECURSOR,0);               //设置"写入字符光标移动"模式
        os_wait(K_IVL, DELAYTIME, 0);                 //等待
        LCD_WriteCommand(CLS,0);                      //清显示屏幕
        os_wait(K_IVL, DELAYTIME, 0);                 //等待
        LCD_WriteCommand(CURSORRESET,0);              //设置光标复位
        os_wait(K_IVL, DELAYTIME, 0);                 //等待
        LCD_WriteDotData(0x08,DotData);               //写1图形点阵数据到CGRAM中
        DisplayFlag = 1;                              //置显示标志,1:需要显示
        os_create_task(TASK1);                        //创建并启动任务1
        os_delete_task(INIT);                         //删除任务0
    }
}
void Task1_DisplayBuffer(void) _task_ TASK1 {         //定义任务1显示函数
    while(1) {                                        //无限循环结构
        if(DisplayFlag){                              //有显示标志,执行显示操作
            SetPosition(0,0);                         //设置显示坐标:第1行
            DisplayListChar(16,DisplayBuffer0);       //显示第1缓存区字符
            SetPosition(0,1);                         //设置显示坐标:第2行
            DisplayListChar(16,DisplayBuffer1);       //显示第2缓存区图形点阵
            DisplayFlag = 0;                          //清除显示标志
        }
        LCD_ReadData();                               //读显示屏RAM数据(示例)
    }
}
```

12.3 EEPROM 数据存储器

EEPROM(Electrically Erasable Programmable Read-Only Memory,E^2PROM)即电擦除可编程只读存储器,它是51单片机应用系统经常使用的性价比合适的掉电数据不丢失的存储器件。典型的、各种容量的器件有24C系列(24C01、24C02、24C04、24C08、24C16、24C32、24C64、24C128、24C256、24C512)等,多数EEPROM存储器采用I^2C总线或SPI总线与CPU进行数据交换。

12.3.1 24C02 存储器与 I^2C 总线简介

24C02为由CMOS(Complementary Metal Oxide Semiconductor——互补金属氧化物半导体)技术制作的2K位低功耗EEPROM,芯片内部具有写入和擦除数据所需要的高压脉冲电路,可百万次地编程(写入)与擦除,并保存数据上百年。24C02引脚描述如表12-4所示。

表 12-4 24C02 引脚说明表

引脚编号	引脚名称	管脚说明	芯片视图
1	A0	硬件器件地址输入，设置器件地址，为器件编号	24C02 A0 1 ○ 8 V_{CC} A1 2 7 WP A2 3 6 SCL GND 4 5 SDA
2	A1		
3	A2		
4	GND	地	
5	SDA	双向传输串行数据/地址	
6	SCL	串行时钟输入，提供移位脉冲	
7	WP	写保护，1：写保护，0：正常读/写操作	
8	V_{CC}	正电源	

24C02 芯片(器件遵循 I^2C 协议实现读/写操作)采用 I^2C 总线与 CPU 进行数据交换，CPU 与 24C02 器件为主/从关系，I^2C 总线要求的设备连接模式如图 12-5 所示。主设备通过以广播方式发送控制字寻找需要通信的从设备，每个从设备都有其唯一的设备选择控制字。

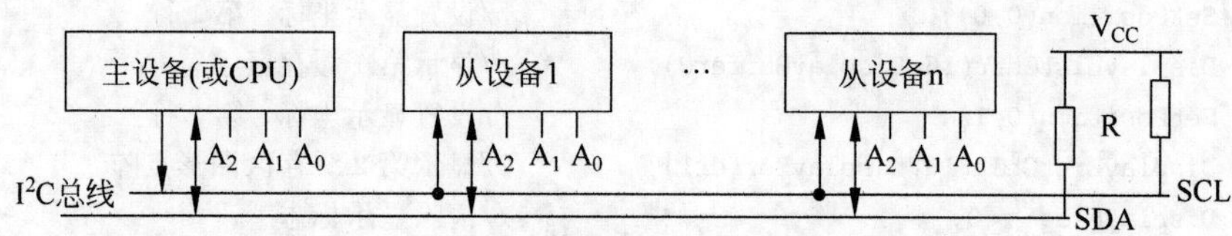

图 12-5 CPU 利用 I^2C 总线连接设备图

24C02 器件的设备选择控制字定义如图 12-6 所示，由硬件连接器件 A0、A1、A2 引脚确定 24C02 存储器硬件地址编号后，通过控制字节中的 A0、A1、A2 选择(寻找)该器件；R/W 位控制数据传输方向，R/W=1 从 24C02 存储器读出数据，R/W=0 写入数据到 24C02 存储器。

1	0	1	0	A2	A1	A0	R/W

图 12-6 24C02 设备选择控制字定义

通过 I^2C 总线实现数据传输的通信协议其 SCL 信号线和 SDA 数据线的信号(开始、结束、应答、数据)波形关系如图 12-7 所示。

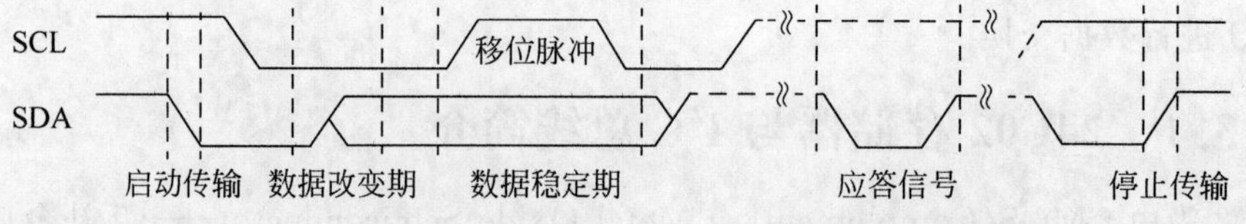

图 12-7 I^2C 总线启动、停止、应答信号、数据传输信号波形图

在 I^2C 总线上器件(24C02 存储器)选择确定后，则可对选中器件实施读/写操作。24C02 存储器允许一次写入 16B 的数据，其中包括控制字节、选择存储单元的地址数据、读/

写存储单元中的内容数据，在 I^2C 总线上每成功传输一个字节数据后，接收数据一方将产生一个应答信号(ACK)，同时将存储器字节地址(选择存储单元)低位自动加 1，准备下一次的存储单元中数据的读/写操作。24C02 存储器读/写操作流程以及应答信号如图 12-8 所示。

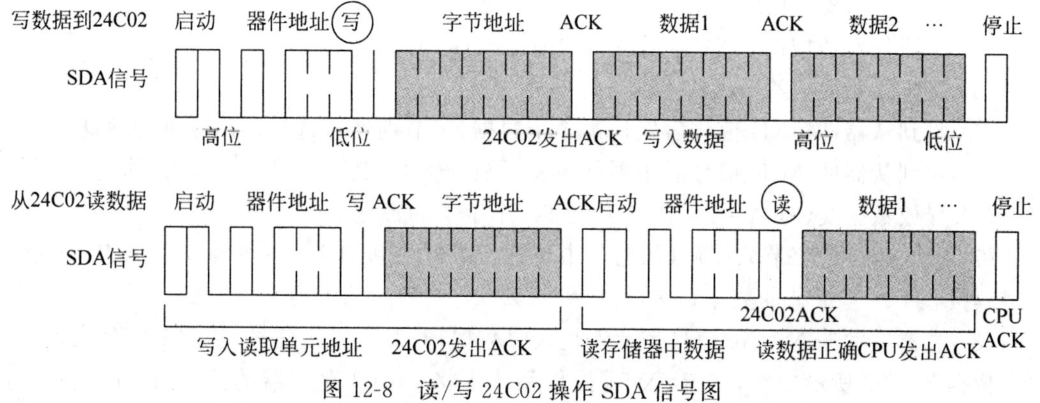

图 12-8 读/写 24C02 操作 SDA 信号图

12.3.2 24C02 存储器的连接与管理

24C02 存储器与 51 单片机的连接电路如图 12-9 所示。该电路连接方式是使用 51 单片机端口模拟仿真 I^2C 总线的 SDA、SCL 信号实现 CPU 与 24C02 存储器之间数据传输的，89C51 为主器件，24C02 存储器为从器件，依照 I^2C 总线协议规则控制 89C51 端口实现 24C02 存储器读/写操作。

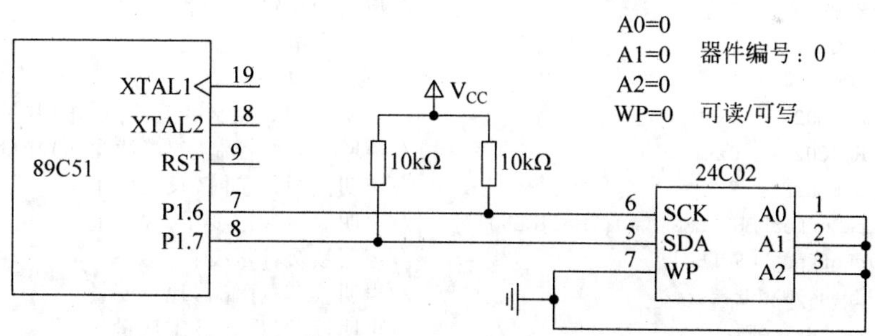

图 12-9 24C02 与 51 单片机的连接电路图

1. 写操作步骤

(1) 在 I^2C 总线非忙(SDA=1、SCL=1)时发送启动信号，掌管 I^2C 总线。

(2) 主器件发送控制字节，包括从器件地址码，R/W=0。

(3) 接收从器件应答(ACK)信号。

(4) 收到从器件 ACK 信号后发送第 1 个数据(字节地址)，选择写入数据的地址。

(5) 收到从器件 ACK 信号后发送存入存储器的一个字节的数据内容(从器件中地址计数器自动加 1)。

(6) 收到从器件 ACK 信号后按字节继续发送数据内容。

(7) 传输结束或收到从器件 NACK(无应答)信号,发送停止信号,释放 I^2C 总线。

2. 读操作步骤

(1) 在 I^2C 总线非忙(SDA=1、SCL=1)时发送启动信号,掌管 I^2C 总线。

(2) 主器件发送控制字节,包括从器件地址码,R/W=0。

(3) 接收从器件应答(ACK)信号。

(4) 收到从器件 ACK 信号后发送第 1 个数据(字节地址),选择读出数据的地址。

(5) 收到从器件 ACK 信号后主器件再发送控制字节,其中 R/W=1(读操作)。

(6) 释放数据线(SDA=1),开始接收第 1 个字节的数据。

(7) 接收到一个字节数据后(从器件中地址计数器自动加 1),主器件发送 ACK 信号表示继续接收下一个字节的数据。

(8) 主器件发送 NACK 信号表示停止接收数据,并发送停止信号,释放 I^2C 总线。

依据图 12-9 所示电路,在 RTX-51 操作系统中将 24C02 存储器的读/写操作作为一个任务(Task1),其 C51 语言程序源代码如下。

```
#include <reg51.h>
#include <rtx51tny.h>
#include <intrins.h>
#define uchar unsigned char
#define INIT      0                                //声明初始化任务 0 常量
#define TASK1     1                                //声明任务 1 编号常量
#define OK        1                                //声明操作正确常量
#define ERROR     0                                //声明操作错误常量
#define HIGH      1                                //声明高电平常量
#define LOW       0                                //声明低电平常量
#define W24C02    0xA0                             //声明 24C02 控制字节(写操作)常量
#define R24C02    0xA1                             //声明 24C02 控制字节(读操作)常量
#define BUF_LEN   8                                //声明读/写缓冲区长度常量
uchar WriteBuffer[BUF_LEN] = {"HelloBNU"};         //声明写缓冲区变量,并赋值
uchar ReadBuffer[BUF_LEN];                         //声明读缓冲区变量
uchar RAddress,WAddress;                           //声明读/写存储器地址变量
bit ReadFlag,WriteFlag;                            //声明读/写操作标志变量
sbit SCL = P1^6;                                   //声明使用引管 P1.6 模拟 SCL
sbit SDA = P1^7;                                   //声明使用引管 P1.7 模拟 SDA
void I2C_Start(void){                              //定义启动 I2C 总线函数
  SDA = HIGH; _nop_();_nop_(); SCL = HIGH;         //设置 SDA、SCL 为高电平
  _nop_();_nop_();_nop_();_nop_();                 //延时,等待信号稳定
  SDA = LOW;                                       //SDA 线产生↓下降沿信号
  _nop_();_nop_();_nop_();_nop_();                 //延时,等待信号稳定
  SCL = LOW;                                       //设置 SCL 为低电平,准备数据传输
  _nop_();_nop_();_nop_();_nop_();                 //延时,等待信号稳定
}
void I2C_Stop(void){                               //定义停止使用 I2C 总线函数
```

```
    SDA = LOW; _nop_();_nop_(); SCL = HIGH;        //设置 SDA 为低电平,SCL 为高电平
    _nop_();_nop_();_nop_();_nop_();               //延时,等待信号稳定
    SDA = HIGH;                                    //SDA 线产生↑上升沿信号
    _nop_();_nop_();_nop_();_nop_();               //延时,等待信号稳定
}
bit Receive_ACK(void){                             //定义接收从器件应答信号 ACK 函数
    bit RecAck;                                    //声明函数中使用的位变量
    SCL = LOW; SDA = HIGH; SCL = HIGH;             //设置 SDA、SCL 为高电平
    _nop_();_nop_();_nop_();_nop_();               //延时,等待信号稳定
    RecAck = SDA;                                  //读 SDA 线上信号
    if(RecAck == LOW) RecAck = OK;                 //如果 SDA 为 0,接收到应答信号 ACK
    else RecAck = ERROR;                           //否则从器件无应答信号 ACK,出错
    SCL = LOW;                                     //设置 SCL 为低电平
    _nop_();_nop_();_nop_();_nop_();               //延时,等待信号稳定
    return RecAck;                                 //返回接收应答信号 ACK 的结果
}
void Send_ACK(void){                               //定义向从器件发送应答信号 ACK 函数
    SDA = LOW; SCL = HIGH;                         //设置 SDA 为低电平,SCL 为高电平
    _nop_();_nop_();_nop_();_nop_();               //延时,等待信号稳定
    SCL = LOW;_nop_();_nop_();SDA = HIGH;          //SDA 信号稳定后,SCL 输出移位脉冲
}
void Write_Byte(uchar Data) reentrant {            //定义写 8 位数据到存储器的可重入函数
    uchar ShiftData,i;                             //声明函数中使用的变量
    ShiftData = Data;                              //为变量赋值
    SCL = LOW;_nop_();_nop_();                     //为写数据做准备
    for(i = 0; i < 8; i++){                        //发送 8bit 数据,高位前、低位后
      if((ShiftData) & 0x80)                       //判断最高位,发送 bit7 位的数据
        SDA = HIGH;                                //最高位为 1,写数据到 I²C 总线上
      Else                                         //否则
        SDA = LOW;                                 //最高位为 0,写数据到 I²C 总线上
      SCL = HIGH;                                  //设置 SCL 为高电平
      _nop_();_nop_();_nop_();_nop_();             //延时,等待信号稳定
      SCL = LOW;                                   //SCL 输出移位脉冲信号
      _nop_();_nop_();_nop_();_nop_();             //延时,等待信号稳定
      ShiftData <<= 1;                             //发送的数据左移 1 位,移位到 bit7
    }                                              //循环 8 次,发送 8bit 数据
}
uchar Read_Byte(void) {                            //定义从存储器读 8 位数据函数
    bit RecData;                                   //声明函数中使用的位变量
    uchar ShiftData,i;                             //声明函数中使用的变量
    ShiftData = 0;                                 //为变量赋初始值 0
    SCL = LOW;_nop_();_nop_();                     //准备接收数据
    for(i = 0; i < 8; i++){                        //读 8bit 数据,高位先、低位后
      SDA = HIGH; SCL = HIGH;                      //设置 SDA、SCL 为高电平
      _nop_();_nop_();_nop_();_nop_();             //延时,等待信号稳定
      RecData = SDA;                               //读 I²C 总线上的数据
      _nop_();_nop_();_nop_();_nop_();             //延时,等待信号稳定
```

```
    SCL = LOW;                                  //SCL输出移位脉冲信号
    ShiftData <<= 1;                            //读缓冲区左移1位
    if(RecData == 1)                            //如果接收数据为1
      ShiftData |= 0x01;                        //存入读缓冲区最低位
  }                                             //循环8次,接收8bit数据
  return ShiftData;                             //返回从存储器读出的数据
}
void Task0(void) _task_ INIT {                  //定义任务0初始化函数
  while(1) {                                    //无限循环结构
    RAddress = 0; WAddress = 0;                 //设置读/写存储器地址值
    WriteFlag = 1; ReadFlag = 1;                //设置读/写数据标志位
    os_create_task(TASK1);                      //创建并启动任务1
    os_delete_task(INIT);                       //删除任务0
  }
}
void Task1_ReadWriteMEM(void) _task_ TASK1{     //定义任务1读/写存储器函数
  uchar i;                                      //声明任务中使用的变量
  while(1) {                                    //无限循环结构
    if( WriteFlag ){                            //如果有写数据操作要求
      I2C_Start();                              //启动使用I²C总线
      Write_Byte( W24C02 );                     //写24C02控制字节(写操作)
      if( !Receive_ACK() ) continue;            //如果应答信号出错,重新操作
      Write_Byte( WAddress );                   //写入选择存储器写数据地址值
      if( !Receive_ACK() ) continue;            //如果应答信号出错,重新操作
      for( i = 0; i < BUF_LEN; i++){            //写入存储器BUF_LEN字节数据
        Write_Byte( WriteBuffer[i] );           //写入1字节数据
        if( !Receive_ACK() ) break;             //如果应答信号出错,退出循环
      }                                         //完成写入BUF_LEN字节数据
      I2C_Stop();                               //停止使用I²C总线
      WriteFlag = 0;                            //清除写数据标志位
    }
    if( ReadFlag ){                             //如果有读数据操作要求
      I2C_Start();                              //启动使用I²C总线
      Write_Byte( W24C02 );                     //写24C02控制字节(写操作)
      if( !Receive_ACK() ) continue;            //如果应答信号出错,重新操作
      Write_Byte(RAddress);                     //写入选择存储器读数据地址值
      if(!Receive_ACK()) continue;              //如果应答信号出错,重新操作
      I2C_Start();                              //重新再启动使用I²C总线
      Write_Byte(R24C02);                       //写24C02控制字节(读操作)
      if(!Receive_ACK()) continue;              //如果应答信号出错,重新操作
      for(i = 0; i < BUF_LEN; i++){             //从存储器中读出BUF_LEN字节数据
        ReadBuffer[i] = Read_Byte();            //将读出的1字节存放缓冲区中
        Send_ACK();                             //发送应答信号ACK,准备下次读操作
      }                                         //完成读出BUF_LEN字节数据
      I2C_Stop();                               //停止使用I²C总线
      ReadFlag = 0;                             //清除读数据标志位
    }
  }
}
```

12.4　数/模转换

数/模(D/A)转换是将二进制数字量形式的离散信号转换成以设定的标准量(或参考量)为基准的模拟量。模拟量的形式有电压量和电流量,实现 D/A 转换的电路称为数/模转换器(Digital to Analog Converter,DAC),DAC 电路常用于通过嵌入式系统实现生产(执行)过程的自动控制(控制伺服电机等),将数字音、视频信号还原为模拟信号输出到扬声器、显示屏以及设计模/数(A/D)转换器电路等。

12.4.1　D/A 转换器原理简介

DAC 转换器有权电阻网络型、T 形电阻网络型、权电流型等多种类型的实现电路,一般由数字寄存器、权(T 形)电阻网络、模拟开关、基准电压源、运算放大器等电路组成,图 12-10 所示为 4 位权电阻网络型的典型 DAC 电路,每位二进制代码(控制模拟开关:1 连接基准电压;0 连接电源地)按其权的大小转换成相应的模拟量,其运算放大器的总模拟量输出与数字量成正比,实现数/模(D/A)转换,运算放大器的模拟量输出由以下公式得到:

$$V_O=-R_F\sum_{i=0}^{n-1}I_i=-R_F(I_3+I_2+I_1+I_0)=-R_F\left(\frac{V_{REF}}{2^0R}D_3+\frac{V_{REF}}{2^1R}D_2+\frac{V_{REF}}{2^2R}D_1+\frac{V_{REF}}{2^3R}D_0\right)$$

当设置 $R_F=\frac{R}{2}$、$K=-\frac{V_{REF}}{2^n}$(K 为常量,4 位 DAC 电路 n=4)时:

$$V_O=-\frac{V_{REF}}{2^4}(2^3D_3+2^2D_2+2^1D_1+2^0D_0)=K\sum_{i=0}^{n-1}2^i\times D_i\quad(\text{DAC 位数 }n=4)$$

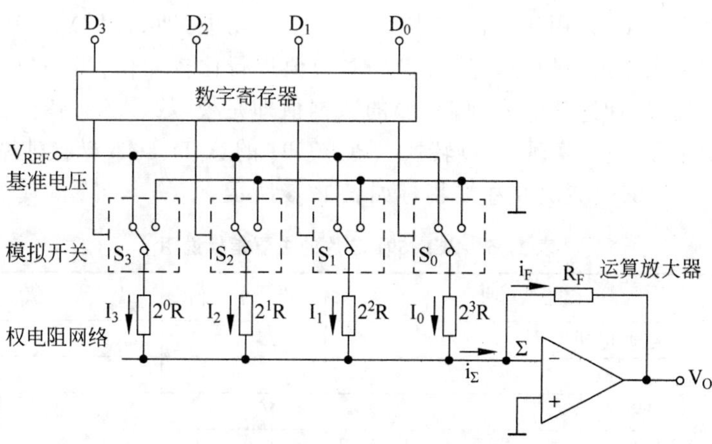

图 12-10　4 位 DAC 电路图

12.4.2　A/D、D/A 转换芯片 PCF8591

PCF8591 芯片是一个单片、单电源、低功耗的 8 位 CMOS 数/模、模/数转换器,4 路模拟信号输入、1 路模拟信号输出，采用 I^2C 总线接口与 CPU 进行数据交互。PCF8591 的内部结构如图 12-11 所示。

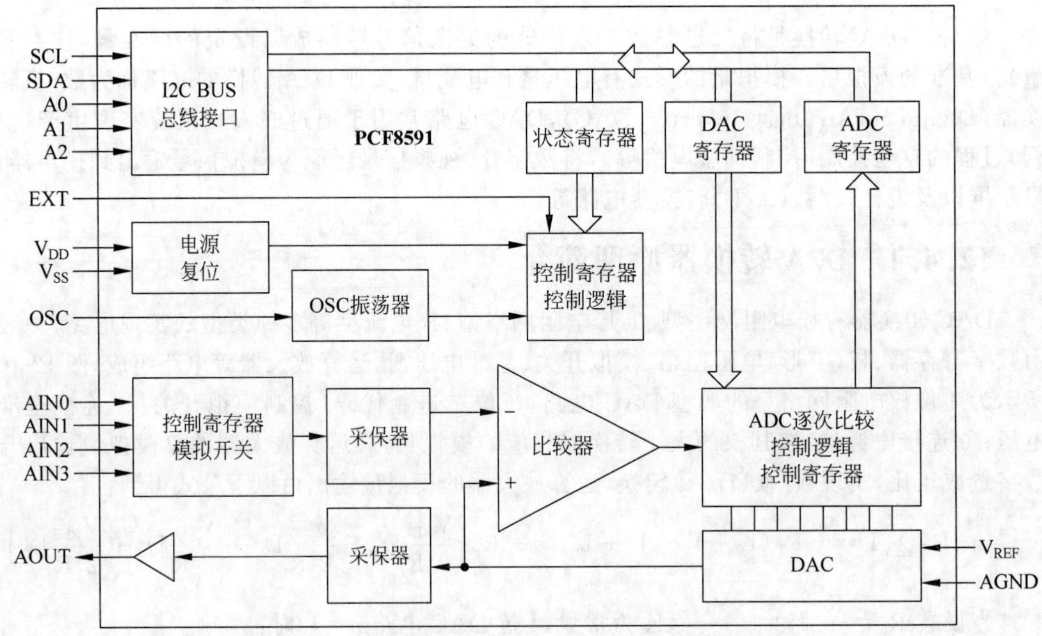

图 12-11　PCF8591 的内部结构

PCF8591 芯片的功能为实现数/模(D/A)转换，以及实现模/数(A/D)转换，其模/数(A/D)转换借助于 DAC 采用逐次比较法实现 ADC 的功能，即利用 DAC 转换器在时钟逻辑的控制下逐次输出逼近模拟输入信号量的对应值进行比较操作，当 DAC 输出的模拟量最接近模拟输入信号量时，其输入到 DAC 的数据值即是模/数(A/D)转换器 ADC 对应模拟输入信号的数字化数值，实现 A/D 转换。PCF8591 的 A/D、D/A 转换速率取决于 I^2C 总线的传输速率。PCF8591 芯片的主要指标如表 12-5 所示。

表 12-5　PCF8591 芯片的主要指标说明

符　号	说　明	最小值	最大值	单　位
V_{DD}	电源电压范围	2.5	6	V
V_{SS}	电源地	0	0	V
V_{AGND}	模拟信号地	V_{SS}	$V_{DD}-0.8$	V
V_{REF}	DAC 基准电压范围	1.6	V_{DD}	V
V_{AOUT}	数/模转换输出电压范围	V_{AGND}	V_{REF}	V
V_{AIN}	模拟输入信号电压范围	V_{AGND}	V_{REF}	V
f_{OSC}	振荡器工作频率范围	0.75	1.25	MHz
T_{amb}	适合工作温度范围	−40	+85	℃

PCF8591 芯片的引脚描述如表 12-6 所示。

表 12-6 PCF8591 芯片的引脚描述

引脚编号	引脚名称	引脚说明	芯片视图
1	AIN0	4 路模拟信号输入端(电压量)	PCF8591 AIN0 1 — 16 V_{DD} AIN1 2 — 15 AOUT AIN2 3 — 14 V_{REF} AIN3 4 — 13 AGND A0 5 — 12 EXT A1 6 — 11 OSC A2 7 — 10 SCL V_{SS} 8 — 9 SDA
2	AIN1		
3	AIN2		
4	AIN3		
5	A0	I^2C 总线器件地址输入,硬件设置器件地址	
6	A1		
7	A2		
8	V_{SS}	电源地	
9	SDA	I^2C 总线:双向传输数据/地址线	
10	SCL	I^2C 总线:串行时钟输入线	
11	OSC	外部时钟输入端 $f_{OSC}=0.75\sim1.25MHz$	
12	EXT	内部、外部时钟选择线,使用内部时钟 $EXT=V_{SS}$	
13	AGND	模拟信号地	
14	V_{REF}	基准电压源输入端	
15	AOUT	DAC 转换器输出端(电压量)	
16	V_{DD}	正电源	

单片机 CPU 控制 PCF8591 芯片的工作是通过 I^2C 总线接口实现的。依据 I^2C 总线协议,选择并激活 PCF8591 器件的控制字节(发送的第一个字节)定义如图 12-12 所示。

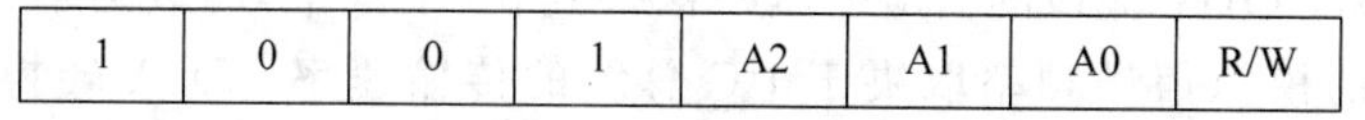

1	0	0	1	A2	A1	A0	R/W

图 12-12 I^2C 协议选择 PCF8591 芯片控制字节定义

当选择并激活 PCF8591 器件后,向 PCF8591 器件发送(写操作 R/W=0)第二个字节将被存储在 PCF8591 芯片内部的控制寄存器中,用于控制 PCF8591 器件的功能,其控制功能包括允许模拟输出、选择模拟输入为单端或差分输入、选择模拟输入通道、模拟输入通道号自动增加等。PCF8591 内部控制寄存器定义以及控制功能说明如图 12-13 所示。

在 PCF8591 器件加电复位后,其内部控制寄存器所有位被设置为逻辑 0。DAC 转换器和振荡器在节能状态下被禁止工作,模拟输出端将被切换到高阻状态。

1. D/A 转换操作

当完成 PCF8591 内部控制寄存器的设置后,操作 PCF8591 内部 DAC 寄存器即可实现 D/A 转换。通过 I^2C 总线向 PCF8591 器件发送从第三个字节开始的数据,并将之存储到 DAC 寄存器中。与此同时,PCF8591 芯片中的 DAC 处于工作状态,将 DAC 寄存器中的数据转换成对应的模拟电压,如果 PCF8591 内部控制寄存器中允许模拟输出位被置 1,则

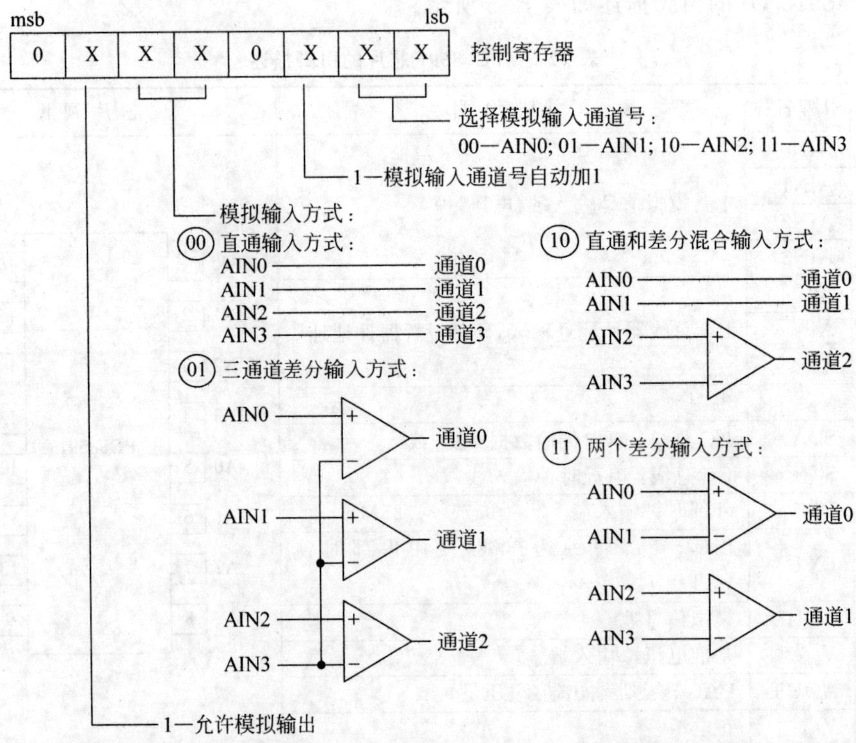

图 12-13　PCF8591 芯片内部控制寄存器字节定义以及控制功能说明图

DAC 转换后的模拟电压将输出到 AOUT 端口，由于在模拟电压输出通道中加有采保（采样、保持）器电路，AOUT 端口的输出电压将保持到新（下一个）的数据字节被发送到 DAC 寄存器中，输出的模拟信号频率取决于 I^2C 总线的传输速率。D/A 转换时序如图 12-14 所示。

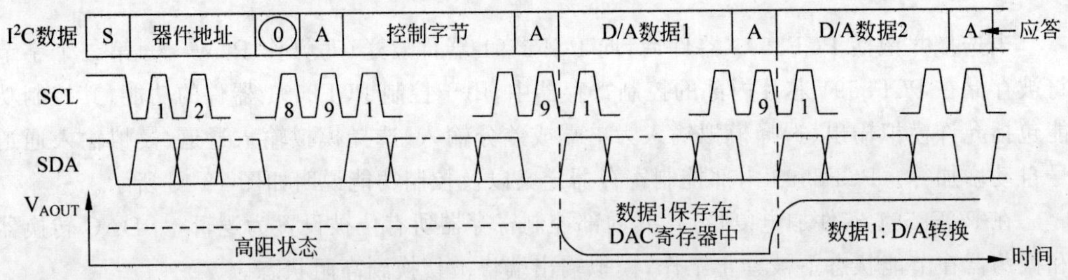

图 12-14　D/A 转换时序图

另外，PCF8591 芯片中的 DAC 转换器也会用于逐次逼近的 A/D 转换，为释放 DAC，使其用于 A/D 转换周期，在 DAC 的控制逻辑中配备了一个跟踪和保持电路。在 DAC 处于 A/D 转换周期时，跟踪和保持电路将保持原 D/A 转换的模拟电压用于输出。

2. A/D 转换操作

当完成 PCF8591 内部控制寄存器的设置后，PCF8591 芯片即可开始 A/D 转换操作。在 A/D 转换期间(转换周期内)需要临时使用 DAC 转换器。PCF8591 确定一个 A/D 转换周期总是开始于接收到一个有效 I^2C 地址字节(读操作 R/W＝1)，并在 I^2C 应答时钟脉冲的下降沿处，通过控制寄存器选择的模拟通道输入的模拟电压将被采样、A/D 转换，转换后的二进制数码将被保存到 ADC 寄存器中。如果控制寄存器中模拟输入通道号自动加 1 位设置为逻辑 1 时，下一次 A/D 转换周期将选择下一个模拟输入通道的模拟电压实施 A/D 转换，依次首尾循环进行 A/D 转换，A/D 转换时序如图 12-15 所示。

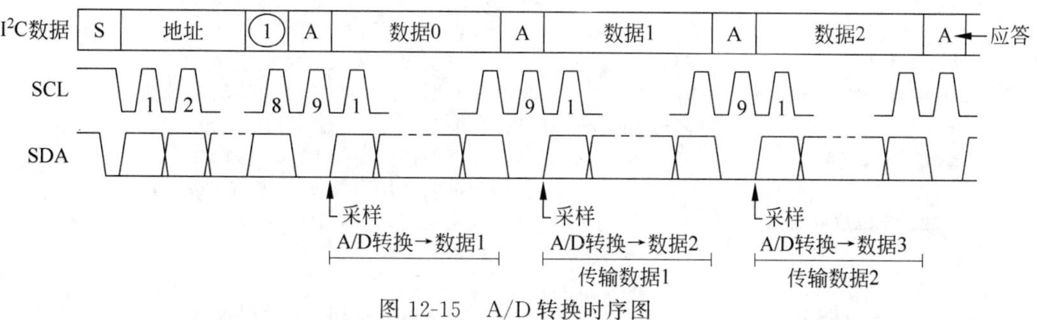

图 12-15 A/D 转换时序图

经 I^2C 总线从 PCF8591 芯片读回 A/D 转换后的数据时，总是读回前一个 I^2C 读周期 A/D 转换的结果，而加电复位后读取的第一个字节是一个固定的数码(数据 0＝0x80)。图 12-15 中 A/D 转换的速率取决于 I^2C 总线的传输速率。另外，PCF8591 芯片外接振荡频率 f_{OSC} 的最大值为 1.25MHz，根据奈奎斯特定理，其 A/D 转换要求模拟输入信号的最高频率不应该超过 0.6MHz。为使 PCF8591 器件工作稳定，建议使用外接晶体振荡器。

12.4.3 D/A 电路连接与管理

视频讲解

PCF8591 芯片与 51 单片机的连接电路如图 12-16 所示，51 单片机通过端口模拟仿真 I^2C 总线的 SDA、SCL 信号实现对 PCF8591 芯片的管理。

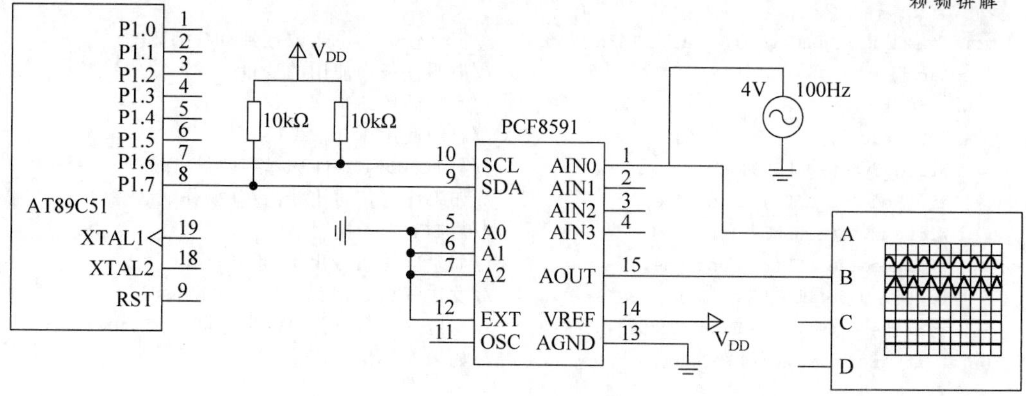

图 12-16 PCF8591 与 51 单片机的连接电路图

依据图 12-16 所示电路，在 RTX-51 操作系统中将控制 PCF8591 芯片实现 D/A 转换的管理作为一个任务(Task1)其 C51 语言程序源代码如下。

```
#include<reg51.h>
#include<rtx51tny.h>
#include<intrins.h>
#define uchar unsigned char
#define INIT        0                              //声明初始化任务 0 常量
#define TASK1       1                              //声明任务 1 编号常量
…                                                  //I²C 函数使用常量声明见 12.3 节
#define WPCF8591    0x90                           //声明 PCF8591 选择(写操作)常量
#define CTRLWORD    0x40                           //声明 PCF8591 控制字常量
#define BUF_LEN     8                              //声明缓冲区长度常量
uchar WriteDACBuffer[BUF_LEN] = {0x1F,0x3F,        //声明写入 DAC 变量,D/A 转换数值
           0x5F,0x7F,0x9F,0xBF,0xDF,0xFF};         //DAC 模拟信号输出锯齿波形
sbit SCL = P1^6;                                   //声明使用引脚 P1.6 模拟 SCL
sbit SDA = P1^7;                                   //声明使用引脚 P1.7 模拟 SDA
void I2C_Start(void){                              //定义启动 I²C 总线函数
  …;                                               //函数体见 12.3 节
}
void I2C_Stop(void){                               //定义停止使用 I²C 总线函数
  …;                                               //函数体见 12.3 节
}
bit Receive_ACK(void){                             //定义接收从器件应答信号 ACK 函数
  …;                                               //函数体见 12.3 节
}
void Write_Byte(uchar Data) reentrant {            //定义写 8 位数据到存储器的可重入函数
  …;                                               //函数体见 12.3 节
}
void Task0(void) _task_ INIT {                     //定义任务 0 初始化函数
  while(1) {                                       //无限循环结构
    os_create_task(TASK1);                         //创建并启动任务 1
    os_delete_task(INIT);                          //删除任务 0
  }
}
void Task1_WriteDAC(void) _task_ TASK1 {           //定义任务 1 发送数据到 DAC 函数
  uchar i;                                         //声明任务中使用的变量
  while(1) {                                       //无限循环结构
    I2C_Start();                                   //启动使用 I²C 总线
    Write_Byte(WPCF8591);                          //写 PCF8591 器件选择字(写操作)
    if(!Receive_ACK()) continue;                   //如果应答信号出错,重新操作
    Write_Byte(CTRLWORD);                          //写 PCF8591 控制字
    if(!Receive_ACK()) continue;                   //如果应答信号出错,重新操作
    for(i = 0;i < BUF_LEN;i++){                    //发送一组数据到 DAC,输出锯齿波
      Write_Byte(WriteDACBuffer[i]);               //发送一个数据到 DAC 寄存器
      if(!Receive_ACK())break;                     //如果应答信号出错,退出循环
    }
```

```
    I2C_Stop();                           //停止使用 I²C 总线
  }
}
```

12.5　模/数转换

模/数(A/D)转换是将模拟信号(电压量或电流量)转换成离散数字信号,实现 A/D 转换的电路称为模/数转换器(Analog to Digital Converter,ADC)。在自然界中所遇到的变化现象往往是连续变化的物理量,例如,温度、压力、速度、声音、影像等,它们都可以通过电信号来描述,即通过模拟量来描述连续变化的物理量,而计算机是一个数字信号处理系统,如果使用嵌入式系统处理连续变化的物理量时,则需要将模拟量转换成数字量,ADC 即是实现该转换的器件。

12.5.1　A/D 转换器原理简介

ADC 转换器有并联比较、逐次逼近、双积分等多种类型的实现电路,一般由放大器、比较器、电阻分压器、触发器、编码器、DAC、基准电压源等电路组成。图 12-17 所示为 3 位并联比较型的典型 ADC 电路。

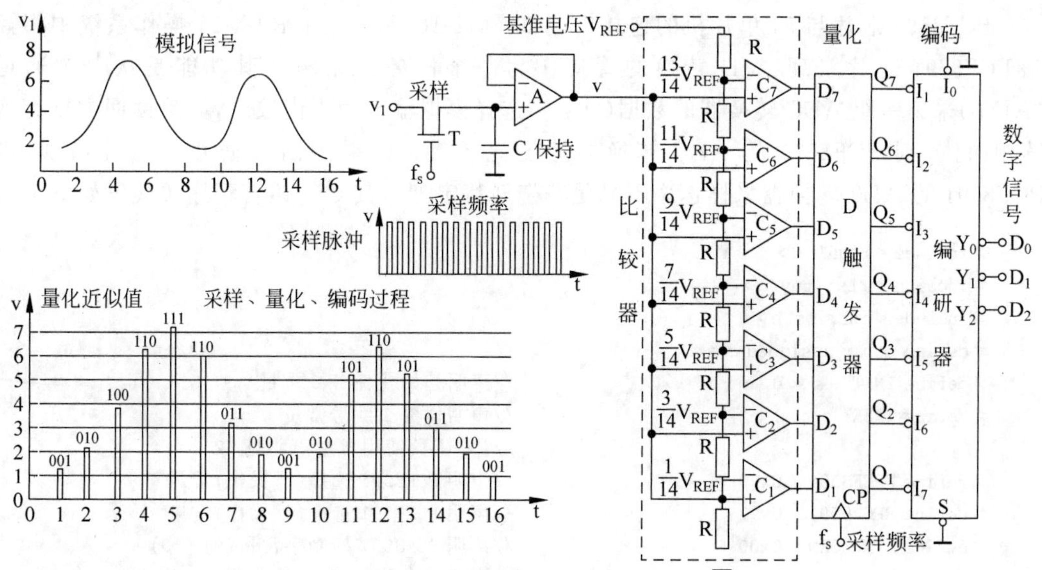

图 12-17　3 位 ADC 电路图以及采样、量化、编码过程

模/数(A/D)转换包括采样、保持、量化、编码四个过程,ADC 转换器中开关晶体管 T 实现对模拟信号的采样,由采样脉冲控制 T 的导通与关闭,以一定的速度(采样频率)采集某一瞬间(离散时间)模拟信号的幅度;电容 C 实现保持采样后的模拟信号量,将瞬间模拟信

号幅度保持一段时间；电压比较器(与基准电压的固定分压比较)和D触发器实现模拟信号的量化,将连续幅度的模拟信号转换成离散幅度、离散时间的数字信号；编码器实现对量化信号的编码,将量化信号编码成二进制代码从ADC转换器中输出。

1. 采样定理

在模/数(A/D)转换的过程中,当采样频率满足 $f_S \geqslant 2 \times f_{max}$ (f_{max} 为模拟信号的最高频率)时,采样后的数字信号可以完整地保留原始模拟信号中的信息,即将数字信号通过DAC转换器可以恢复原模拟信号,$f_S \geqslant 2 \times f_{max}$ 采样条件被称为奈奎斯特定理(采样定理)。因此,在实现模/数转换时,需要根据模拟信号出现的最高频率确定ADC转换器的采样频率,并选择适合采样频率的ADC转换器件。

2. 量化误差

在A/D转换中由于量化是"整量化",因此,将产生固有误差,误差是由ADC转换器的满量程范围(要求输入模拟信号的最大幅度)和分辨率(ADC输出数字量的位数)所决定的,当ADC转换器满量程范围越小以及数字量的位数越多时,其量化误差越小,量化误差范围在±1/2LSB(最低有效位)之间。在实现A/D转换时,需要根据模拟信号的最大幅度(或前期放大等处理后)和分辨率来选择ADC转换器件,以便满足实际应用的需求。

12.5.2 A/D电路连接与管理

PCF8591芯片与51单片机的连接电路如图12-16所示。在RTX-51操作系统中将控制PCF8591芯片实现A/D转换的管理作为一个任务(Task1),其功能是从一个通道(AIN0)采集一组ADC转换器的数据(注：当选择模拟输入为锯齿波时,如果读回数据有连续相同值,则PCF8591的ADC转换器速度比较慢；如果读回数据并非线性增加,则PCF8591的ADC转换器采样速率不满足奈奎斯特定理),其C51语言程序源代码如下。

```
#include <reg51.h>
#include <rtx51tny.h>
#include <intrins.h>
#define uchar unsigned char
#define INIT       0                     //声明初始化任务0常量
#define TASK1      1                     //声明任务1编号常量
…                                        //I²C函数使用常量声明见12.3节
#define WPCF8591   0x90                  //声明PCF8591选择(写操作)常量
#define RPCF8591   0x91                  //声明PCF8591选择(读操作)常量
#define CTRLWORD   0x00                  //声明PCF8591控制字常量(通道0)
#define BUF_LEN    8                     //声明读/写缓冲区长度常量
uchar ReadADCBuffer[BUF_LEN];            //声明读ADC数据缓冲区变量
sbit SCL = P1^6;                         //声明使用引管P1.6模拟SCL
sbit SDA = P1^7;                         //声明使用引管P1.7模拟SDA
void I2C_Start(void){                    //定义启动I²C总线函数
  …;                                     //函数体见12.3节
}
```

```
void I2C_Stop(void){                          //定义停止使用 I²C 总线函数
  …;                                          //函数体见 12.3 节
}
bit Receive_ACK(void){                        //定义接收从器件应答信号 ACK 函数
  …;                                          //函数体见 12.3 节
}
void Send_ACK(void){                          //定义向从器件发送应答信号 ACK 函数
  …;                                          //函数体见 12.3 节
}
void Write_Byte(uchar Data) reentrant {       //定义写 8 位数据到存储器的可重入函数
  …;                                          //函数体见 12.3 节
}
uchar Read_Byte(void) {                       //定义从存储器读 8 位数据函数
  …;                                          //函数体见 12.3 节
}
void Task0(void) _task_ INIT {                //定义任务 0 初始化函数
  while(1) {                                  //无限循环结构
    os_create_task(TASK1);                    //创建并启动任务 1
    os_delete_task(INIT);                     //删除任务 0
  }
}
void Task1_ReadADC(void) _task_ TASK1 {       //定义任务 1 读 ADC 数据函数
  uchar i;                                    //声明任务中使用的变量
  while(1) {                                  //无限循环结构
    I2C_Start();                              //启动使用 I²C 总线
    Write_Byte(WPCF8591);                     //写 PCF8591 器件选择字(写操作)
    if(!Receive_ACK()) continue;              //如果应答信号出错,重新操作
    Write_Byte(CTRLWORD);                     //写 PCF8591 控制字(选择 AIN0)
    if(!Receive_ACK()) continue;              //如果应答信号出错,重新操作
    I2C_Start();                              //重新启动使用 I²C 总线
    Write_Byte(RPCF8591);                     //写 PCF8591 器件选择字(读操作)
    if(!Receive_ACK()) continue;              //如果应答信号出错,重新操作
    for(i = 0;i < BUF_LEN;i++){               //从 ADC 中读一组数据
      ReadADCBuffer[i] = Read_Byte();         //将读出的 1 字节存放缓冲区中
      Send_ACK();                             //发送应答信号 ACK,准备下次读操作
    }
    I2C_Stop();                               //停止使用 I²C 总线
  }
}
```

当有多路模拟通道进行 A/D 转换时，其处理过程在上述 C51 语言程序源代码的基础上修改、增加代码如下。

```
…                                             //源程序未改动代码
#define CTRLWORD    0x04                      //声明 PCF8591 控制字通道号自动加 1
#define BUF_LEN     8                         //声明读/写缓冲区长度常量
#define CH_NUM      4                         //声明通道总数常量(增加语句)
```

```
uchar ReadADCBuffer[CH_NUM][BUF_LEN];          //声明读 ADC 数据的二维缓冲区变量
  …;                                           //源程序未改动代码
void Task1_ReadADC(void) _task_ TASK1 {        //定义任务 1 读多路 ADC 数据函数
  uchar i,j;                                   //声明任务中使用的变量(增加变量 j)
  …;                                           //源程序未改动代码
    for(i = 0;i < BUF_LEN;i++){                //从 ADC 中读 CH_NUM 组数据
      for(j = 0;j < CH_NUM;j++){               //根据通道号从 ADC 中依次读出数据
        ReadADCBuffer[j][i] = Read_Byte();     //将读出的 1 字节存放缓冲区中
        Send_ACK();                            //发送应答信号 ACK,准备下次读操作
      }
    }
  …;                                           //源程序未改动代码
```

12.5.3 传感器简介

由于计算机以及其辅助器件只能处理电信号,因此,需要将各类自然现象(物理、化学等现象)转换成电信号才能利用计算机系统加以处理。将非电量(自然现象等)转换成电量的器件被称为传感器(一种检测装置),转换后的电信号可以真实地描述各类自然现象。将该电信号放大、A/D 转换后则可以利用计算机系统进行深度加工,达到预期的目的。

传感器有多种类型:力传感器、热传感器、光传感器、声传感器、位移传感器、气体传感器、湿度传感器等等,其作用都是将非电量转换成电量。一般传感器由两部分组成:敏感元器件(各类特殊材料)和变换元器件(电阻、电容、电感等)。敏感元器件是对某种物理、化学现象具有感知,使元器件本身的某种特性(特征等)发生变化,并随着物理、化学现象的变化而变化;变换元器件是将敏感元器件的特性变化转变成电量(电信号),同时跟随敏感元器件特性的变化而变化,实现用电信号描述自然现象。

在使用传感器时,针对处理不同的自然现象,以及所处不同环境,选择适合的传感器是必要的,传感器的指标反映了传感器的特性和性能等,传感器的选择一般是依据传感器的指标,传感器一些主要指标和描述如表 12-7 所示。

表 12-7 传感器主要指标和描述

指 标	描 述
灵敏度	传感器在稳态工作情况下输出量变化 Δy 与输入量变化 Δx 的比值,$S=\Delta y/\Delta x$,灵敏度在满量程范围内为常量(恒定)时,灵敏度越高,则同样的输入对应的输出越大
分辨率	传感器可感受到的被测量的最小变化的能力,即满量程的百分比
精度	传感器实际测量值与真值的最大差异
量程	传感器在线性误差范围内测量的最大范围
测量范围	传感器在一定的非线性误差范围内所能测量的最大、最小测量值
频率范围	传感器在规定的频率响应幅值误差内能测量到的最高、最低频率值
稳定性	传感器在一个较长的时间内保持其性能参数的能力
重复性	传感器在输入量按同一方向作全量程连续多次测试,所得特性曲线不一致的程度
线性度	传感器实际特性(输出与输入的关系曲线)是一条曲线而非直线的程度

续表

指　标	描　述
阈值	传感器输出端产生可测变化量的最小被测输入量值
漂移	传感器在输入量不变的情况时，其输出量随着时间而变化
迟滞	传感器在输入量由小到大（正行程）和输入量由大到小（反行程）变化期间其输出与输入特性曲线不一致的程度

通过计算机系统处理自然现象引发的问题时，传感器是必备的，依据传感器特性其硬件处理过程如图 12-18 所示。在实际应用过程中，传感器并非一直工作在理想状态，也并非具有良好的一致性（多个相同传感器）等，因此，依据传感器实际工作采集的数据以及传感器理想特性等，通过软件再处理 A/D 转换后的数据是必要的。

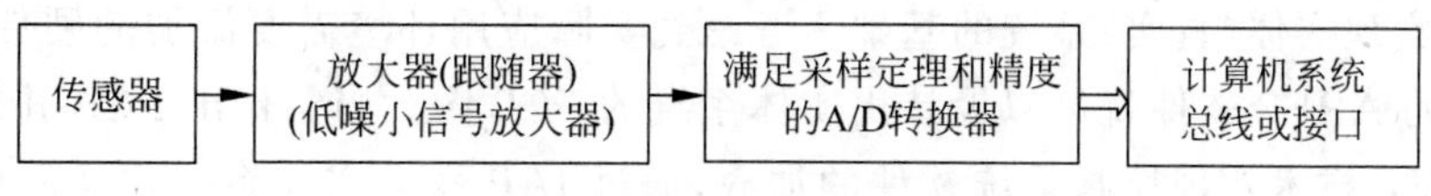

图 12-18　传感器硬件处理过程图

第 13 章 51 单片机实体电路实现虚拟仿真系统

由 51 单片机构成的嵌入式系统当在 Proteus 和 Keil 中硬、软件联合仿真无误后，该系统则具备了实现实体(真实)系统的基础。考虑到实际应用环境需要添加的硬件电路后，通过 Proteus 的 ARES 软件就可以设计出实体系统的 PCB 图。当制作出 PCB 并焊接好元器件后，通过 ISP 技术实现控制系统软件的加载，通过 IAP 技术实现系统软件的更新。本章将介绍适用于不同环境的硬件死机监控电路、USB 通信电路，以及 ISP、IAP 技术。

13.1 死机监控电路

当 51 单片机组成的嵌入式应用系统处于长期不停机的工作状态时，尤其处于比较恶劣(电磁干扰等)的环境工作时，CPU 受到某些干扰后，系统程序的执行(程序计数器 PC 出错)可能会出现错误，或者应用系统处于"死机"状态。当应用系统工作在无人值守的环境时，有必要为应用系统设计一个死机监控电路，当应用系统处于"死机"状态，死机监控电路可将应用系统重新复位。

死机监控电路俗称"看门狗"(Watch Dog Timer，WDT)，它实际是一个定时器电路，当定时时间超出规定时间后，将输出一个定时溢出信号，将该信号连接到 CPU 的复位端，在溢出信号出现时，可将嵌入式应用系统重新复位。由于定时器电路实际上是一个脉冲计数器电路，在规定的定时区间内，不间断地复位脉冲计数器，使其不产生溢出信号，就不会重新复位应用系统。当脉冲计数器的复位信号来自应用系统时，即应用系统在定时器规定的定时区间内不间断地发出脉冲计数器的复位信号，则不会导致定时器的溢出，应用系统也就不会重新复位。如果在应用系统的控制程序中设计一段必被执行的程序，或者利用 51 单片机定时器的中断服务程序，该程序的功能为在 WDT 定时器规定的定时区间内发出脉冲计数器的复位信号，其结果是 WDT 将不产生溢出信号，应用系统不复位，说明应用系统工作正常。

目前，有些型号的 51 单片机将 WDT 电路集成到单片机芯片内部。例如，STC89 单片机内部自带 WDT，通过对相应的 WDT 功能寄存器的设置就可以实现 WDT 的功能；有些型号的 51 单片机没有集成 WDT 功能，需要外部硬件电路实现 WDT 功能，常用的 WDT 硬件集成电路有 MAX813、IMP813 等。使用 MAX813 集成电路实现 WDT 功能原理图如图 13-1 所示。

集成电路 MAX813 芯片主要特性如下：

(1) MAX813 为 WDT 定时器，定时超出 1.6s 时产生溢出，8 脚由高电平变为低电平。

(2) 7 脚复位信号输出端，加电或按 K 键或 8 脚为低电平时，输出 200ms 复位脉冲。

(3) 6 脚 WDT 清除定时器输入端，当在 1.6s 的时间间隔内向该输入端发送一个脉冲信号(WDI)时，则 WDT 定时器重新开始定时。

集成电路 MAX813 芯片控制方法如下：

(1) 利用 51 单片机内部定时器 T 定时，在其中断服务程序中输出 WDI 脉冲。

(2) 当 51 单片机系统使用多任务管理时，在任务切换时输出 WDI 脉冲。

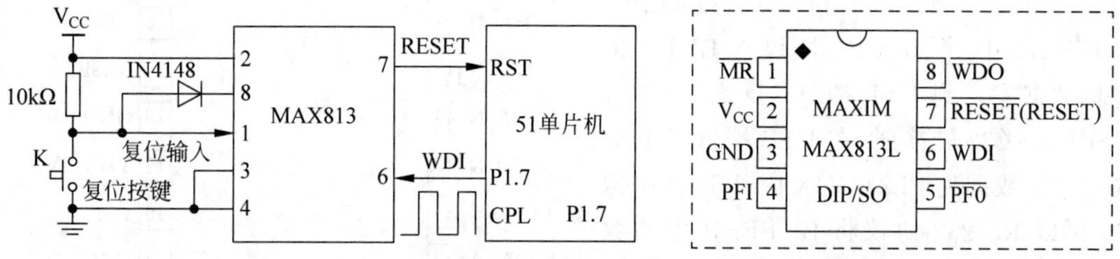

图 13-1　采用 MAX813 芯片的 51 单片机复位电路原理图

13.2　借助 USB 通道实现 RS-232 通信

51 单片机大多数都采用 RS-232 串口与其他外部设备进行数据交换。由于目前各类设备的小型化需求，基本上不再使用“超”大体积的、标准的串口 D9 或 D25 连接插件，例如，笔记本电脑、一体化台式 PC 等。另外，一些由 51 单片机等组成的小型嵌入式应用系统，为适应体积的要求而不得不放弃使用标准的串口 D9 或 D25 连接插件。

在 51 单片机中串口是标准配置，尤其多数机型实现的 ISP 技术是经由串口完成数据传输的。如果放弃标准的串口 D9 或 D25 连接插件，则需要使用其他小型化的、大多数设备都具备的连接插件作为数据通道，实现数据传输或 ISP 技术，在现有的、通用的、符合体积等要求的连接插件中，USB 连接插件是不二的选择。

目前现有设备基本上都具有使用 USB 总线实现数据传输的能力。当两个设备之间使用 RS-232 协议通信而又要借助 USB 总线时，则需要建立 RS-232→USB 和 USB→RS-232 转换桥梁，该桥梁可由硬件或软件实现。RS-232-USB 之间转换的硬件芯片有 CP2102/CP2103、FT232RL/BL、PL2303HX 等。生产硬件芯片的厂商同时为配合硬件芯片的通信编写了与芯片型号相对应的 RS-232-USB 之间转换的驱动程序，这些硬件芯片和软件驱动程序借助 USB 数据传输桥梁实现了 RS-232 协议的通信。

PL2303HX 是一款性价比适合使用在由 51 单片机组成的应用系统中的用于 RS-232-

USB转换的硬件芯片。PL2303HX为28脚SSOP封装的贴片芯片，工作频率为12MHz，符合USB1.1通信协议，可将RS232串口信号与USB总线信号相互转换，串口波特率从75bps覆盖到115 200bps，PL2303HX的外部引脚信号如图13-2所示。

PL2303HX的工作原理为：当RS-232→USB转换时，在RS-232端口以RS-232协议接收数据到PL2303HX内部BUFFER（流缓冲器：DOWN和UP STREAM BUFFER）中，再以USB协议将BUFFER中的数据发送到USB端口；反之，当进行USB→RS-232转换时，在USB端口以USB协议接收数据到PL2303HX内部BUFFER中，再以RS-232协议将BUFFER中的数据发送到RS-232端口，实现RS-232-USB之间的转换。

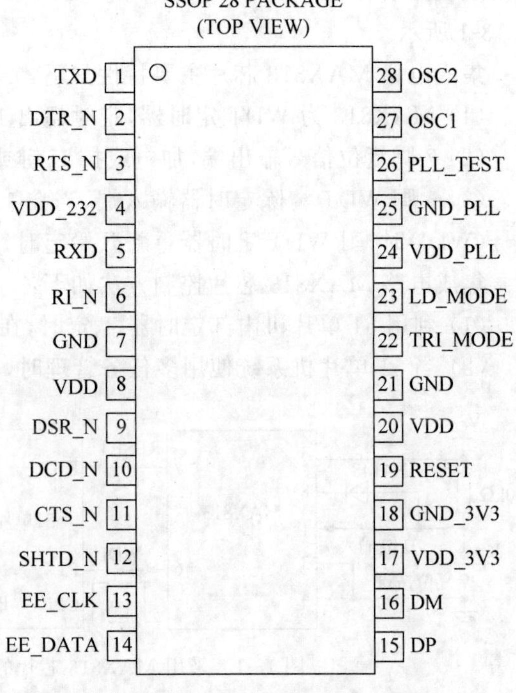

图13-2 PL-2303HX的外部引脚图

在51单片机组成的应用系统中添加由PL2303HX芯片组成的RS-232→USB转换电路如图13-3所示。在图13-3中，PL2303HX芯片(1脚和5脚)与51单片机串口P3.1(TxD)和P3.0(RxD)连接实现RS-232通信。PL2303HX完成通信协议转换，由标准USB连接插件（标注USB的组件）与其他设备实现USB通信，为该电路提供的工作电压(V_{CC})可以是5V或3.3V。由于使用USB作为通信桥梁，因此，51单片机应用系统与其他设备的连接实现了带电的即插即用。

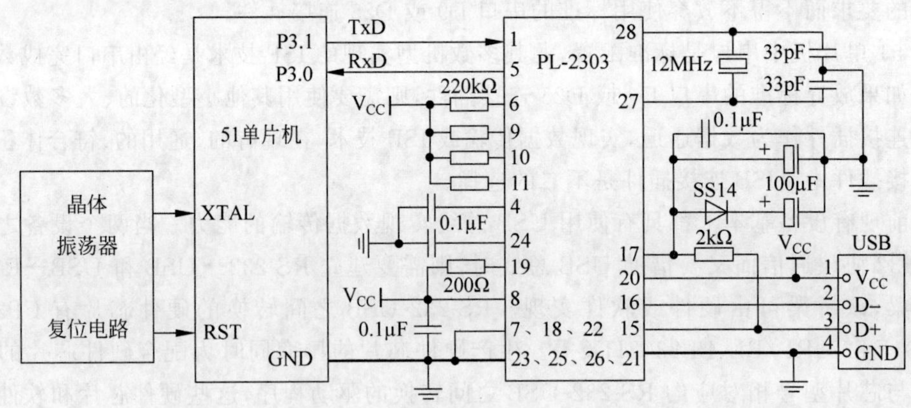

图13-3 PL-2303HX及其外围电路与51单片机连接原理图

由于设备之间的通信仅是借助USB作桥梁，其实质还是RS-232协议的通信，与PL2303HX芯片USB连接插件连接的、已经具备了USB接口的设备（例如，台式机、笔记本电脑等）相连接时，同样需要USB→RS-232的转换。PL2303HX芯片的生产厂商为Windows系统的电脑设计了与PL2303HX芯片匹配的USB→RS-232转换驱动程序，通过软件实现USB→RS-232的转换，其驱动程序下载包名为USB232P9.rar。根据Windows版本的要求安装驱动程序后，在与通过PL2303HX芯片实现USB连接的设备连接后，在Windows的设备管理器中可以查看到连接的USB端口被映射到某个COM端口，如图13-4所示。若看到映射的COM端口，则说明USB协议转换桥梁工作正常，两个设备之间借助USB桥实现了RS-232协议的通信。

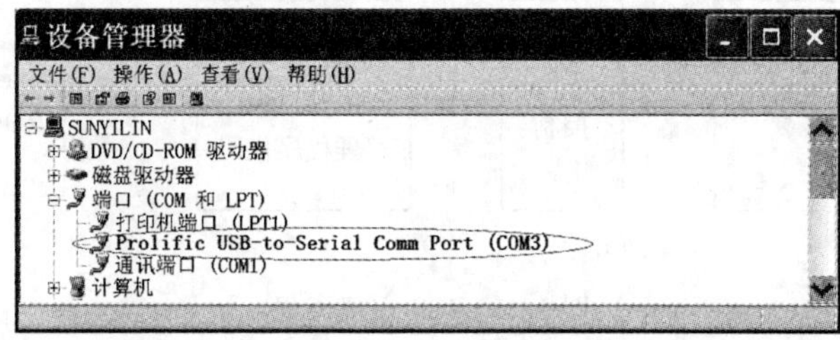

图13-4 Windows设备管理器识别到的USB端口映射COM端口

13.3 使用ISP技术组装嵌入式系统

视频讲解

ISP(In-System Programming)技术是针对具有Flash存储器(ROM)的51(8951等)、ARM的单片机系统而言的，被称为“在系统中编程”。该项技术无需专用设备、只需要一台普通PC即可将单片机系统的可执行代码写入单片机的Flash ROM区域（程序存储区）。

当一个单片机应用系统在PC上完成了硬件设计以及系统软件的开发与仿真后，在已经具备了单片机应用系统硬件设备的基础上，ISP技术简化了单片机应用系统的后期系统软件写入工作。通过ISP技术可将单片机应用系统软件写入单片机系统硬件实物中，组成完整的单片机应用系统。

13.3.1 ISP技术实现过程

凡是由Flash存储器(ROM)构成的单片机都设计了ISP技术的实现过程。51单片机通过串行通信接口将可执行程序代码（*.Hex、*.Bin等格式的数据）传输到单片机系统中，并由单片机内部的Flash读/写电路以及管理程序实现系统程序写入Flash ROM存储区域。为配合ISP技术，在51单片机内部需要有Flash读/写电路以及通信和读/写Flash ROM的管理程序代码，其内部结构示意图以及单片机复位后程序执行流程如图13-5所示。

依据51单片机型号的不同，其ISP的操作流程会有区别。图13-5列举了两种实现ISP

操作流程的方式：图 13-5(a)是一种 51 单片机 CPU 自动进入 ISP 模式的流程，当单片机复位后 CPU 最先执行的任务是检测串行通信接口有无通信请求，有通信请求，CPU 进入 ISP 模式，无通信请求，CPU 进入正常执行 ROM 程序模式；图 13-5(b)是另一种 CPU 进入 ISP 模式的方式，通过 51 单片机芯片外部连接线 $\overline{\text{PSEN}}$ 连接高电平还是低电平强制单片机复位后 CPU 正常执行 ROM 程序模式还是进入 ISP 模式。

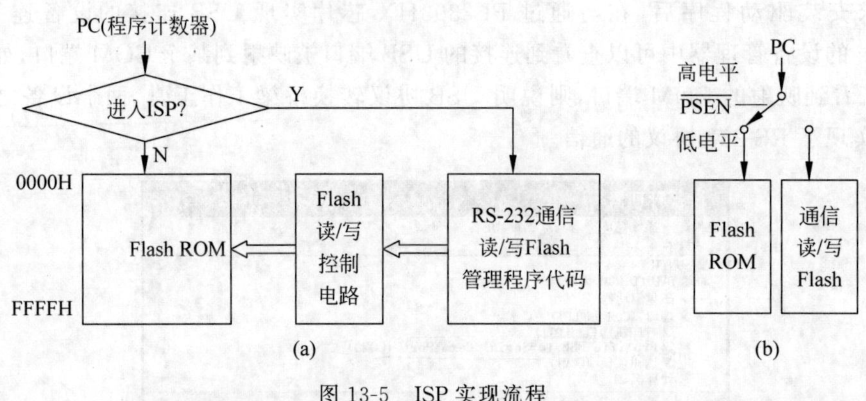

图 13-5 ISP 实现流程

13.3.2 实现 ISP 的硬件条件

ISP 操作是通过其他计算机(例如，PC)将单片机 CPU 的指令代码数据写入其芯片内部的 Flash ROM 区域，因此，需要在硬件上建立连接桥梁实现数据传输。针对 51 单片机实施 ISP 操作时，51 单片机应用系统需要专为实施 ISP 操作设计硬件电路。由于 51 单片机的数据传输是建立在 RS-232 通信的基础上的，因此，实施 ISP 操作的硬件电路原理图如图 13-6 所示，或借助 USB 通道实现 RS-232 通信(如图 13-3 所示)。

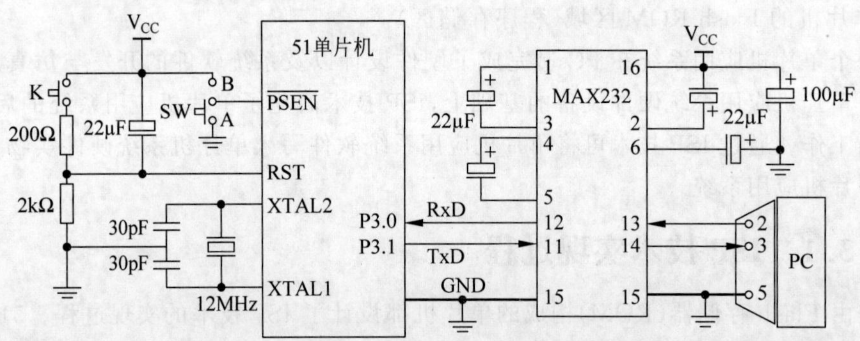

图 13-6 51 单片机实施 ISP 操作的硬件电路

复位按键开关 K 是针对可以自动进入 ISP 模式的 51 单片机而设计的，需要进入 ISP 模式时按复位开关 K 后使 CPU 进入检测判断流程。当 RS-232 串口有通信请求时，CPU 进入 ISP 模式；而选择开关 SW 是针对强制进入 ISP 模式的 51 单片机而设计的，当选择开关 SW 连接到 A 处时，51 单片机 CPU 运行在 ISP 模式，当选择开关 SW 连接到 B 处时，51 单片机 CPU 运行在正常模式。

其他芯片内部具有 Flash ROM 区域的单片机都会设计有实施 ISP 操作的外围电路，当组成单片机应用系统时，需要根据单片机使用说明专门搭建用于 ISP 操作的硬件电路，才能够在单片机应用系统硬件裸机建立后实施 ISP 操作。

13.3.3 实现 ISP 的操作流程

ISP 操作是借助于另外一台计算机（PC 等）将开发的单片机系统应用程序写入没有应用软件的单片机硬件裸机系统中。针对不同型号的单片机芯片，其生产厂商都会提供通过其他计算机写入 Flash ROM 数据（应用程序代码）的方式。例如，为将 51 单片机 CPU 的指令代码数据写入其芯片内部的 Flash ROM 区域，其产生厂商设计了用于其他计算机上的通过 RS-232 协议通信的读/写芯片内部 Flash ROM 区域的应用程序，可运行在 PC 上的有 Flash Magic、WinISP 等程序。当 PC 与 51 单片机应用系统在硬件上实现 RS-232 通信连接后（或借助 USB 桥梁），如图 13-6 所示，应用 Flash Magic、WinISP 等程序可将 51 单片机 CPU 的指令代码数据写入其芯片内部的 Flash ROM 区域。下述操作步骤是在 PC 上运行 Flash Magic 程序将数据写到自动进入 ISP 模式的 51 单片机应用系统的流程。

(1) 通过 RS-232 接口（或借助 USB 桥梁）连接 PC 与 51 单片机应用系统。

(2) 在 PC 上运行 Flash Magic 程序，其操作界面如图 13-7 所示。

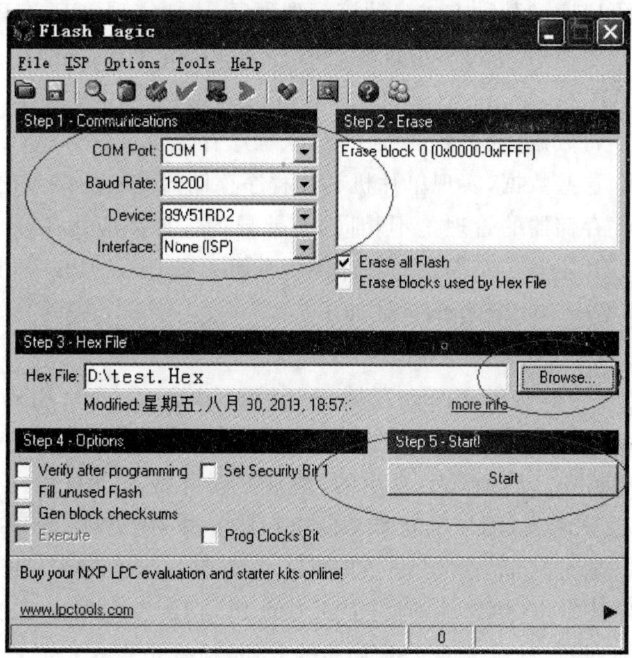

图 13-7 Flash Magic 程序操作界面

(3) 选择串口号(COM1)、通信波特率(19 200bps)、51 单片机型号(89V51RD2)。

(4) 选择将要写入的数据文件(test. Hex,51CPU 汇编指令编译后的文件)。

(5) 将数据文件中的数据写入 51 单片机内部 Flash ROM 时,单击 Start 按钮。

(6) 在实施 RS-232 通信时,Flash Magic 程序弹出如图 13-8 所示对话框,要求被写入数据的设备(51 单片机应用系统)进行复位操作。

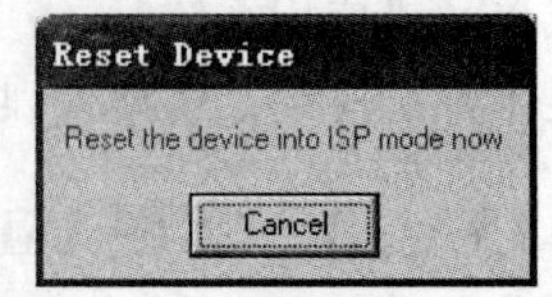

图 13-8 Flash Magic 程序要求被写入数据的设备进行复位操作

(7) 按 51 单片机应用系统复位开关 K,放开复位开关 K 后,因为 Flash Magic 程序请求 RS-232 通信,51 单片机应用系统自动进入 ISP 模式。

(8) 当通信正常时,Flash Magic 程序将数据文件(test. Hex)写入 51 单片机内部 Flash ROM 区域。

(9) 写入操作完成后,再按 51 单片机应用系统复位开关 K,使该应用系统进入正常工作模式,此时,51 单片机 CPU 将执行刚写入的指令代码。

13.4 IAP 技术应用

目前,许多单片机芯片的程序存储器(Code 区)是由 Flash MEM 组成的,同时附有管理(读、写、擦除、校验等)程序。在生产厂商在芯片出厂前已经将管理程序固化到单片机芯片的程序存储器中。可以通过某种方式启动该管理程序,主要实现 ISP(在系统中编程)功能,使用者同样也可以通过某种方式使用该管理程序对 Flash MEM 进行写、擦除、校验等操作,该操作被称为 IAP(In Application Programming),即在应用中编程。IAP 操作可以在使用者的应用程序中将数据(或更新的程序)写入程序存储器区并永久保存,同时可以通过正常方式读取(使用)这些数据,实现单片机芯片程序存储器使用的最大化。

单片机芯片程序存储器的管理是不相同、有差异的。如果应用 IAP 操作程序存储器,则需要查阅单片机芯片生产厂商提供的芯片使用手册。以 PHILIPS 公司生产 P89V51RD2 芯片为例,其使用手册中 IAP 操作的描述如下。

1. P89V51RD2 程序 Code 区结构

P89V51RD2 程序存储器包含两个区域,一个 64KB 区 Block0(用户区),一个 8KB 区 Block1(已经存放好实现 ISP、IAP 功能的代码区),Block1 区域也是 P89V51RD2 芯片的启动引导区,两个区域前 8KB 的地址是复用的,地址区间都是 0000H～1FFFH,但是两个不同的物理空间。通过 P89V51RD2 的特殊功能寄存器 FCF 中 SWR 和 BSEL 位控制切换两个不同的物理空间,地址区间 2000H～FFFFH 为纯用户区。P89V51RD2 的 Code 区如图 13-9 所示,在加电或复位(热启动)时,CPU 中的 PC 指针首先指向实现 ISP 功能的代码区(Block1)0000H 地址处,执行实现 ISP 功能的程序,检查是否有 ISP 操作需求,当确认没有 ISP 操作时(约 400ms),再转向用户区(Block0)0000H 处开始执行用户程序。

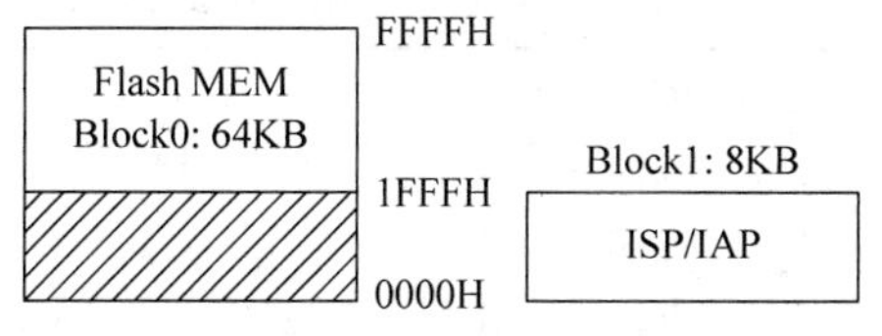

图 13-9 Flash MEM 结构图

2. P89V51RD2 特殊功能寄存器 FCF

P89V51RD2 中设计了特殊功能寄存器 FCF，其字节地址为 B1H。FCF 寄存器是通过字节地址操作的（不可位寻址），其内部位定义如图 13-10 所示。

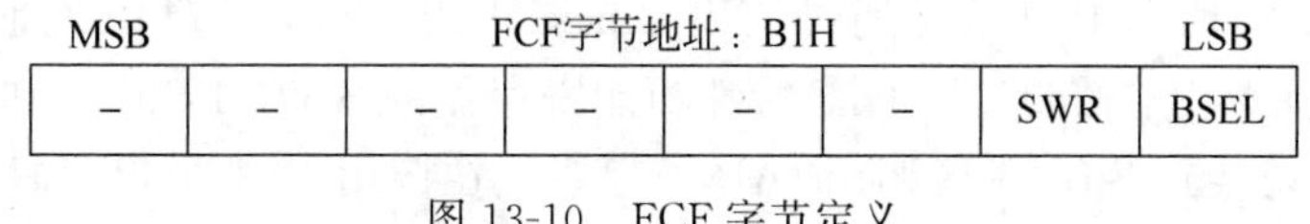

图 13-10 FCF 字节定义

FCF 次低位 SWR（Software Reset Bit，FCF. 1）是软件复位位，加电或热启动时 SWR=0，当将 SWR 位从 0 设置为 1 时，P89V51RD2 实现软件复位（或称为指令复位），程序计数器 PC 指向 Block0 的 0000H 地址处，BSEL 位被强制设置为 0。其他特殊功能寄存器 SFR 被设置成各自的复位值。另外，RAM 中的数据是保持不变的；FCF 的最低位 BSEL（Bank Select Bit，FCF. 0）是程序 Code 区 Block0 和 Block1 的选择位，只有 SWR=0 时有效，加电或热启动时 BSEL=0，选择 Block1 区；当 BSEL=1 时，选择 Block0 区。

FCF 中 SWR 和 BSEL 位的清 0 与置 1 同程序存储器（Code 区地址范围：0000H～FFFFH）Block0 和 Block1 物理区域的选择关系如表 13-1 所示。

表 13-1 SWR 和 BSEL 数值与程序存储器 Block0 和 Block1 选择关系表

SWR（FCF. 1）	BSEL（FCF. 0）	重叠地址：0000H～1FFFH	地址：2000H～FFFFH
0	0	Block1：启动代码区，ISP/IAP 程序	Block0：用户代码区
0	1	Block0：用户代码区	
1	0		
1	1		

3. P89V51RD2 中 ISP/IAP 管理程序功能调用

P89V51RD2 实现 ISP/IAP 功能的应用程序已经由生产厂商在芯片出厂前固化到程序 Code 区的 Block1 中，并且允许使用者以函数（子程序）的形式调用 ISP/IAP 管理程序中的程序模块实现 IAP 功能（擦除、编程等）。调用子程序是通过一个公共接口（PGM_MTP：1FF0H）实现的，接口地址（入口地址）为 1FF0H，通过设置 P89V51RD2 中的工作寄存器 R1（存放调用 IAP 的功能号）以及特殊功能寄存器（输入参数、返回值），可以选择 IAP 的功能。实现 IAP 操作的主要功能以及输入参数、返回值等如表 13-2 所示。

表 13-2　主要 IAP 功能调用以及输入参数、返回值说明表

IAP 功能	输入参数(R1＝IAP 功能号)	返回值
写字节(编程)	R1＝＃02H；DPTR＝Block0 地址；Acc＝写入字节	Acc＝0：正确；Acc！＝0：错误
读字节	R1＝＃03H；DPTR＝Block0 地址	Acc＝读出数据
擦除扇区	R1＝＃08H；DPTR＝扇区地址(1 扇区＝128B)	Acc＝0：正确；Acc！＝0：错误

P89V51RD2 的 Block0(Code 区)64KB 划分为 512 个扇区，每个扇区有 128B，擦除以扇区为单位，写以字节为单位，通过 DPTR 特殊功能寄存器指示 Code 区地址(16 位)，DPH 存放地址高字节(高 8 位)，DPL 存放地址低字节(低 8 位)。

4. P89V51RD2 实现 IAP 操作流程

P89V51RD2 实现 IAP 功能是通过调用 Block1 区中 PGM_MTP(地址：1FF0H)子程序完成的，因此，在调用前需要设置 FCF 特殊功能寄存器的 SWR(FCF.1)和 BSEL(FCF.0)位同时为 0 才能切换到 Block1 区调用 IAP 子程序。在调用 IAP 子程序时，调用 IAP 功能的代码不能放在 0000H～1FFFH 区间，同时 IAP 操作尽可能实施于 2000H 地址以上空间。调用 IAP 子程序需要使用汇编语言。如果使用 C51 编写应用程序，则需要混合编程，并通过工作寄存器传递参数。P89V51RD2 实现 IAP 操作流程以及说明如表 13-3 所示。

表 13-3　实现 IAP 操作流程以及说明表

步骤	实现功能	操作说明
1	定义 IAP 操作代码存放区	ORG 2000H(或以上)，避开 Code 区(0000H～1FFFH)
2	关总中断	因中断向量在 Block0 区，切换到 Block1 区将不存在
3	IAP 调用前期准备工作	保存 A、R1、DPTR 值，设置 IAP 需要的 A、R1、DPTR 值
4	从 Block0 区切换到 Block1 区	SWR＝0；BSEL＝0，准备调用 IAP 子程序
5	IAP 操作(编程 2000H～FFFFH)	CALL 1FF0H，写多字节需要循环操作，并判断正确与否
6	从 Block1 区切换到 Block0 区	设置 FCF 寄存器，SWR＝0；BSEL＝1(避免软件复位操作)
7	结束 IAP 操作	恢复源程序中使用的 A、R1、DPTR 值
8	开总中断	允许中断请求

图书资源支持

感谢您一直以来对清华大学出版社图书的支持和爱护。为了配合本书的使用，本书提供配套的资源，有需求的读者请扫描下方的“书圈”微信公众号二维码，在图书专区下载，也可以拨打电话或发送电子邮件咨询。

如果您在使用本书的过程中遇到了什么问题，或者有相关图书出版计划，也请您发邮件告诉我们，以便我们更好地为您服务。

我们的联系方式：

地　　址：北京市海淀区双清路学研大厦 A 座 701

邮　　编：100084

电　　话：010-83470236　010-83470237

资源下载：http://www.tup.com.cn

客服邮箱：2301891038@qq.com

QQ：2301891038（请写明您的单位和姓名）

科技传播 · 新书资讯

电子电气科技荟

资料下载 · 样书申请

书圈

用微信扫一扫右边的二维码，即可关注清华大学出版社公众号。